电 力 系 统

（第 3 版）

主 编　李 霜

副主编　伍家洁

主 审　黄 惠

重庆大学出版社

内容提要

本书为高职高专电气系列教材之一。全书共分 6 个部分，共 11 章。第 1 章讲述电力系统基本概念；第 2、3、4 章讲述电力系统的基本计算；第 5、6 章讲述电力系统稳态运行和调节；第 7 章讲述电力系统经济性；第 8、9、10 章讲述电力系统短路分析和计算；第 11 章讲述电力系统稳定性。

本书取材力求精练，注重基本概念和结论的应用，可供高职高专学校的电气工程及其自动化、发电厂及电力系统专业的学生使用，也可作为函授、自考辅导教材，还可作为从事电力工作的工程技术人员的参考用书。

图书在版编目（CIP）数据

电力系统／李霜主编. -- 3 版. -- 重庆：重庆大学出版社，2023.8（2024.8 重印）

高职高专电气系列教材

ISBN 978-7-5624-3051-3

Ⅰ.①电… Ⅱ.①李… Ⅲ.①电力系统—高等职业教育—教材 Ⅳ.①TM7

中国国家版本馆 CIP 数据核字（2023）第 151057 号

电 力 系 统
（第 3 版）

主　编　李　霜
副主编　伍家洁
主　审　黄　惠
策划编辑：周　立

责任编辑：周　立　　版式设计：周　立
责任校对：刘　真　　责任印制：张　策

*

重庆大学出版社出版发行
出版人：陈晓阳
社址：重庆市沙坪坝区大学城西路 21 号
邮编：401331
电话：(023) 88617190　88617185（中小学）
传真：(023) 88617186　88617166
网址：http://www.cqup.com.cn
邮箱：fxk@ cqup.com.cn（营销中心）
全国新华书店经销
重庆巍承印务有限公司印刷

*

开本：787mm×1092mm　1/16　印张：13.5　字数：337 千
2006 年 1 月第 1 版　2023 年 8 月第 3 版　2024 年 8 月第 13 次印刷
ISBN 978-7-5624-3051-3　定价：34.00 元

再版前言

本书是在 2006 年出版的高职高专电气系列教材《电力系统》的基础上修订的。

在国家骨干高职院校、重庆市市级示范高职院校建设中，《电力系统》作为校级精品课程建设，配套的多媒体课件网址：http://kcxx.cqepc.com.cn/。

本书第一版已使用 7 年，结合多方师生使用反馈及教材建设特色要求，此次修订情况如下：

1. 在每章前增加了知识能力目标和重难点说明；

2. 在每章后增加了大量的习题，更注重对知识的应用；

3. 更新了附录 II 中 35 ~ 220 kV 电力变压器的技术数据；

4. 增加的附录 IV 内容为 2003 年的"8.14 美加大停电事故"和 2006 年我国的"华中电网事故"。

本书由李霜、伍家洁、曹文玉、刘禹良共同修订，李霜修订 1，8 ~ 10 章，伍家洁修订 7，11 章，曹文玉修订 2，3，4 章，刘禹良修订 5，6 章。

全书由重庆市电力公司电力调度控制中心高级工程师黄惠主审，在此表示衷心感谢。

编　者

2013 年 5 月

前言

　　《电力系统》是为高职高专学校电气工程及其自动化、发电厂及电力系统专业编写的一本教材。本书根据高职高专人才培养所需知识、能力和素质结构的要求，以培养高级应用型人才为目标，本着理论上以"够用为度、注重应用"的原则而编写。

　　电力系统是一个由大量元件组成的复杂系统。它的规划、设计、建设、运行和管理是一项庞大的系统工程。本课程便是这项系统工程的理论基础；是电气工程及其自动化、发电厂及电力系统专业的必修课；是从技术理论课、基础理论课走向专业课学习和工程应用研究的纽带，具有承上启下的作用。本课程在整个专业教学和培养高质量应用型人才计划中占有十分重要的地位。

　　通过该课程的学习，既可让学生获得有关电力系统规划、设计、建设、运行和管理的一些具体知识，为后续专业课程及相关专题的学习打下基础，又培养学生综合运用基础知识解决工程实际问题的能力。

　　本书由重庆电力高等专科学校李霜担任主编，伍家洁担任副主编，参编人员有：贵州电力职业技术学院尹虹、陕西工业职业技术学院电气工程系赵瑞林等。其中：尹虹编写1、2章；赵瑞林编写3、4章；李霜编写5、6、8～10章；伍家洁编写7、11章。

　　本书在编写过程中得到了重庆电力高等专科学校各级领导、课程组成员及其单位领导的大力支持，在此表示感谢。

　　由于水平有限，书中不足和错误之处在所难免，敬请读者批评指正。

编　者

2005 年 12 月

目录

第 **1** 章
电力系统基本概念

☞ **知识能力目标**

了解电力系统的组成、运行特点及要求,掌握电力系统中性点的运行方式;了解电力系统的接线方式;熟悉电力系统额定电压系列,能对实际电力系统中的各元件额定电压进行配合;了解电力线路结构。

◀) **重点、难点**

- 电力系统中性点的运行方式;
- 电力系统额定电压;
- 电力系统的接线方式。

1.1 电力系统概述

1.1.1 电力系统的组成

电能是各行各业生产建设和居民生活的重要能源,它易于输送,便于集中、分配和控制,容易转换为其他形式的能量,因此得以广泛应用。电力工业是国民经济中的先行行业,它是衡量一个国家现代化水平的标志之一。

发电厂把其他形式的能量转换成电能,电能经过变压器和不同电压的输电线路输送并被分配给用户,再通过各种用电设备转换成适合用户需要的各种能量。这些生产、输送、分配和消费电能的各种电气设备连接在一起而组成的整体称为电力系统。

电力系统加上各种类型发电厂的动力部分,如火电厂的汽轮机、锅炉、供热管道和热用户,水电厂的水轮机和水库等动力部分,就称为动力系统。

电力网是电力系统中输送和分配电能的部分,它包括升、降压变压器和各种电压等级的输电线路。

在交流电力系统中,发电机、变压器、输配电设备都是三相的,这些设备之间的连接情况可以用电力系统接线图来表示。为简单起见,电力系统接线图都是画成单线的,如图1.1所示。

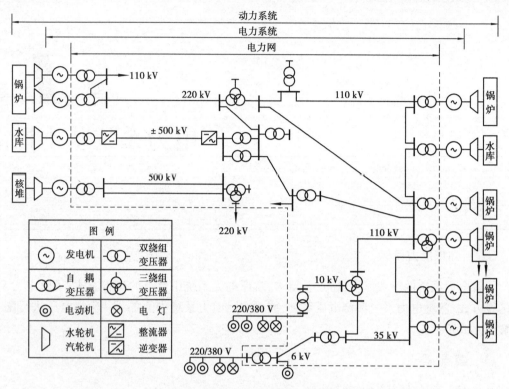

图1.1 动力系统、电力系统和电力网示意图

1.1.2 电力网的分类

电力网按其供电范围的大小和电压等级的高低可分为地方电力网、区域电力网及超高压远距离输电网络3种类型。

地方电力网是指电压不超过110 kV,输送距离在几十千米内的电力网,主要是指一般城市、工矿区、农村配电网络。

区域电力网的电压等级为110~220 kV,它把范围较广地区的发电厂联系在一起,通过较长的输电线路向较大范围内的各种用户输送电能。目前,我国各省(区)电压为110~220 kV级的高压电力网都属于这种类型。

超高压远距离输电网络主要由电压为330 kV和500 kV的远距离输电线路组成,它担负着将远距离大容量发电厂的电能送往负荷中心的任务,往往同时还联系几个区域电力网以形成跨省(区)甚至国与国之间的联合电力系统。

1.1.3 电力系统发展概况

自1831年法拉弟发现电磁感应定律后,人们就开始利用电能为人类服务,起初发电、输电和用电都是直流,但发展受到了许多限制。直至1891年生产出了三相异步电动机、三相变压器,建立了三相交流电力系统才奠定了近代输电技术的基础。

交流电力系统可以提高输电电压,增加装机容量,延长输电距离,节省导线材料,具有无可争辩的优越性。交流输电地位的确定,成为电力系统大发展的新起点。从此,三相交流输电系统得到了迅速发展,而且逐步在同步发电机之间进行并列运行,在输、配电过程中采用多个电压等级。经过 100 多年的发展,形成电压愈来愈高、容量和规模愈来愈大的区域性、地区性、全国性甚至跨国性的电力系统。目前,世界上最高线路电压已达 1 200 kV,最大电力系统容量已超过 100 GW。

进入 21 世纪,我国的电力工业发展遇到了前所未有的机遇,呈现出快速发展的态势。

在发电方面,我国从 2003 年开始出现全国大面积缺电现象,促使发电企业装机容量增长速度迅速提升,截至 2011 年底,全国装机总容量达到 10.56 亿 kW、全国全口径发电量达到 4.72 亿 kW·h;2022 年底全国累计发电装机容量约 25.6 亿 kW、发电量达 8.4 亿 kW·h。2022 年特高压工程累计线路长度也增长至 44 613 km。

电网建设方面也取得了突飞猛进的成果。2000 年,我国基本形成了东北、华北、西北、华中、华东、南方六大跨省大区域电网,以及四川省和重庆市互联的川渝电网和山东、新疆、西藏、海南、台湾五省的独立省网。

根据国家电力公司提出的"西电东送、南北互联、全国联网"的方针,我国的两大电网公司——国家电网公司和南方电网公司通过多年的建设,以华中电网为中心基本完成了大区域电网的全国性互联。由于直流输电在远距离大容量输电、电网互联等方面的巨大优势,我国大区域电网的全国互联大多采用直流输电工程。早在 1989 年,随着 ±500 kV 葛洲坝—上海直流输电线路的投运,我国第一次完成了大区域电网——华中电网和华东电网的互联;2004 年,±500 kV 三峡—广东直流输电工程投运实现了华中电网和南方电网的互联;2005 年,500 kV 华中电网和 330 kV 西北电网通过灵宝背靠背直流系统完成互联。其他区域电网、省网的互联均通过 500 kV 交流输电线路实现,如东北电网与华北电网、山东电网与华北电网、华北电网与华中电网、川渝电网与华中电网。2011 年建成 1 000 kV 特高压交流输电线路和 ±800 kV 特高压直流输电线路。截至 2020 年,特高压累计输送电量超过 2.1 万亿千瓦时,电网资源配置能力不断提升,在保障电力供应、促进清洁能源发展、改善环境、提升电网安全水平等方面发挥了重要作用。

2020 年 9 月 22 日习近平主席在第 7 5 届联合国大会讲话提出:"中国将提高国家自主贡献力度,采取更加有力的政策和措施,二氧化碳排放力争在 2030 年前达到峰值,努力争取 2060 年前实现碳中和。"2021 年 3 月国家提出:构建清洁低碳安全高效的能源体系,控制化石能源总量,着力提高利用效能,实施可再生能源替代行动,深化电力体制改革,构建以新能源为主体的新型电力系统。国家电网组织专题会议研究"碳达峰、碳中和"行动方案,确保实现"碳达峰、碳中和"目标。随着重大决策部署的实施和相关行业龙头企业行动方案的落地,电力系统节能减排和新能源的接入必将加速推进,截至 2022 年底,风电装机 36 544 万 kW、太阳能发电装机 39 261 万 kW。

1.1.4　电力系统的特点和运行的基本要求

电力系统是由电能的生产、输送、分配和消费各环节组成的一个整体。与别的工业系统相比较,电力系统的运行具有如下明显特点:

①电能不能大量存储。目前尚不能大量地、廉价地储存电能,即发电厂发出的功率必须等

于该时刻用电设备所需的功率、输送和分配环节中的功率之和。

②电力系统的暂态过程非常短暂。电力系统从一种运行状态到另一种运行状态的过渡极为迅速。

③与国民经济的各部门及人民日常生活有着极为密切的关系。供电的突然中断会带来严重的后果。

根据这些特点,对电力系统运行的基本要求是:

1)保证供电的安全可靠性

保证安全可靠的发、供电是电力系统运行的首要要求。在运行过程中,供电的突然中断大多由事故引起,必须从各个方面采取措施以防止和减少事故的发生。例如,要严密监视设备的运行状态和认真维修设备以减少事故发生的可能,要不断提高运行人员的技术水平以防止人为事故。为了提高系统运行的安全可靠性,还必须配备足够的有功功率电源和无功功率电源;完善电力系统的结构,提高电力系统抗干扰的能力,增强系统运行的稳定性;利用现代化通信技术和计算机技术对系统的运行进行安全监视和控制等。

整体提高电力系统的安全运行水平,为保证对用户的不间断供电创造了最基本的条件。根据用户对供电可靠性的不同要求,目前我国将负荷分为以下3级:

①第一级负荷:对这一级负荷中断供电的后果是极为严重的。例如,可能发生危及人身安全的事故;使工业生产中的关键设备遭到难以修复的损坏,以致生产秩序长期不能恢复正常,造成国民经济的重大损失;使市政生活的重要部门发生混乱等。

②第二级负荷:对这一级负荷中断供电将造成大量减产,使城市中大量居民的正常活动受到影响等。

③第三级负荷:不属于第一、第二级的,停电影响不大的其他负荷都属于第三级负荷,如工厂的附属车间,小城镇和农村的公共负荷等。对这一级负荷的短时供电中断不会造成重大的损失。

对于以上3个级别的负荷,可以根据不同的具体情况分别采取适当的技术措施来满足它们对供电可靠性的要求。

2)保证良好电能质量

电压和频率是电气设备设计和制造的基本技术参数,也是衡量电能质量的两个基本指标。我国采用的额定频率为 50 Hz,正常运行时允许的偏移为($\pm 0.2 \sim \pm 0.5$) Hz。用户供电电压的允许偏移约为额定值的 $\pm 5\%$。电压和频率超出允许偏移时,不仅会造成废品和减产,还会影响用电设备的安全,严重时甚至会危及整个系统的安全运行。

频率主要取决于系统中的有功功率平衡。系统发出的有功功率不足,频率就降低。电压则主要取决于系统中的无功功率平衡,无功功率不足时,电压就偏低。因此,要保证良好的电能质量,关键在于使系统发出的有功功率和无功功率都满足在额定电压下的功率平衡要求。电源要配置得当,还要有适当的调整手段。

3)努力提高电力系统运行的经济性

电能生产的规模很大,消耗的能源在国民经济能源总消耗中占的比重很大,而且电能又是国民经济的大多数生产部门的主要动力。因此,提高电能生产的经济性具有十分重要的意义。

为了提高电力系统运行的经济性,必须尽量降低发电厂的煤耗率(水耗率)、厂用电率和电力网的损耗率。这就是说,要求在电能的生产、输送和分配过程中减少耗费,提高效率。为此,应做好规划设计,合理利用能源;采用高效率低损耗设备;采取措施降低网损;实行经济调度,等等。

4)防止环境污染

随着工业的发展,人类生存环境正在遭受破坏,环境保护已成为当前全球性战略课题。燃煤的火电厂占我国总发电装机容量的70%,如不采取措施,燃烧排到大气中的二氧化硫、氮氧化物以及飞灰都是严重的污染源。为此,除应在火电厂采用除尘器、脱硫塔之外,在规划建造火电厂时还应注意厂址的选择、烟囱的高度以及燃料的含硫量等。当前,我国正在大力提倡发展水电,但水电厂的建设对当地的植被和气候也有一定的影响,规划过程中应充分考虑水电厂选址对环境的影响。随着我国电网规模的不断扩大,架空输电线路的线路走廊紧张、破坏山区植被、电磁环境污染等负面影响也日益突出,线路设计和规划人员也应注意输电线路的环境影响。

上述4个方面的要求是互相联系、相互制约的。一个不安全的系统是谈不上优质和经济的,电能质量低的系统也不会是安全和经济的。电力系统运行的基本任务是在保证可靠性、电能质量的前提下力求经济和环保。

1.2 电力系统的接线方式

1.2.1 电力系统接线图

电力系统的接线图分为电力系统地理接线图和电力系统电气接线图。

电力系统地理接线图是按比例地显示电力系统中各发电厂和变电站相对地理位置、反映各条电力线路按一定比例的路径以及它们相互间的连接,但不能完全显示各电力元件之间的连接情况,如图1.2所示。

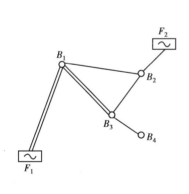
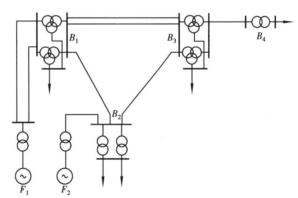

图1.2 电力系统地理接线图　　　　　　图1.3 电力系统电气接线图

电力系统电气接线图主要是显示系统中各电力元件之间的电气联系,但不能反映各发电厂、变电站的相对地理位置,如图1.3所示。通常,这两种接线图互相配合使用。

电力系统的接线方式对于保证安全、优质和经济地向用户供电具有非常重要的作用。电力系统的接线包括发电厂的主接线、变电所的主接线和电力网的接线。发电厂和变电所的主接线在发电厂的课程中学习,这里只介绍电力网的接线。

为区别接线方式不同的需要,电力网还可分为单端电源供电网(又称为开式网)、两端电源供电网(包括环网)、多端电源供电网(又称为复杂网)。

1.2.2 电力系统基本接线方式及其特点

电力网的接线按供电可靠性分为无备用和有备用两类。

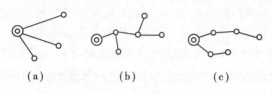

图 1.4 无备用接线图
(a)放射式;(b)干线式;(c)链式

无备用接线的网络中,每一个负荷只能靠一条线路取得电能,单回路放射式、干线式和链式网络即属于这一类,如图 1.4 所示。这类接线的特点是简单,设备费用较少,运行方便。但供电的可靠性比较低,任一段线路发生故障或检修时,都要中断部分用户的供电。在干线式和树状网络中,当线路较长时,线路末端的电压往往偏低。

在有备用的接线方式中,最简单也最常见的一类是在上述无备用网络的每一段线路上都采用双回路,如图 1.5(a)、(b)、(c)所示。一般说,环形网络的供电可靠性是令人满意的,也比较经济,其缺点是运行调度比较复杂。

另一种常见的有备用接线方式是两端供电网络,如图 1.5(d)、(e)所示,其供电可靠性相当于有两个电源的环形网络。

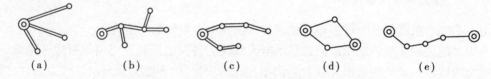

图 1.5 有备用接线图
(a)放射式;(b)干线式;(c)链式;(d)环形供电;(e)两端供电

对于上述有备用网络,根据实际需要也可以在部分或全部线路采用双回路。环形网络和两端供电网络中,每一个负荷点至少通过两条线路从不同的方向取得电能,具有这种接线特点的网络又称为闭式网络。

电力系统中各部分电力网担负着不同的职能,因此对其接线方式的要求也不一样。电力网按其职能可分为输电网络和配电网络。

输电网络的主要任务是将大容量发电厂的电能可靠而经济地输送到负荷集中地区。输电网络通常由电力系统中电压等级最高的一级或两级电力线路组成。系统中的区域发电厂(经升压站)和枢纽变电所通过输电网络相互连接。对输电网络接线方式的要求主要是:应有足够的可靠性,要满足电力系统运行稳定性的要求,要有助于实现系统的经济调度,要具有对运行方式变更和系统发展的适应性等。

用于连接远距离负荷中心地区的大型发电厂的输电干线和向缺乏电源的负荷集中地区供电的输电干线常采用双回路或多回路。位于负荷中心地区的大型发电厂和枢纽变电所一般是通过环形网络互相连接。

配电网络的任务是分配电能。配电线路的额定电压一般为 0.4 ~ 35 kV,有些负荷密度较大的大城市也采用 110 kV,以至 220 kV。配电网络的电源点是发电厂(或变电所)相应电压级的母线,负荷点则是低一级的变电所或者直接为用电设备。

配电网络采用哪一类接线,主要取决于负荷的性质。无备用接线只适用于向第三级负荷供电。对于第一级和第二级负荷占较大比重的用户,应由有备用网络供电。

实际电力系统的配电网络比较复杂,往往是由各种不同接线方式的网络组成的。在选择接线方式时,必须考虑的主要因素是:满足用户对供电可靠性和电压质量的要求,运行要灵活方便,要有好的经济指标等,一般都要对多种可能的接线方案进行技术经济比较后才能确定。

1.3　电力系统的额定电压

1.3.1　电力系统的额定电压等级

为了标准化、系列化制造电力设备,且便于设备的运行、维护、管理,电气设备都是按照指定的电压来进行设计和制造的,这个指定的电压称为电气设备的额定电压。当电气设备在此电压下运行时,其技术与经济性能最好。我国国家标准 GB 156—80《额定电压》规定的电力系统电压等级如表 1.1 所示。

表 1.1　额定电压等级　　　　　　　　　　　　　　　(kV)

受电设备	线路平均额定电压	交流发电机	变压器	
			一次绕组	二次绕组
3	3.15	3.15	3 及 3.15	3.15 及 3.3
6	6.3	6.3	6 及 6.3	6.3 及 6.6
10	10.5	10.5	10 及 10.5	10.5 及 11
		13.8	13.8	
		15.75	15.75	
		18	18	
35	37		35	38.5
(60)	(63)		(60)	(66)
110	115		110	121
220	230		220	242
(330)	(345)		(330)	(363)
500	525		500	550

对于表 1.1 中数据有以下说明:

①从表中可以看到,同一个电压级别下,各种设备的额定电压并不完全相等。为了使各种互相连接的电气设备都能运行在有利的电压下,各电气设备的额定电压之间有一个相互配合的问题。

②电力线路的额定电压和用电设备的额定电压相等,通常把它们称为电网的额定电压,如35 kV,220 kV等。

③发电机的额定电压通常比电网的额定电压高5%。因为发电机总是接在电力网的首端,而且发电机可能带直馈负荷,考虑沿线的电压损耗不超过10%,应使末端的电压不低于额定值的95%。

④变压器具有发电机和负荷的双重性。一次侧接电源相当于负荷,其额定电压与电网的额定电压相等,但直接与发电机连接时,其额定电压则与发电机的额定电压相等。二次侧相当于发电机,按理说其额定电压规定应比电网的额定电压高5%,但由于变压器二次侧额定电压定义为空载电压,当变压器满载时其内部电压损耗约为额定电压的5%。为使正常运行的变压器二次侧电压较电网额定电压高5%,因此变压器二次侧额定电压应比电网电压高10%;如果变压器的短路电压小于7.5%或直接与用户连接时,则规定比网络的额定电压高5%。

1.3.2 电力网电压等级的选择

电力系统中,三相交流输电线路传输的有功功率为

$$P = \sqrt{3}\,UI\cos\varphi \tag{1.1}$$

即输送功率一定时,输电电压越高,电流越小,可采用较小截面的导线。但电压越高,对绝缘的要求越高,电气设备的绝缘投资就越大。因此,对应一定的输电距离和输送功率,应有一个在技术上、经济上均较合理的电压。

各级电力网电压等级的选择可参照表1.2选择。

表1.2 电力网的经济输送容量、输送距离与适用地区

额定电压/kV	输送容量/MW	输送距离/km	适用地区
0.38	0.1以下	0.6以下	低压动力与三相照明
3	0.1~1.0	1~3	高压电动机
6	0.1~1.2	4~15	发电机电压、高压电动机
10	0.2~2.0	6~20	配电线路、高压电动机
35	2.0~10	20~50	县级输电网、用户配电网
110	10~50	30~150	地区级输电网、用户配电网
220	100~200	100~300	省、区级输电网
330	200~500	200~600	省、区级输电网,联合系统输电网
500	400~1 000	150~850	省、区级输电网,联合系统输电网

1.4 电力系统中性点的接地方式

电力系统中性点是指星形连接的变压器或发电机的中性点。电网中性点接地方式直接影响到电网供电的可靠性及电网本身的安全。随着电网的发展,特别是城市区域内,由于对环境

要求高,架空线路不容易发展,使用电力电缆的越来越多,导致电网单相接地电容电流不断增大。在接地故障中,弧光接地过电压是最严重的一种过电压现象。由于过电压事故,造成大面积停电的现象在全国范围内也多次出现。目前,我国电力系统常见的中性点主要有 3 种接地方式,即中性点不接地(中性点经高阻抗接地)、中性点经消弧线圈接地和中性点直接接地。前两种又称为非直接接地。

1.4.1 中性点不接地方式

中性点不接地三相系统的等值电路和相量图如图 1.6 所示。在正常运行时,系统各相对地电压 $\dot{U}_A, \dot{U}_B, \dot{U}_C$ 是对称的,其大小为相电压;如果线路经过完整换位,三相对地电容相等,都等于 C_0,则各相对地电容电流对称,三相电容电流相量和为零,地中没有电容电流,中性点对地电压 $\dot{U}_O = 0$。

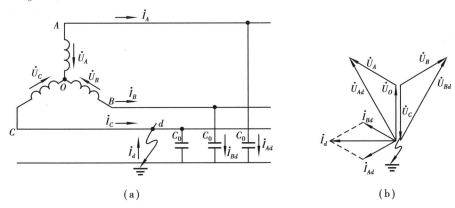

图 1.6 中性点不接地系统

(a)等值电路;(b)相量图

当发生 C 相单相金属性接地故障时,接地相电压为零,中性点对地电压升高为相电压,未接地相对地电压也升高为相电压的 $\sqrt{3}$ 倍,变为线电压,即

$$\dot{U}_{Cd} = 0$$

$$\dot{U}_O = -\dot{U}_C$$

$$\dot{U}_{Bd} = \dot{U}_O + \dot{U}_B = -\dot{U}_C + \dot{U}_B$$

$$\dot{U}_{Ad} = \dot{U}_O + \dot{U}_A = -\dot{U}_C + \dot{U}_A$$

$$U_{Ad} = U_{Bd} = \sqrt{3} U_P$$

因 C 相对地电容被短接,C 相电容电流为零,A,B 两相的对地电容电流为故障前的 $\sqrt{3}$ 倍,如图 1.6(b)所示,短路点接地电流 $\dot{I}_d = \dot{I}_{Ad} + \dot{I}_{Bd}$,故短路点接地电流有效值为

$$I_d = \sqrt{3} \cdot \sqrt{3} \frac{U_P}{X_{C_0}} = 3U_P\omega C_0 \tag{1.2}$$

式中 U_P——相电压;

C_0——每相对地电容；

X_{C_0}——每相对地容抗，$X_{C_0} = \dfrac{1}{\omega C_0}$。

由此可见，单相接地时，通过接地点的短路电流为不接地时每一相对地电容电流的3倍。

综上所述，中性点不接地三相系统中，当一相发生单相接地时，结果如下：

①未接地相对地电压升高为相电压的$\sqrt{3}$倍，即等于线电压。所以在这种系统中，相对地的绝缘水平根据线电压来设计。

②单相接地短路时，线电压不变，受电器工作不受影响，系统可继续供电，这便是不接地系统的最大优点。但此时应发出信号，工作人员应尽快查清并消除故障，一般允许持续时间不超过2小时。

③接地点通过的电流为电容电流，其大小为原来相对地电容电流的3倍。这种电容电流不易熄灭，可能在接地点引起"弧光接地"，周期性地熄灭和重新发生电弧。"弧光接地"的持续间歇电弧很危险，可能引起线路的谐振现象而产生过电压，损坏电气设备或发展成为相间短路。

目前我国中性点不接地系统的适用范围如下：

①电压在500 V以下的三相三线制装置；

②3~10 kV系统接地电流$I_d \leqslant 30$ A时；

③20~60 kV系统接地电流$I_d \leqslant 10$ A时；

④发电机有直接电气联系的3~20 kV系统，如要求发电机带内部单相接地故障运行，当接地电流$I_d \leqslant 5$ A时。

1.4.2 中性点经消弧线圈接地

为了解决中性点不接地系统单相接地电流大、电弧不能自行熄灭的问题，可采用中性点经消弧线圈接地的方式。

消弧线圈是一个有铁芯的电感线圈，其铁芯柱有很多间隙，以避免磁饱和，使消弧线圈有一个稳定的电抗值。中性点经消弧线圈接地系统的等值电路和相量图如图1.7所示，正常运行时中性点电位为零，消弧线圈中没有电流流过。当发生单相接地故障时，以 C 相为例，因为中性点电压升高为相电压，则作用在消弧线圈两端的电压为相电压，此时就有电感电流$\dot{i}_L$通过消弧线圈和接地点，$\dot{i}_L$与$\dot{i}_d$的方向相反，接地点的电流为$\dot{i}_L$和$\dot{i}_d$的相量和。选择适当的消弧线圈电感，可使接地点的电流变得很小，甚至为零，这样接地点的电弧就会很快熄灭。

根据消弧线圈的电感电流对接地电流电容电流补偿补偿度不同，有3种补偿方式：

①全补偿：$I_L = I_d$，接地点电流为零。实际系统中并不采用这种补偿方式，因为可能引起串联谐振过电压，危及电网的绝缘性。

②欠补偿：$I_L < I_d$，接地点的电流仍然为容性。实际系统中也很少采用这种补偿方式，原因是在检修、事故切除部分线路或系统频率降低等情况下，可能使系统接近或达到全补偿，以致出现串联谐振过电压。

③过补偿：$I_L > I_d$，接地点的电流为感性，这种接地方式在系统中广泛采用。

中性点经消弧线圈接地，保留了中性点不接地方式的全部优点。采用消弧线圈接地方式存在的问题是：6~35 kV系统是三角形接线，无中性点引出，不能直接安装电容电流补偿设

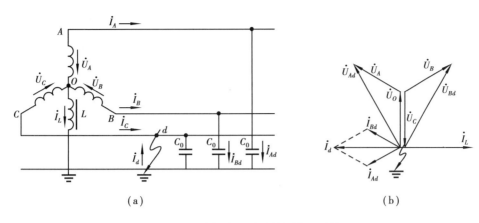

图 1.7　中性点经消弧线圈接地系统

（a）等值电路；（b）相量图

备,因此需要设置接地变压器和消弧线圈,投资较大。在系统配电线路的投入和退出等运行方式改变时,若无自动跟踪补偿的消弧装置,造成补偿度不够,仍将产生幅值较大的弧光过电压。

我国规定,凡不符合采用中性点不接地运行方式的 3~60 kV 系统,均可采用中性点经消弧线圈接地的运行方式。

1.4.3　中性点直接接地方式

随着输电电压的增高和线路的增长,消弧线圈已不便使用。克服中性点不接地系统缺点的另一种方法是将中性点直接接地。

当中性点直接接地系统(如图 1.8 所示)正常运行时,中性点的电压为零或接近于零。当发生单相接地故障时,接地相对地电压为零,故障相经地形成单相短路回路,所以短路电流 i_d 很大,继电保护装置立即动作,将接地相线路切除,不会产生稳定或间歇电弧。同时,未接地相对地电压基本不变,仍接近于相电压。

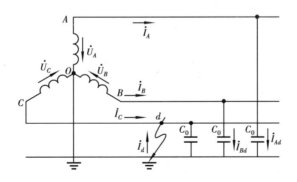

图 1.8　中性点直接接地系统

中性点直接接地系统的缺点如下:

①由于中性点直接接地系统在单相短路时须断开故障线路,中断用户供电,将影响供电的可靠性。为了弥补这一缺点,目前在中性点直接接地系统的线路上,广泛装设有自动重合闸装置。当发生单相接地短路时,在继电保护作用下断路器迅速断开,经一段时间后,在自动重合闸装置作用下断路器自动合闸。如果单相接地是瞬时性的,则线路接通后用户恢复供电;如果

单相接地故障是永久性的,继电保护将再次使断路器断开。

②单相短路时短路电流很大,甚至会超过三相短路电流,有可能需选用较大容量的开关设备。此外,由于较大的单相短路电流只在一相内通过,在三相导线周围将形成较强的单相磁场,对附近通信线路产生电磁干扰。为了限制单相短路电流,通常只将系统中一部分变压器的中性点接地或经阻抗接地。

中性点直接接地系统的优点,是在单相接地时中性点的电位接近于零,未接地相对地电压接近于相电压。这样,设备和线路对地的绝缘可以按相电压确定,从而降低了造价。

目前我国电压为 220 kV 及以上的系统,都采用中性点直接接地的运行方式。110 kV 系统也大都采用中性点直接接地的运行方式。

1.5 电力线路的结构

电力线路按结构可分为架空线路和电缆线路两大类。架空线路是将导线通过杆塔架设在户外地面上空,它由导线、避雷线、杆塔、绝缘子及金具等元件组成,如图 1.9 所示。电缆线路一般用在发电机、变压器配电线出线、水下线路、污染严重的地区和因建筑拥挤或要求美观的城市配电线路等处,一般埋在地底下的电缆沟或管道中,它由导线、绝缘层、保护层等组成。

图 1.9 架空线路的主要元件

架空线路建设费用比电缆线路要低得多,且便于架设、维护修理,因此,在电力网络中大多数的线路是采用架空线路。近年来,由于大城市建设需要高电压进城,因此也采用电缆线路,城市配电网也相继改造成电缆网络。

下面分别简要介绍两种线路中各种元件的作用及其结构。

1.5.1 架空线路

(1)导线和避雷线

导线的作用是传输电能。避雷线的作用是将雷电流引入大地,保护电力线路免受雷击,因此它们都应有较好的导电性能。导线和避雷线均架设在户外,除了要承受导线自重、风压、冰雪及温度变化等产生的机械力作用外,还要受空气中有害气体的化学腐蚀作用。所以,导线和避雷线还应有较高的机械强度和抗化学腐蚀能力。导线常用的材料有铜、铝和铝合金等。避雷线则一般用钢线。这4种材料的物理性能如表1.3所示。

表1.3 导线材料的物理性能

材 料	20 ℃时的电阻率 /($\Omega \cdot mm^2 \cdot m^{-1}$)	密 度 /($g \cdot cm^{-3}$)	抗拉强度 /($kg \cdot mm^{-2}$)	其他特点
铜	0.018 2	8.9	39	抗腐蚀能力强,价格高
铝	0.029	2.7	16	抗一般化学腐蚀性能好,但易受酸、碱、盐的腐蚀,价格低
钢	0.103	7.85	120	易生锈,镀锌后不易生锈
铝合金	0.033 9	2.7	30	抗腐蚀性能好,受振动时易损坏

由表1.3可知,铜虽然导电性能最好,抗腐蚀性较好,但它的用途很广,产量有限,价格贵,除非特殊需要外一般架空线不用铜导线。钢线的导电性能差,集肤效应显著,不宜做导线,但其机械强度高,可用作避雷线。铝的导电性能虽比铜差,但也属良导体,因其质轻价廉,广泛用于10 kV及以下的架空线路。由于铝线的机械强度较低,所以35 kV及以上线路则广泛使用钢芯铝绞线。钢芯铝绞线充分利用了铝线的导电性能和钢线的机械强度,将铝线绕在单股或多股钢线外层作主要载流部分,机械荷载则由钢线和铝线共同承担。

在220 kV以上的输电线路中,为了改善输电线路参数和减少电晕损耗,常采用特殊结构的导线,如扩径导线和分裂导线等。分裂导线是将每相导线分成若干根,相互之间保持一定距离,如图1.10所示。

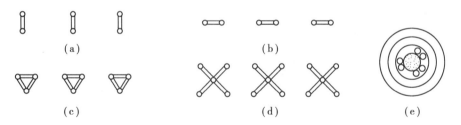

图1.10 分裂导线的排列
(a)垂直双分裂;(b)水平双分裂;(c)三分裂;(d)四分裂;(e)扩径导线

架空导线和避雷线的型号用汉语拼音字母表示:

LJ-70表示标称截面面积为70 mm²的铝绞线;

TJ-35表示标称截面面积为35 mm²的铜绞线;

LGJ-240/30表示标称截面面积铝线为240 mm²,钢芯为30 mm²的钢芯铝绞线。

其他几种常见的线型有LGJJ-加强型钢芯铝绞线;LGJQ-轻型钢芯铝绞线等。

(2)杆塔

杆塔用于支持导线和避雷线,使导线与导线、导线与避雷线、导线与大地之间保持一定的安全距离。

杆塔的类型很多,分类的方法也各不相同。按受力的特点分为直线杆塔、耐张杆塔、转角杆塔和直线转角杆塔、终端杆塔、换位杆塔及跨越杆塔等;按使用的材料分为钢筋水泥杆、木杆、铁塔;还可按结构形式、导线排列方式等分成各种类型。

杆塔按导线在杆塔上的排列方式不同分类。如一般单回线路采用"上"字形、三角形和水平排列方式。双回线同杆架设时一般按伞形、鼓形等排列。

由于三相导线在杆塔上的排列不对称,三相导线之间和每相对地之间的互感总是不完全相等,从而使得三相导线上电抗的不对称。为了减小三相参数的不平衡,架空线路的三相导线应进行换位。根据《架空线路设计技术规程》规定:在中性点直接接地的电力网中,长度超过100 km 的线路均应换位,换位循环长度不宜大于 200 km。

经过换位的线路,三相导线在空间每一位置的长度和相等时称为完全换位。进行依次完全换位则称为一个换位循环,如图 1.11 所示。根据需要可用直线换位杆塔和耐张杆塔换位杆塔。

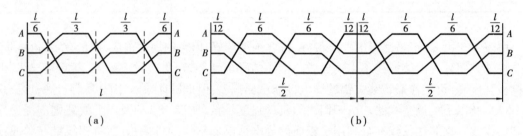

图 1.11 换位循环示意图
(a)单换位循环;(b)双换位循环

(3)绝缘子

绝缘子是用来支持或悬挂导线并使导线与杆塔绝缘的,它必须具有良好的绝缘性能和足够的机械强度。绝缘子按形状不同可分为针式绝缘子、悬式绝缘子、瓷横担绝缘子及棒式绝缘子,如图 1.12 所示;按材料不同可分为瓷质绝缘子、钢化玻璃绝缘子和硅橡胶合成绝缘子等。

针式绝缘子应用在电压不超过 35 kV 的线路上。

悬式绝缘子可以根据线路电压的高低,用不同数目的绝缘子组成绝缘子串。当使用 X-4.5型时,35 kV 线路不少于 3 片;110 kV 不少于 7 片;220 kV 不少于 13 片;330 kV 不少于 19 片。

瓷横担绝缘子起到了绝缘子和横担的双重作用。它有运行安全、维护简单、节约材料等优点,但同时也有机械抗弯强度低的缺点,目前在 6~35 kV 线路上被广泛采用。

棒型绝缘子是用硬质材料做成的整体型绝缘子,它可代替悬式绝缘子串。

瓷质绝缘子的绝缘件由电工陶瓷制成,若发生裂纹或电击穿,玻璃绝缘子将自行破裂成小碎块。

合成绝缘子的绝缘件由环氧玻璃钢的芯棒与有机材料的护套和伞群组成,其特点是质量很轻,抗污秽闪络性能优良,抗拉强度高,但抗老化能力不如瓷质和钢化玻璃绝缘子。

(4)金具

金具是用来组装架空线路的各种金属零件的总称,其品种繁多,用途各异。金具按其用途大致可分为线夹、连接金具、接续金具、保护金具等几大类。

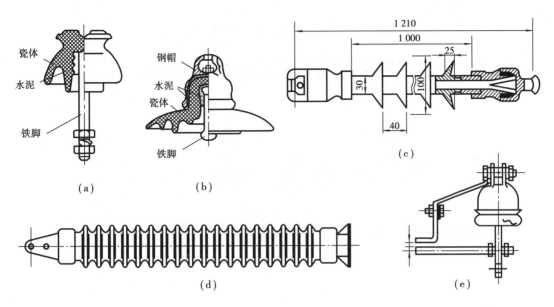

图 1.12　架空线路的绝缘子

(a)针式绝缘子;(b)悬式绝缘子;(c)棒式绝缘子;(d)瓷横担绝缘子;(e)避雷线绝缘子

　　线夹的作用是将导线和避雷线固定在绝缘子和杆塔上,用于直线杆塔和悬式绝缘子串上的线夹称为悬垂线夹。用于耐张杆塔和耐张绝缘子串上的线夹称为耐张线夹。

　　连接金具的作用是将绝缘子连接成串,或将线夹、绝缘子串、杆塔横担之间相互连接。

　　接续金具的作用是将两段导线或避雷线连接起来,如图 1.13 所示。

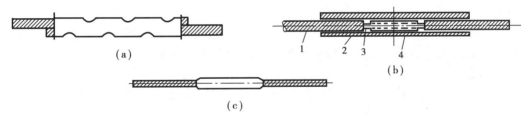

图 1.13　接续金具

(a)钳接管连接铝线;(b)压接管连接钢芯铝线;(c)爆炸压接的导线接头

1—钢芯铝线;2—铝压接管;3—钢芯;4—钢压接管

　　保护金具有防振保护金具和绝缘保护金具两大类。防振保护金具是用来保护导线或避雷线避免因风引起的周期性振动而造成损坏,如护线条、预绞丝、防振锤、阻尼线等。绝缘保护金具悬重锤可减小悬垂绝缘子串的偏移,防止其过分靠近杆塔,以保持导线和杆塔之间的绝缘,如图 1.14 所示。

1.5.2　电缆线路

　　随着城市建筑物和人口密度的增加,大都市的中低压架空裸线配电系统已暴露出许多问题。为降低架空输电线路系统的故障率,国家电力部门参照国外架空电网改造和输电线路运行的经验,规定城市电力网的输电线路与高、中压配电线路在下列情况下必须采用电缆线路:

　　①根据城市规划,繁华地区、重要地段、主要道路、高层建筑区及对市容环境有特殊要求的

15

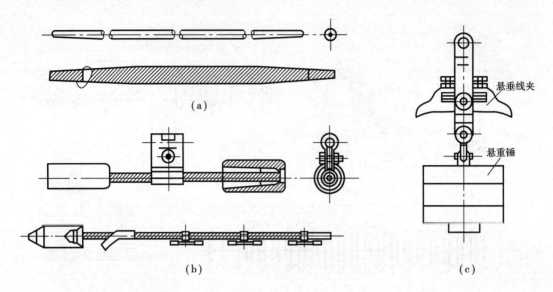

图1.14　几种保护金具

(a)护线条;(b)防振锤;(c)悬重锤

场合;

②架空线路和线路导线通过严重腐蚀地段,在技术上难以解决者;

③供电可靠性要求较高或重要负荷用户;

④重点风景旅游区;

⑤沿海地区易受热带风暴侵袭的主要城市的重要供电区域;

⑥电网结网或运行安全要求高的地区。

由一根或数根导线绞合而成的线芯、相应包裹的绝缘层和外加保护层3部分组成的电线称为电缆。用于电力传输和分配大功率电能的电缆,称为电力电缆。

(1)电缆

电缆的导体是用来传导电流的,通常用多股铜绞线或铝绞线,以增加电缆的柔性。根据电缆中导体数量的不同,可分为单芯、三芯和四芯电缆。

电缆的绝缘层是用来使各导体之间及导体与包皮之间绝缘的,使用的材料有橡胶、沥青、聚乙烯、聚丁烯、棉、麻、绸缎、纸、浸渍纸、矿物油、植物油等,一般多采用油浸纸绝缘。

电缆的保护层是用来保护绝缘层的,使其不受外力损伤,防止水分浸入或浸渍剂外流。保护层分为内护层和外护层,内护层由铝或铅制成,外护层由内衬层、铠装层和外被层组成,如图1.15所示。

(2)电缆线路

电力电缆线路主要由电缆、电缆附件及线路构筑物3部分组成。但有些电缆线路还带有配件,如压力箱、护层保护器、交叉互联箱、压力和温度示警装置等。

①电缆附件:电缆线路中除电缆本体外的其他部件和设备,如中间接线盒、终端盒、电抗器,高压充油电缆线路中的塞止接头盒、绝缘连接盒、压力箱,高压充气和压力电缆线路中的供气和施加压力设备等。

②线路构筑物:电缆线路中用来支持电缆和安装电缆附件的部分,如引入管道、电缆杆、电缆井及电缆进线室等。

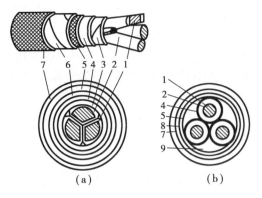

图 1.15 电缆结构示意图

1—导体;2—相绝缘;3—纸绝缘;4—铅包皮;5—麻衬;
6—钢带铠甲;7—麻被;8—钢丝铠甲;9—填充物

习　题

1. 填空题

(1)把生产、输送、分配、消费电能的各种电气设备连接在一起而组成的统一整体称为_____。

(2)电力系统加上各种类型发电厂的动力部分,称为_____。

(3)电力系统中输送和分配电能的部分称为_____,其包含_____和_____。

(4)衡量电力系统电能质量的指标有_____、_____、_____。

(5)电力系统的接线图有_____接线图和_____接线图两种。

(6)电力网的接线按供电可靠性分为_____接线和_____接线两类。

(7)电力网按其职能可分为_____网络和_____网络。

(8)电气设备都是按照指定的电压来进行设计和制造的,这个指定的电压称为电气设备的_____。

(9)同一电压等级下,电力线路的额定电压与用电设备的额定电压____。

(10)变压器二次侧的额定电压通常比同一电压等级下的网络额定电压高_____,但若变压器短路电压百分数小于7.5 或二次侧直接与用户相连时,其电压比网络额定电压高_____。

(11)电力系统中性点的运行方式有_____、_____、_____三种。

(12)中性点不接地系统中,相对地的绝缘水平根据_____来设计。

(13)为了解决中性点不接地系统单相接地电流大、电弧不能自行熄灭的问题,常采用中性点经_____接地的方式,它是一个_____线圈,其补偿方式分为_____、_____、_____三种。

(14)电力线路按结构可分为_____线路和_____线路两大类。

(15)架空线路包括_____、_____、_____、_____、_____等组

成部分。

（16）钢芯铝绞线中，_____是主要载流部分。

（17）为了减小三相参数的不平衡，架空线路的三相导线应进行_____。

（18）在 220 kV 及以上的输电线路中，为了改善线路参数和减少电晕损耗，常采用_____导线和_____导线。

（19）用于支持和悬挂导线，使导线与杆塔绝缘的是_____。

（20）导线型号 LGJ-240/30 中，LGJ 表示_____，240 表示_____，30 表示_____。

（21）额定变比为 242/10.5 kV 的双绕组变压器是_____变压器，额定变比为 110/11 kV 的双绕组变压器是_____变压器（填"升压"或"降压"）。

2. **选择题**

（1）以下几个概念中，内涵最广的是（　　）。

A. 电力系统　　　B. 动力系统　　　C. 电力网　　　D. 输电网络

（2）以下几个概念中，内涵最窄的是（　　）。

A. 电力系统　　　B. 动力系统　　　C. 电力网　　　D. 配电网络

（3）电气设备都是按照指定的电压来进行设计和制造的，这个指定的电压称为电气设备的（　　）。

A. 额定电压　　　B. 平均额定电压　　C. 电压降落　　　D. 电压损耗

（4）同一电压等级下，电力线路的额定电压比用电设备的额定电压（　　）。

A. 高　　　　　　B. 低　　　　　　C. 相等　　　　　D. 无法确定

（5）同一电压等级下，发电机的额定电压与电网的额定电压相比是（　　）。

A. 高 5%　　　　B. 低 5%　　　　C. 高 10%　　　　D. 低 10%

（6）若变压器一次侧直接与发电机相连，则其额定电压与发电机的额定电压相比是（　　）。

A. 高 5%　　　　B. 相等　　　　　C. 低 5%　　　　D. 低 10%

（7）中性点不接地系统发生单相接地时，通过接地点的电流为不接地时每一相对地电容电流的（　　）。

A. $\sqrt{3}$ 倍　　　B. $1/\sqrt{3}$ 倍　　C. 3 倍　　　　　D. 1/3 倍

（8）中性点不接地系统发生单相接地时，未接地相的对地电容电流为故障前的（　　）。

A. $\sqrt{3}$ 倍　　　B. $1/\sqrt{3}$ 倍　　C. 3 倍　　　　　D. 1/3 倍

（9）为避免引起串联谐振过电压，中性点经消弧线圈接地广泛采用的是（　　）。

A. 全补偿　　　　B. 过补偿　　　　C. 欠补偿

（10）架空线路的（　　）用于支持导线和避雷线，使导线与导线、导线与避雷线、导线与大地之间保持一定的安全距离。

A. 绝缘子　　　　B. 防振锤　　　　C. 金具　　　　　D. 杆塔

3. **简答题**

（1）电力系统、动力系统、电力网的概念分别是什么？

（2）电力系统的运行具有哪些特点？

（3）对电力系统运行的基本要求有哪些？

（4）试对中性点不接地系统和中性点直接接地系统发生一相接地时以下各方面的特点进

行比较:

①接地点电流;②中性点电压;③未接地相电压;④线电压。

4. 综合题

标出图 1.16 中各元件的额定电压。

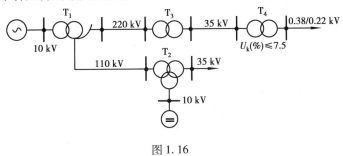

图 1.16

第 **2** 章
电力系统计算基础

☞ **知识能力目标**

理解电力系统中各元件参数计算公式的意义;能计算电力系统各元件的参数并作等值电路;能建立电力系统有名制和标幺制等值电路。

📢 **重点、难点**

- 电力线路和变压器的参数计算;
- 标幺值的归算;
- 电力系统等值电路的建立。

2.1　电力线路的参数及等值电路

2.1.1　电力线路的参数

电力线路的参数有 4 个:电阻、电抗、电导和电纳。其导线一般采用铝线、钢芯铝线和铜线。下面分别讨论这 4 个参数的确定方法。

（1）电阻

电阻是反映线路通过电流时产生有功功率损失效应的参数,其值可按式(2.1)计算,即

$$r_1 = \frac{\rho}{S} \qquad \Omega/\text{km} \qquad (2.1)$$

式中　ρ——导线的电阻率,$\Omega \cdot \text{mm}^2/\text{km}$;

　　　S——导线载流部分的标称截面积,mm^2。

ρ 采用计算用电阻率,铜材料导线取 18.8 $\Omega \cdot \text{mm}^2/\text{km}$,铝材料导线取 31.5 $\Omega \cdot \text{mm}^2/\text{km}$,其值比铜、铝的直流电阻率(铜为 17.5 $\Omega \cdot \text{mm}^2/\text{km}$,铝为 28.5 $\Omega \cdot \text{mm}^2/\text{km}$)稍大,其原因是:

①通过架空电力线路的交流电会产生集肤效应和邻近效应,其交流电阻比直流电阻稍大;

②架空电力线路为多股绞线,其实际长度比测量值长 2% ~3%;

③架空电力线路的标称截面积比实际截面积略大(查附表Ⅱ.1)。

工程计算电阻时,也可从附表Ⅱ.3 ~Ⅱ.10 中查出各种导线的单位长度的电阻值。按式(2.1)计算所得的电阻值,都是指 20 ℃时的值。在要求较高精度时,t ℃时的电阻值 r_t 可按式(2.2)计算:

$$r_t = r_{20}[1 + \alpha(t - 20)] \qquad (2.2)$$

式中　α——电阻温度系数,对于铜 $\alpha = 0.003\,82$ (1/℃),对于铝 $\alpha = 0.003\,6$ (1/℃)。

(2)电抗

电抗是反映导线通过交流电时产生的磁场效应的参数。三相导线对称排列时,三相电抗相同;三相导线不对称排列时,三相电抗则不相同。工程上利用导线的整循环换位来使三相参数基本相同。因此以下的计算公式每相都是相同的。

1)单导线每相单位长度的电抗

$$x_1 = 2\pi f\left(4.6\lg\frac{D_{eq}}{r} + \frac{\mu_r}{2}\right) \times 10^{-4} \qquad \Omega/\text{km} \qquad (2.3)$$

式中　r——导线的计算半径,mm;

　　　μ_r——导线材料的相对导磁系数,对铜、铝 $\mu_r = 1$;

　　　D_{eq}——三相导线几何均距,mm,且

$$D_{eq} = \sqrt[3]{D_{AB} \cdot D_{BC} \cdot D_{CA}}$$

D_{AB}、D_{BC}、D_{CA} 分别为输电线路三相相间距离,其值可按图 2.1 取得。当导线为等边三角形排列时,$D_{eq} = D$;当导线为水平排列时,$D_{eq} = \sqrt[3]{D \cdot D \cdot 2D} \approx 1.26D$。

式(2.3)中,当 $f = 50$ Hz,$\mu_r = 1$ 时,则

$$x_1 = 0.015\,7 + 0.144\,5\lg\frac{D_{eq}}{r} \qquad \Omega/\text{km} \qquad (2.4)$$

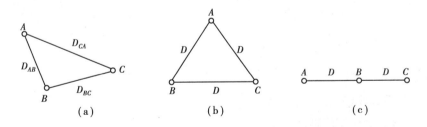

图 2.1　三相导线的布置

(a)任意排列;(b)等边三角形排列;(c)水平排列

从上面公式可看出:①输电线路单位长度电抗的大小,主要取决于三相导线的几何均距,即导线的线间距离。因此,高压线路电抗大,低压线路电抗小;架空线路电抗大,电缆线路电抗小。②在工程计算中,认为 x_1 与 D_{eq}、r 呈对数关系,各种线路的 x_1 变化不大,因此对于 35 kV 及以上架空线路可近似取 $x_1 = 0.4$ Ω/km,6 ~10 kV 线路可近似取 $x_1 = 0.36$ Ω/km,0.38 kV 线路可近似取 $x_1 = 0.33$ Ω/km。

2)分裂导线每相单位长度电抗

将输电线的每相导线分裂成若干根,按一定的规则分散排列,可以减少导线表面附近的电

场强度,防止电晕发生。普通分裂导线分裂根数一般不超过 4 根,且布置在正多边形的顶点上,不同相的导线间的距离都近似地等于该两相分裂导线重心间的距离,如图 2.2 所示。

(a)

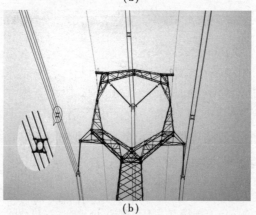

(b)

图 2.2　分裂导线的布置

(a)水平排列的双分裂线路;(b)三角形排列的四分裂线路

分裂导线每相长度的电抗 x_1 可按下式计算

$$x_1 = 0.144\ 5\ \lg \frac{D_{eq}}{r_{eq}} + \frac{0.015\ 7}{n} \qquad \Omega/\text{km} \tag{2.5}$$

式中　n——分裂导线根数;

　　r_{eq}——分裂导线等值半径,mm。

当 $n = 2$ 时:　　　　　　　　$r_{eq} = \sqrt{rd}$ 　　　　　　　　　　(2.6a)

当 $n = 3$ 时:　　　　　　　　$r_{eq} = \sqrt[3]{rd^2}$ 　　　　　　　　　(2.6b)

当 $n = 4$ 时:　　　　　　　　$r_{eq} = \sqrt[4]{r\sqrt{2}d^3}$ 　　　　　　　(2.6c)

可以看出,虽然相间距离、导线截面等与线路结构有关的参数对电抗的大小有影响,但这些数值均在对数符号内,故各种线路的电抗值变化不是很大。一般,单导线线路每千米的电抗为 0.4 Ω 左右;分裂导线线路的电抗与分裂根数有关,当分裂根数为 2、3、4 根时,每千米的电抗分别为 0.33 Ω、0.30 Ω、0.28 Ω 左右。

工程计算时,也可从附表Ⅱ.3～Ⅱ.10中查出各种导线在某个几何均距下的单位电抗。

（3）**电导**

电导是反映架空电力线路沿绝缘子的泄漏电流和电晕现象的参数。一般线路绝缘良好，泄漏电流很小，可以将它忽略，主要是考虑电晕现象引起的有功功率损耗。所谓电晕现象，就是架空线路带有高电压的情况下，当导线表面的电场强度超过空气的击穿强度时，导体附近的空气游离而产生局部放电的现象。这时会发出"咝咝声"，并产生臭氧，夜间还可看到蓝紫色的晕光。

电晕不但会增加网损，干扰附近的无线电通信，而且会使导线表面产生电腐蚀而降低输电线路的寿命。因此，在线路设计时，必须尽量避免输电线路发生电晕。

线路开始出现电晕的电压称为临界电晕电压 U_{cr}。当三相导线以等边三角形排列时，发生电晕的临界相电压可由经验公式（2.7）确定：

$$U_{cr} = 49.3 m_1 m_2 \delta r \lg \frac{D_{eq}}{r} \qquad kV \qquad (2.7)$$

式中　m_1——导线光滑系数，对于光滑的单导线 $m_1 = 1$；对于绞线 $m_1 = 0.83 \sim 0.87$；

　　　m_2——气象系数，对于干燥或晴朗天气，$m_2 = 1$；对于雾、雨天气，$m_2 = 0.8$；

　　　δ——空气相对密度，$\delta = 3.86b/(273 + t)$，当 $t = 20\ ℃$，$b = 7\ 600\ Pa$ 时，$\delta = 1$；

　　　r——导线半径，mm；

　　　D_{eq}——三相导线间的几何均距。

当实际运行电压过高或气象条件变坏时，运行电压将超过临界电压而产生电晕。运行电压超过临界电压愈多，电晕损耗也愈大。如果三相线路每千米的电晕损耗为 ΔP_g（MW/km），线路的电压为 U_L（kV），则每相等值电导为

$$g_1 = \frac{\Delta P_g}{U_L^2} \qquad S/km \qquad (2.8)$$

实际上，在线路设计时总是尽量避免在正常气象条件下发生电晕。

从式（2.7）可以看出，U_{cr} 与相间间距 D_{eq} 和导线半径 r 有关。由于 D_{eq} 在对数内，因此 D_{eq} 的改变对 U_{cr} 影响不大，而且增大 D_{eq} 会增大杆塔尺寸，从而大大增加线路的造价；U_{cr} 几乎与 r 成正比，因此增大导线半径是防止和减少电晕损耗的有效办法。设计时，对 220 kV 以下的线路通常按避免电晕损耗的条件选择导线半径；对 220 kV 及以上的线路，为了减少电晕损耗，常常采用分裂导线来增大每相的等值半径，特殊情况下也采用扩径导线。由于这些原因，在一般的电力系统计算中可以忽略电晕损耗，即认为 $g_1 \approx 0$。

（4）**电纳**

电纳是反映架空电力线路在空气介质中的电场效应的参数。在输电线路中，导线与导线之间、导线与地之间都存在着电容，当交流电源加在线路上时，随着电容的充放电就产生了电流，这就是输电线路的充电电流或空载电流。电容的存在，将影响沿线电压分布、功率因数和输电效率，也是引起工频过电压的主要原因之一。

在额定频率 $f = 50$ Hz 情况下，三相对称排列或经过整循环换位的输电线路，每相单位长度的等值电纳计算公式如下：

$$b_1 = \frac{7.58}{\lg \dfrac{D_{eq}}{r_{eq}}} \times 10^{-6} \qquad S/km \qquad (2.9)$$

与电抗一样,b_1与线路结构参数D_{eq}、r_{eq}有关,但因D_{eq}、r_{eq}在对数符号内,因此各电压等级的电纳值变化不大。对单导线,b_1约为2.8×10^{-6} S/km;对于分裂导线,当每相分裂根数为2根、3根、4根时,b_1分别约为3.4×10^{-6} S/km、3.8×10^{-6} S/km、4.1×10^{-6} S/km。

工程计算时,也可从附表Ⅱ.6~Ⅱ.9中查得b_1进行计算。

2.1.2 电力线路的等值电路

虽然电力线路的参数是沿线路均匀分布的,精确计算时采用分布参数,如图2.3所示。但工程上通常认为,架空线路长度在300 km以内、电缆线路长度在100 km以内时,电力线路用集中参数形成的Ⅱ型等值电路表示时,也满足精度要求。

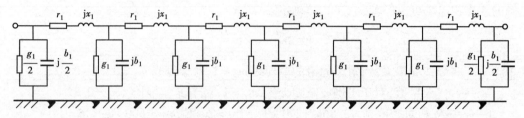

图 2.3   分布参数的等值电路

从前面分析可知,架空电力线路的4个参数中,由于采用了防止全面电晕的措施,电导可以忽略不计($g_1 \approx 0$),因此电力线路可采用如图2.4所示的Ⅱ型等值电路。其中,R、X、B分别表示全线每相的总电阻、电抗、电纳,当长度为$l(km)$时,

$$\left. \begin{array}{l} R = r_1 l \quad (\Omega) \\ X = x_1 l \quad (\Omega) \\ B = b_1 l \quad (S) \end{array} \right\} \qquad (2.10)$$

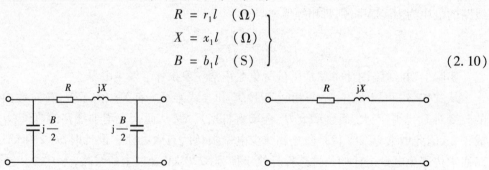

图 2.4   电力线路的等值电路   图 2.5   电力线路的简化等值电路

对于35 kV及以下电压等级的架空电力线路和10 kV及以下电压等级的电缆线路,由于电压低、线路短,由对地电容所引起的电纳B一般较小,可忽略不计,此时还可采用如图2.5所示的简化等值电路。

【例2.1】   110 kV架空线路的导线型号为LGJ-150,导线水平排列,相间距离为4 m。求线路参数。

解   线路电阻

$$r_1 = \frac{\rho}{S} = \frac{31.5}{150} \ \Omega/km = 0.21 \ \Omega/km$$

查附表Ⅱ.1查得LGJ-150的计算直径16.72 mm,则计算半径$r = 8.36$ mm。

线路电抗

$$D_{eq} = 1.26\ D = 1.26 \times 4\ m = 5.04\ m = 5\ 040\ mm$$

$$x_1 = 0.015\ 7 + 0.144\ 5\ \lg \frac{D_{eq}}{r} = (0.015\ 7 + 0.144\ 5\lg \frac{5\ 040}{8.36})\ \Omega/km = 0.417\ \Omega/km$$

线路电纳

$$b_1 = \frac{7.58}{\lg \dfrac{D_{eq}}{r}} \times 10^{-6} = \frac{7.58}{\lg \dfrac{5\ 040}{8.36}} \times 10^{-6}\ S/km = 2.73 \times 10^{-6}\ S/km$$

【例 2.2】　一条 330 kV 的电力线路长 220 km,三相导线三角形排列,完全换位,相间距离为 8 m,每相采用 LGJQ-2×300 分裂导线,分裂间距 400 mm,求线路参数并画等值电路图。

解　查附表Ⅱ.1 得 LGJQ-300 的计算直径为 23.5 mm,每相导线等值半径

$$r_{eq} = \sqrt{rd} = \sqrt{\frac{23.5}{2} \times 400}\ mm = 68.56\ mm$$

因为采用三角形排列,几何均距

$$D_{eq} = 8\ m = 8\ 000\ mm$$

线路电阻

$$r_1 = \frac{\rho}{S} = \frac{31.5}{2 \times 300}\ \Omega/km = 0.053\ \Omega/km$$

$$R = r_1 l = (0.053 \times 220)\ \Omega = 11.66\ \Omega$$

线路电抗

$$x_1 = 0.144\ 5\ \lg \frac{D_{eq}}{r_{eq}} + \frac{0.015\ 7}{n} = \left(0.144\ 5\ \lg \frac{8\ 000}{68.56} + \frac{0.015\ 7}{2}\right)\Omega/km = 0.306\ 5\ \Omega/km$$

$$X = x_1 l = (0.306\ 5 \times 220)\ \Omega = 67.43\ \Omega$$

线路电纳

$$b_1 = \frac{7.58}{\lg \dfrac{D_{eq}}{r_{eq}}} \times 10^{-6} = \frac{7.58}{\lg \dfrac{8\ 000}{68.56}} \times 10^{-6}\ S/km = 3.67 \times 10^{-6}\ S/km$$

$$B = b_1 l = (3.67 \times 10^{-6} \times 220)\ S = 8.074 \times 10^{-4}\ S$$

根据计算结果画出等值电路如图 2.6 所示。

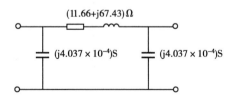

图 2.6　例 2.2 线路等值电路图

2.2　变压器的参数和等值电路

变压器是电力系统的重要元件,其按相数可分为单相、三相变压器;按每相绕组数可分为

双绕组、三绕组变压器;按分接开关是否可在带负载的情况下操作可分为普通变压器、有载调压变压器;按绕组的耦合方式可分为普通变压器、自耦变压器。下面根据电力系统分析计算的需要,只介绍三相对称情况下的变压器等值电路及参数计算。

2.2.1 双绕组变压器

(1)等值电路

在电力系统计算中,双绕组变压器的近似等值电路常将励磁支路前移到电源侧,采用"Γ"型等值电路。在这个等值电路中,一般将变压器二次绕组的电阻和漏抗归算到一次绕组并和一次绕组的电阻和漏抗合并,用等值阻抗 $R_T + jX_T$ 来表示,如图 2.7(a)所示;当励磁支路用功率表示时,如图 2.7(b)所示;对于 35 kV 及以下电压等级的变压器,因为其励磁支路中损耗较小,可以略去不计,如图 2.7(c)所示。

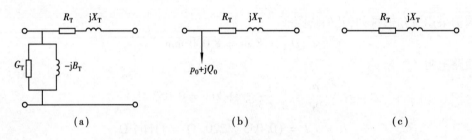

图 2.7 双绕组变压器的等值电路

(a)励磁支路用导纳表示;(b)励磁支路用功率表示;(c)略去励磁支路

(2)参数计算

变压器的参数一般是指其等值电路中的电阻 R_T、电抗 X_T、电导 G_T 和电纳 B_T。变压器的变比也是变压器的一个参数。

变压器的前 4 个参数可以从出厂铭牌上代表电气特性的 4 个数据计算得到。这 4 个数据是短路损耗 p_k、短路电压百分值 $u_k\%$、空载损耗 p_0 和空载电流百分值 $I_0\%$。前两个数据由短路试验得到,用以确定 R_T 和 X_T;后两个数据由空载试验得到,用以确定 G_T 和 B_T。

1)电阻 R_T

变压器的电阻是用来表示绕组中的铜耗的。变压器做短路试验时,通常将低压侧绕组短接,在高压侧绕组施加电压,使短路电流达到额定值,此时变压器的有功损耗即为短路损耗 p_k,外施电压即为短路电压 u_k,通常用百分值 $u_k\%$ 表示。由于此时外加电压较小,相应铁耗亦小,故认为短路损耗 p_k 即等于变压器通过额定电流时一、二次侧绕组电阻总损耗(亦称铜耗),即 $p_k = 3I_N^2 R_T$,则

$$R_T = \frac{p_k}{3I_N^2} \tag{2.11}$$

通常用变压器额定容量 S_N 和额定电压 U_N 表示额定电流,有

$$I_N = \frac{S_N}{\sqrt{3} U_N}$$

所以

$$R_{\mathrm{T}} = \frac{p_{\mathrm{k}} \cdot U_{\mathrm{N}}^2}{S_{\mathrm{N}}^2} \tag{2.12}$$

式中各量均采用国际单位:R_{T} 为 Ω,p_{k} 为 W,U_{N} 为 V,S_{N} 为 V·A。也可采用惯用的实用单位:R_{T} 为 Ω,p_{k} 为 MW,U_{N} 为 kV,S_{N} 为 MV·A。

2)电抗 X_{T}

变压器的电抗 X_{T} 可由短路电压百分值 $u_{\mathrm{k}}\%$ 来求得。

变压器铭牌上给出的短路电压百分值 $u_{\mathrm{k}}\%$,是指变压器短路试验时通过的额定电流在变压器阻抗上产生的电压降的百分数,即

$$u_{\mathrm{k}}\% = \frac{\sqrt{3}\,I_{\mathrm{N}}\,|Z_{\mathrm{T}}|}{U_{\mathrm{N}}} \times 100$$

所以

$$|Z_{\mathrm{T}}| = \frac{u_{\mathrm{k}}\%}{100} \cdot \frac{U_{\mathrm{N}}}{\sqrt{3}\,I_{\mathrm{N}}} = \frac{u_{\mathrm{k}}\%}{100} \cdot \frac{U_{\mathrm{N}}^2}{S_{\mathrm{N}}}$$

对大容量的变压器,有 $X_{\mathrm{T}} \gg R_{\mathrm{T}}$,可以近似地认为 $|Z_{\mathrm{T}}| \approx X_{\mathrm{T}}$,故

$$X_{\mathrm{T}} = \frac{u_{\mathrm{k}}\%}{100} \cdot \frac{U_{\mathrm{N}}^2}{S_{\mathrm{N}}} \qquad \Omega \tag{2.13}$$

上式及本章以后各公式中的 U_{N}、S_{N} 的含义及其单位均与式(2.12)相同。

3)电导 G_{T}

变压器的电导是用来表示铁芯损耗的参数。变压器空载试验时,测得空载损耗 p_0,它包括绕组中空载电流通过时的铜耗及铁芯中的铁耗。由于空载电流相对额定电流要小得多,绕组中的铜耗也很小,所以,可以近似认为变压器的铁耗就等于空载损耗。因此

$$G_{\mathrm{T}} = \frac{p_0}{U_{\mathrm{N}}^2} \qquad \mathrm{S} \tag{2.14}$$

4)电纳 B_{T}

变压器的电纳是用来表示变压器励磁功率的参数。变压器空载试验时,测得空载电流百分数 $I_0\%$,它包含有功分量和无功分量,但有功分量数值很小,因此无功分量几乎和空载电流相等。

由 $I_0\% = \dfrac{I_0}{I_{\mathrm{N}}} \times 100$ 及 $I_0 \approx \dfrac{U_{\mathrm{N}}}{\sqrt{3}} B_{\mathrm{T}}$,得

$$B_{\mathrm{T}} = \frac{I_0\%}{100} \cdot \frac{\sqrt{3}\,I_{\mathrm{N}}}{U_{\mathrm{N}}} = \frac{I_0\%}{100} \cdot \frac{S_{\mathrm{N}}}{U_{\mathrm{N}}^2} \qquad \mathrm{S} \tag{2.15}$$

另外也可用公式(2.16)计算出 Q_0 标于图 2.7(b)中,即

$$Q_0 = \frac{I_0\%}{100} S_{\mathrm{N}} \qquad \mathrm{Mvar} \tag{2.16}$$

则

$$B_{\mathrm{T}} = \frac{Q_0}{U_{\mathrm{N}}^2} \qquad \mathrm{S} \tag{2.17}$$

值得注意的是:在应用上面的公式计算变压器参数时,用变压器哪一侧绕组的额定电压,即相当于把变压器的参数归算到了哪一侧。

【例2.3】 一台型号为 SFL7-20000/110 的降压变压器向 10 kV 网络供电,电压为 110/11 kV,铭牌参数为:$p_k = 135$ kW,$u_k\% = 10.5$,空载损耗 $p_0 = 22$ kW 和空载电流 $I_0\% = 0.8$,试分别计算变压器归算到高压侧和低压侧的参数。

解 由型号知,$S_N = 20$ MV·A,$U_{1N} = 110$ kV,$U_{2N} = 11$ kV。

归算到高压侧的参数

$$R_T = \frac{p_k \cdot U_{1N}^2}{S_N^2} = \frac{0.135 \times 110^2}{20^2} \, \Omega = 4.08 \, \Omega$$

$$X_T = \frac{u_k\%}{100} \cdot \frac{U_{1N}^2}{S_N} = \frac{10.5}{100} \times \frac{110^2}{20} \, \Omega = 63.53 \, \Omega$$

$$G_T = \frac{p_0}{U_{1N}^2} = \frac{0.022}{110^2} \, S = 1.82 \times 10^{-6} \, S$$

$$B_T = \frac{I_0\%}{100} \cdot \frac{S_N}{U_{1N}^2} = \frac{0.8}{100} \times \frac{20}{110^2} \, S = 1.32 \times 10^{-5} \, S$$

于是,作等值电路如图 2.8 所示。

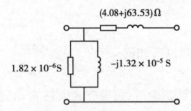

同理,归算到低压侧的参数

$$R_T' = \frac{p_k \cdot U_{2N}^2}{S_N^2} = \frac{0.135 \times 11^2}{20^2} \, \Omega = 0.040\,8 \, \Omega$$

$$X_T' = \frac{u_k\%}{100} \cdot \frac{U_{2N}^2}{S_N} = \frac{10.5}{100} \times \frac{11^2}{20} \, \Omega = 0.635\,3 \, \Omega$$

$$G_T' = \frac{p_0}{U_{2N}^2} = \frac{0.022}{11^2} \, S = 1.82 \times 10^{-4} \, S$$

图 2.8 例 2.3 变压器等值电路图

$$B_T' = \frac{I_0\%}{100} \cdot \frac{S_N}{U_{2N}^2} = \frac{0.8}{100} \times \frac{20}{11^2} \, S = 1.32 \times 10^{-3} \, S$$

2.2.2 三绕组变压器

(1)等值电路

对于三绕组变压器,采用励磁支路前移的 Γ-星形等值电路,如图 2.9(a)、(b)所示。自耦变压器的等值电路与普通变压器相同。

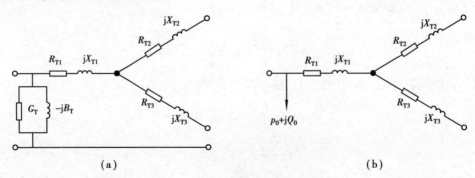

(a)   (b)

图 2.9 三绕组变压器的等值电路

(a)励磁支路用导纳表示;(b)励磁支路用功率表示

（2）**参数计算**

三绕组变压器等值电路中的参数计算原则与双绕组变压器相同。

1）电阻 R_{T1}、R_{T2}、R_{T3}

我国目前所生产的 3 个绕组的容量比,按高、中、低压绕组的顺序有 100/100/100、100/50/100、100/100/50 三种。其电阻计算分下面两种情况讨论:

①容量比为 100/100/100 的三绕组变压器。三绕组变压器的短路试验是在两两绕组之间进行的,即依次让一个绕组开路,其余两个绕组按双绕组变压器做实验。此时测得短路损耗 p_{k12}（MW）、p_{k23}（MW）、p_{k31}（MW）（1、2、3 分别代表高、中、低压绕组）,在忽略铁耗时,可将其近似看做两两绕组的损耗,即

$$\left.\begin{array}{l} p_{k12} = p_{k1} + p_{k2} \\ p_{k23} = p_{k2} + p_{k3} \\ p_{k31} = p_{k3} + p_{k1} \end{array}\right\} \tag{2.18}$$

式中 p_{k1}、p_{k2}、p_{k3}——高、中、低压绕组相应的短路损耗。

由式(2.18)可解得

$$\left.\begin{array}{l} p_{k1} = \dfrac{1}{2}(p_{k12} + p_{k31} - p_{k23}) \\[2mm] p_{k2} = \dfrac{1}{2}(p_{k12} + p_{k23} - p_{k31}) \\[2mm] p_{k3} = \dfrac{1}{2}(p_{k23} + p_{k31} - p_{k12}) \end{array}\right\} \tag{2.19}$$

各绕组的电阻分别为

$$\left.\begin{array}{l} R_{T1} = \dfrac{p_{k1} U_N^2}{S_N^2} \\[2mm] R_{T2} = \dfrac{p_{k2} U_N^2}{S_N^2} \\[2mm] R_{T3} = \dfrac{p_{k3} U_N^2}{S_N^2} \end{array}\right\} \tag{2.20}$$

②容量比为 100/100/50、100/50/100 的三绕组变压器。这两种容量比的三绕组变压器做短路试验时,因受到较小容量绕组额定容量的限制,所以必须对铭牌所提供的短路损耗进行归算。若铭牌上的短路损耗分别为 p'_{k12}、p'_{k23}、p'_{k31},则

$$\left.\begin{array}{l} p_{k12} = p'_{k12}\left(\dfrac{S_N}{S_{2N}}\right)^2 \\[3mm] p_{k23} = p'_{k23}\left(\dfrac{S_N}{\min\{S_{2N}, S_{3N}\}}\right)^2 \\[3mm] p_{k31} = p'_{k31}\left(\dfrac{S_N}{S_{3N}}\right)^2 \end{array}\right\} \tag{2.21}$$

式中 S_N——高压绕组的额定容量,即铭牌上的额定容量,MV·A;

S_{2N}——中压绕组的额定容量,MV·A;

S_{3N}——低压绕组的额定容量,MV·A。

即当容量比为 100/100/50 时，$p_{k12} = p'_{k12}$，$p_{k23} = 4p'_{k23}$，$p_{k31} = 4p'_{k31}$。当容量比为 100/50/100 时，$p_{k12} = 4p'_{k12}$，$p_{k23} = 4p'_{k23}$，$p_{k31} = p'_{k31}$。

将归算之后的 p_{k12}、p_{k23}、p_{k31} 代入式(2.19)、式(2.20)计算出 R_{T1}、R_{T2}、R_{T3}。

2)电抗 X_{T1}、X_{T2}、X_{T3}

与双绕组变压器一样，近似地认为电抗上的电压降就等于短路电压。与电阻的计算公式相似，由铭牌或设备手册上所提供的短路电压值 $u_{k12}\%$、$u_{k23}\%$、$u_{k31}\%$，计算各绕组的短路电压为

$$\left.\begin{aligned}
u_{k1}\% &= \frac{1}{2}(u_{k12}\% + u_{k31}\% - u_{k23}\%) \\
u_{k2}\% &= \frac{1}{2}(u_{k12}\% + u_{k23}\% - u_{k31}\%) \\
u_{k3}\% &= \frac{1}{2}(u_{k23}\% + u_{k31}\% - u_{k12}\%)
\end{aligned}\right\} \tag{2.22}$$

各绕组的电抗为

$$\left.\begin{aligned}
X_{T1} &= \frac{u_{k1}\%}{100} \cdot \frac{U_N^2}{S_N} \\
X_{T2} &= \frac{u_{k2}\%}{100} \cdot \frac{U_N^2}{S_N} \\
X_{T3} &= \frac{u_{k3}\%}{100} \cdot \frac{U_N^2}{S_N}
\end{aligned}\right\} \tag{2.23}$$

各绕组等值电抗的大小，与3个绕组在铁芯上的排列有关。高压绕组因绝缘要求排在外层，中压和低压绕组均有可能排在中层。排在中层的绕组，其等值电抗较小，或具有不大的负值。常用的两种排列结构如图2.10所示。图2.10(a)的排列方式是低压绕组位于中层，与高、中压绕组均有紧密联系，有利于功率从低压侧向高、中压侧传送，因此常用于升压变压器中。图2.10(b)的排列方式是中压绕组位于中层，与高压绕组联系紧密，有利于功率从高压侧向中压侧传送。另外，由于 x_1 和 x_2 数值较大，也有利于限制低压侧的短路电流，因此，这种排列方式常用于降压变压器中。

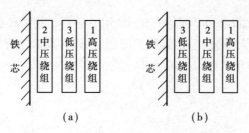

图2.10 三绕组变压器绕组的两种排列方式
(a)升压结构；(b)降压结构

3)电导 G_T、电纳 B_T 及变比 k_{12}、k_{23}、k_{31}

三绕组变压器的电导、电纳和变比的计算与双绕组变压器相同。

【例2.4】 有一容量比为 100/50/100、型号为 SFSL-25000/110 的变压器，额定电压为 $110 \pm 2 \times 2.5\%/38.5 \pm 5\%/11$，铭牌上的参数为 $p'_{k12} = 52$ kW，$p'_{k23} = 47$ kW，$p'_{k31} = 148$ kW，

$u_{k12}\% = 18, u_{k23}\% = 6.5, u_{k31}\% = 10.5, p_0 = 50.2$ kW, $I_0\% = 4.1$。求变压器的参数。

解　①电阻。

先归算短路损耗：

$$p_{k12} = p'_{k12}\left(\frac{S_N}{S_{2N}}\right)^2 = 52 \times \left(\frac{25}{12.5}\right)^2 \text{ kW} = 208 \text{ kW}$$

$$p_{k23} = p'_{k23}\left(\frac{S_N}{S_{2N}}\right)^2 = 47 \times \left(\frac{25}{12.5}\right)^2 \text{ kW} = 188 \text{ kW}$$

$$p_{k31} = p'_{k31}\left(\frac{S_N}{S_{3N}}\right)^2 = 148 \times \left(\frac{25}{25}\right)^2 \text{ kW} = 148 \text{ kW}$$

各绕组的短路损耗分别为

$$p_{k1} = \frac{1}{2}(p_{k12} + p_{k31} - p_{k23}) = \frac{1}{2} \times (208 + 148 - 188)\text{kW} = 84 \text{ kW}$$

$$p_{k2} = \frac{1}{2}(p_{k12} + p_{k23} - p_{k31}) = \frac{1}{2} \times (208 + 188 - 148)\text{kW} = 124 \text{ kW}$$

$$p_{k3} = \frac{1}{2}(p_{k23} + p_{k31} - p_{k12}) = \frac{1}{2} \times (148 + 188 - 208)\text{kW} = 64 \text{ kW}$$

各绕组的电阻分别为

$$R_{T1} = \frac{p_{k1} \cdot U_N^2}{S_N^2} = \frac{0.084 \times 110^2}{25^2} \Omega = 1.626 \text{ } \Omega$$

$$R_{T2} = \frac{p_{k2} \cdot U_N^2}{S_N^2} = \frac{0.124 \times 110^2}{25^2} \Omega = 2.4 \text{ } \Omega$$

$$R_{T3} = \frac{p_{k3} \cdot U_N^2}{S_N^2} = \frac{0.064 \times 110^2}{25^2} \Omega = 1.24 \text{ } \Omega$$

②电抗。

各绕组短路电压百分值分别为

$$u_{k1}\% = \frac{1}{2}(u_{k12}\% + u_{k31}\% - u_{k23}\%) = \frac{1}{2} \times (18 + 10.5 - 6.5) = 11$$

$$u_{k2}\% = \frac{1}{2}(u_{k12}\% + u_{k23}\% - u_{k31}\%) = \frac{1}{2} \times (18 + 6.5 - 10.5) = 7$$

$$u_{k3}\% = \frac{1}{2}(u_{k23}\% + u_{k31}\% - u_{k12}\%) = \frac{1}{2} \times (10.5 + 6.5 - 18) = -0.5$$

各绕组的等值电抗分别为

$$X_{T1} = \frac{u_{k1}\%}{100} \cdot \frac{U_N^2}{S_N} = \frac{11}{100} \times \frac{110^2}{25} \Omega = 53.24 \text{ } \Omega$$

$$X_{T2} = \frac{u_{k2}\%}{100} \cdot \frac{U_N^2}{S_N} = \frac{7}{100} \times \frac{110^2}{25} \Omega = 33.88 \text{ } \Omega$$

$$X_{T3} = \frac{u_{k3}\%}{100} \cdot \frac{U_N^2}{S_N} = \frac{-0.5}{100} \times \frac{110^2}{25} \Omega = -2.42 \text{ } \Omega$$

③变压器的励磁功率。

$$p_0 = 50.2 \text{ kW}$$

$$Q_0 = \frac{I_0\%}{100} \cdot S_N = \frac{4.1}{100} \times 25 \text{ Mvar} = 1.025 \text{ Mvar}$$

2.2.3 三绕组自耦变压器

自耦变压器的等值电路及其参数计算的原理和普通变压器相同。如图2.11所示,三绕组自耦变压器的第三绕组(低压绕组)总是接成三角形,以消除由于铁芯饱和引起的3次谐波,并且它的容量比变压器的额定容量(高、中压绕组的容量)小。因此,计算等值电阻时要对短路试验的数据进行归算。如果由手册或工厂提供的短路电压是未经归算的值,那么,在计算等

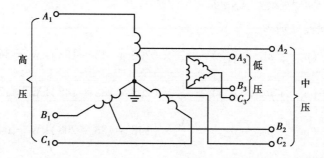

图2.11 三绕组自耦变压器接线图

值电抗时,也要对它们先进行归算,其公式如下:

$$\left. \begin{aligned} p_{k12} &= p'_{k12} \\ p_{k23} &= p'_{k23} \left(\frac{S_N}{S_{3N}}\right)^2 \\ p_{k31} &= p'_{k31} \left(\frac{S_N}{S_{3N}}\right)^2 \end{aligned} \right\} \tag{2.24}$$

$$\left. \begin{aligned} u_{k12}\% &= u'_{k12}\% \\ u_{k23}\% &= \left(\frac{S_N}{S_{3N}}\right) u'_{k23}\% \\ u_{k31}\% &= \left(\frac{S_N}{S_{3N}}\right) u'_{k31}\% \end{aligned} \right\} \tag{2.25}$$

然后再按照式(2.19)、式(2.20)计算出 R_{T1}、R_{T2}、R_{T3},按式(2.21)、式(2.22)、式(2.23)计算出 X_{T1}、X_{T2}、X_{T3}。

2.3 标幺制

2.3.1 标幺制的概念

在一般的电路计算中,电压、电流、功率和阻抗的单位分别用 V、A、W、Ω 表示,这种用实际有名单位表示物理量的方法称为有名单位制。在电力系统计算中,还广泛地采用标幺制。标幺制是相对单位制的一种表示方法,在标幺制中各物理量都用标幺值表示。标幺值的一般数

学表达式为

$$标幺值 = \frac{实际值(任意单位)}{基准值(与有名值同单位)} \qquad (2.26)$$

标幺值实际就是某个物理量的有名值与选定的同单位的基准值的比值,也就是对基准值的倍数值。显然,同一个物理量当选取不同的基值时,其标幺值也就不同。当描述一个物理量的标幺值时,必须同时说明其基准值为多大,否则仅一个标幺值是没有意义的。

(1)基值

采用标幺值进行计算时,第一步工作是选取各物理量的基准值。电力系统的各电气量基准值的选择必须符合电路基本关系,即

$$\left. \begin{aligned} S_B &= \sqrt{3}\,U_B I_B \\ U_B &= \sqrt{3}\,I_B Z_B \\ Z_B &= \frac{1}{Y_B} \end{aligned} \right\} \qquad (2.27)$$

式中　S_B——三相功率的基准值;

　　　U_B、I_B——线电压、线电流的基准值;

　　　Z_B、Y_B——每相阻抗、导纳的基准值。

式(2.27)中有 5 个基准值,通常选定 S_B、U_B 为功率和电压的基准值,其他 3 个基准值可按电路关系派生出来,有

$$\left. \begin{aligned} I_B &= \frac{S_B}{\sqrt{3}\,U_B} \\ Z_B &= \frac{U_B^2}{S_B} \\ Y_B &= \frac{S_B}{U_B^2} \end{aligned} \right\} \qquad (2.28)$$

(2)标幺值

基准值选定以后便可计算各物理量的标幺值,其值分别为

$$\left. \begin{aligned} U_* &= \frac{U}{U_B} \qquad I_* = \frac{I}{I_B} \\ Z_* &= \frac{Z}{Z_B} = \frac{R+jX}{Z_B} = \frac{R}{Z_B} + j\frac{X}{Z_B} = R_* + jX_* \\ \tilde{S}_* &= \frac{\tilde{S}}{S_B} = \frac{P+jQ}{S_B} = \frac{P}{S_B} + j\frac{Q}{S_B} = P_* + jQ_* \end{aligned} \right\} \qquad (2.29)$$

由上式可见,Z_*、R_*、X_* 是同一个基准值;S_*、P_*、Q_* 也是同一个基准值。而且标幺值各量之间符合电路关系,即

$$\left. \begin{aligned} S_* &= U_* I_* \\ U_* &= I_* Z_* \\ Z_* &= \frac{1}{Y_*} \end{aligned} \right\} \qquad (2.30)$$

2.3.2　不同基值间标幺制的换算

在电力系统的实际计算中,对于直接电气联系的网络,在制订标幺值的等值电路时,各元件的参数必须按统一的基准值进行归算。然而,从手册或产品说明书中查得的电机和电器的阻抗值,一般都是以各自的额定容量(或额定电流)和额定电压为基准的标幺值(额定标幺阻抗)。由于各元件的额定值可能不同,因此,必须把不同基准值的标幺阻抗换算成统一基准值的标幺值。

进行换算时,先把额定标幺阻抗还原为有名值,例如,对于电抗,按式(2.28)有

$$X = X_{*N} \frac{U_N^2}{S_N}$$

若统一选定的基准电压和基准功率分别为 U_B、S_B,则以此为基准的标幺电抗值应为

$$X_{*B} = X \frac{S_B}{U_B^2} = X_{*N} \frac{U_N^2}{S_N} \frac{S_B}{U_B^2} = X_{*N} \frac{S_B}{S_N} \left(\frac{U_N}{U_B} \right)^2 \tag{2.31}$$

此式可用于发电机和变压器的标幺电抗的换算。对于系统中用来限制短路电流的电抗器,它的额定标幺电抗是以额定电压和额定电流为基准值来表示的。因此,它的换算公式为

$$X = X_{*N} \frac{U_N}{\sqrt{3} I_N}$$

$$X_{*B} = X_{*N} \frac{U_N}{\sqrt{3} I_N} \frac{\sqrt{3} I_B}{U_B} = X_{*N} \frac{I_B}{I_N} \frac{U_N}{U_B} \tag{2.32}$$

还有一些设备的参数是以百分值给出的,如变压器的短路电压、电抗器的电抗等,此时先将百分值化为以额定参数为基准值的标幺值,然后再进行标幺值的换算。

显然,同一基准的标幺值与百分值之间的关系为:

$$标幺值 = \frac{百分值}{100}$$

2.3.3　标幺制的特点

标幺制之所以在相当广泛的领域内取代有名制,是因为标幺制具有以下优点:

(1)易于比较电力系统各元件的特性及参数

同一类型的电机,尽管它们的容量不同,参数的有名值也各不相同,但是换算成以各自的额定电压为基准的标幺值以后,参数的数值都在一定的范围内。例如隐极同步发电机,$x_{d*} = x_{q*} = 1.5 \sim 2.0$;凸极同步发电机的 $x_{d*} = 0.7 \sim 1.0$。同一类型电机用标幺值画出的空载特性基本上一样。

(2)采用标幺制,能够简化计算公式

交流电路中有一些电量同频率有关,而频率 f 和电气角速度 $\omega = 2\pi f$ 也可用标幺值表示。如果选取额定频率 f_N 和相应的同步角速度 $\omega_N = 2\pi f_N$ 作为基准值,则 $f_* = f/f_N$ 和 $\omega_* = \omega/\omega_N = f_*$。

用标幺值表示的电抗、磁链和电动势分别为 $x_* = \omega_* L_*$,$\Psi_* = I_* L_*$ 和 $E_* = \omega_* \Psi_*$。当频率为额定值时,$\omega_* = f_* = 1$,则 $x_* = L_*$,$\Psi_* = I_* L_*$ 和 $E_* \Psi_*$,这些关系常可使某些计算公式得到简化。

（3）采用标幺制，能在一定程度上简化计算工作

只要基准选得恰当，许多物理量的标幺值就处在某一确定的范围内。用有名值表示有些数值不等的量，在标幺制中其数值却相等。例如，在对称三相系统中，线电压和相电压的标幺值相等；当电压等于基准值时，电流的标幺值和功率的标幺值相等；变压器的阻抗标幺值不论归算到哪一侧都一样，并等于短路电压的标幺值。

标幺制也有缺点，主要是没有量纲，因而其物理概念不如有名值明确。

2.4　电力系统的等值电路

前面已经分析了电力系统主要元件的参数和等值电路，那么电力系统的等值电路显然就是这些单个元件的等值电路连接在一起的。由于电力系统中可能有多个变压器存在，也就有多个不同的电压等级。因此，不能仅仅将这些简单元件的等值电路按元件原有参数简单地相连，而要进行适当的参数归算，将全系统各元件的参数归算至同一电压等级，才能将各元件的等值电路连接起来，成为系统的等值电路。

电力系统的等值电路是进行电力系统各种电气计算的基础，在电力系统的等值电路中，其各元件的参数可以用有名值表示，也可用标幺值表示，而且这两种表示又根据需要分为精确计算和近似计算。下面分别加以讨论：

2.4.1　有名值的归算

计算各元件有名值电抗时，必须把不同电压等级各元件的电抗值归算到同一电压级，然后才能作出整个电力系统的等值电路，其参数归算过程如下。

（1）精确归算法

①选基本级。基本级的确定取决于研究的问题所涉及的电压等级，如在电力系统稳态计算时，一般以最高电压等级为基本级；在进行短路计算时，以短路点所在的电压等级为基本级。

②确定变比。对于计算精度要求高的场合，变压器的变比取实际额定变比。实际额定变比是指变压器两侧的额定电压之比，即

$$k = \frac{\text{基本级侧的额定电压}}{\text{待归算级侧的额定电压}} \tag{2.33}$$

③参数归算。按照实际额定变比将各电压级的参数归算到基本级。

如图 2.12 所示，若选 U_6 为基本级，制订等值电路时，系统中所有元件都将归算到该电压级，其中发电机 G 和线路 L_1 的电抗归算如下：

$$X_{\mathrm{G}} = X_{\mathrm{G}}'(k_1 \cdot k_2 \cdot k_3)^2 = X_{\mathrm{G}}'\left(\frac{U_2}{U_1} \cdot \frac{U_4}{U_3} \cdot \frac{U_6}{U_5}\right)^2$$

$$X_{\mathrm{L1}} = X_{\mathrm{L1}}'(k_2 \cdot k_3)^2 = X_{\mathrm{L1}}'\left(\frac{U_4}{U_3} \cdot \frac{U_6}{U_5}\right)^2$$

式中　X_{G}'、X_{L1}'——归算前待归算级的参数；

X_{G}、X_{L1}——归算到基本级的参数。

由于同一电压级升压变压器和降压变压器的额定电压不同，U_2 与 U_3，U_4 与 U_5 都有差别，

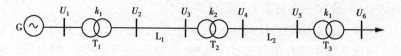

图 2.12　简单多电压级电力系统

要依次计算。实际电力系统更为复杂,电压等级更多,因此归算的工作量很大,在工程精度要求不高的情况下采用近似计算法,可以简化计算。

(2)近似归算法

参数的归算过程与精确计算法相同,所不同的是变比采用变压器的平均额定变比进行参数归算。各级额定电压和平均额定电压见表 2.1。

表 2.1　各级平均额定电压

电网额定电压/kV	3	6	10	35	60	110	220	330	500
平均额定电压/kV	3.15	6.3	10.5	37	63	115	230	345	525

变压器的平均额定变比为

$$k = \frac{U_{avB}}{U_{av}} \tag{2.34}$$

式中　U_{avB}——基本级侧的平均额定电压;

U_{av}——待归算级侧的平均额定电压。

图 2.12 中简单多电压级电力系统,从左到右的 4 个电压级的平均额定电压表示为 U_{av1}、U_{av2}、U_{av3}、U_{av4},则发电机 G 和线路 L_1 的电抗归算为

$$X_G = X'_G(k_1 \cdot k_2 \cdot k_3)^2 = X'_G\left(\frac{U_{av2}}{U_{av1}} \cdot \frac{U_{av3}}{U_{av2}} \cdot \frac{U_{av4}}{U_{av3}}\right)^2 = X'_G\left(\frac{U_{av4}}{U_{av1}}\right)^2$$

$$X_{L1} = X'_{L1}(k_2 \cdot k_3)^2 = X'_{L1}\left(\frac{U_{av3}}{U_{av2}} \cdot \frac{U_{av4}}{U_{av3}}\right)^2 = X'_{L1}\left(\frac{U_{av4}}{U_{av2}}\right)^2$$

从上面 2 个归算式可以得到一普遍适用的结论:用平均额定变比对参数作近似归算时,无论被归算级和基本级之间经过多少级变压,相当于其间只有一个等值变压器,这个等值变压器的变比就是公式(2.34)中的 k。

2.4.2　标幺值的归算

在标幺值归算中,根据计算精度要求不同,可按变压器实际额定变比进行精确归算,也可按变压器平均额定变比进行近似归算。

(1)精确计算法

按变压器实际额定变比进行精确归算,通常有两种途径:

①先将网络中各待归算级的各元件参数的有名值归算到基本级上,然后再除以基本级与之对应的基准值,得到标幺值参数,即先有名值归算,后取标幺值。

归算过程中用到的公式:

$$\left.\begin{array}{ll}（归算） & （取标幺值） \\ Z = k^2 Z' & Z_* = \dfrac{Z}{Z_B} = Z\dfrac{S_B}{U_B^2} \\ Y = \dfrac{1}{k^2}Y' & Y_* = \dfrac{Y}{Y_B} = Y\dfrac{U_B^2}{S_B} \\ U = kU' & U_* = \dfrac{U}{U_B} \\ I = \dfrac{1}{k}I' & I_* = \dfrac{I}{I_B} = I\dfrac{\sqrt{3}\,U_B}{S_B} \end{array}\right\} \qquad (2.35)$$

②先将基本级的基准值归算到各待归算级,然后再用待归算级的参数除以归算后的基准值,得到标幺值参数,即先基准值归算,后取标幺值。

归算过程中用到的公式:

$$\left.\begin{array}{ll}（归算） & （取标幺值） \\ Z'_B = \dfrac{Z_B}{k^2} & Z_* = \dfrac{Z'}{Z'_B} = Z'\dfrac{S_B}{U'^2_B} \\ Y'_B = k^2 Y_B & Y_* = \dfrac{Y}{Y'_B} = Y'\dfrac{U'^2_B}{S_B} \\ U'_B = \dfrac{U_B}{k} & U_* = \dfrac{U'}{U'_B} \\ I'_B = kI_B & I_* = \dfrac{I'}{I'_B} = I'\dfrac{\sqrt{3}\,U'_B}{S'_B} \end{array}\right\} \qquad (2.36)$$

归算过程中用到的公式见式(2.35)、式(2.36)。在实际中,一般选取基准功率 S_B、基准电压 U_B 后,由于功率不存在归算的问题,因此实际上先作基准值的归算时,仅需将基准电压作归算,而待归算级的基准阻抗、导纳、电流等可由基准功率和归算后的基准电压来衍生。

以上两种归算途径得到的标幺值是相等的,实际应用中,哪一种方便或哪一种习惯就用哪一种。

(2)近似计算法

在实际电力网络中,通常是已知各设备以自己的额定值为基值的标幺值,工程中一般按变压器平均额定变比进行近似归算,因为 $U_B = U_{av}$,所以计算可简化,例如:

$$X_{*B} = X_{*N}\dfrac{U_{av}^2}{S_N}\dfrac{S_B}{U_{av}^2} = X_{*N}\dfrac{S_B}{S_N} \qquad (2.37)$$

$$X_{*B} = X_{*N}\dfrac{U_{av}}{\sqrt{3}\,I_N}\dfrac{\sqrt{3}\,I_B}{U_{av}} = X_{*N}\dfrac{I_B}{I_N} \qquad (2.38)$$

归算过程中便可以免除电压等级的归算。

【例2.5】　试用准确归算和近似归算法计算图2.13所示输电系统各元件的标幺值电抗,并标于等值电路中。

解　①准确归算。选取 $S_B = 100\ \mathrm{MV\cdot A}$,第一段基准电压 $U_{BⅠ} = 10.5\ \mathrm{kV}$,于是

$$U_{BⅡ} = 10.5 \times \frac{121}{10.5}\ \mathrm{kV} = 121\ \mathrm{kV}$$

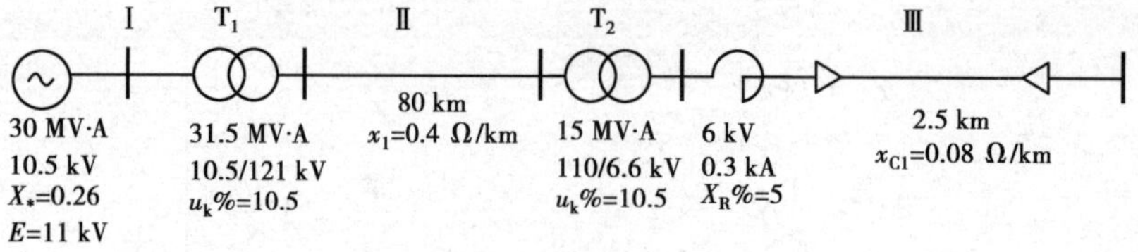

图 2.13　接线图

$$U_{B\text{Ⅲ}} = 10.5 \times \frac{121}{10.5} \times \frac{6.6}{110}\ \text{kV} = 7.26\ \text{kV}$$

各元件的电抗标幺值:

发电机　　$X_{G*} = X_* \cdot \dfrac{U_{GN}^2}{S_{GN}} \cdot \dfrac{S_B}{U_B^2} = 0.26 \times \dfrac{10.5^2}{30} \times \dfrac{100}{10.5^2} = 0.87$

变压器 T_1　　$X_{T1*} = \dfrac{U_k\%}{100} \cdot \dfrac{U_{T1N}^2}{S_{T1N}} \cdot \dfrac{S_B}{U_B^2} = \dfrac{10.5}{100} \times \dfrac{10.5^2}{31.5} \times \dfrac{100}{10.5^2} = 0.33$

架空线路　　$X_{L*} = x_1 \cdot l \cdot \dfrac{S_B}{U_{B\text{Ⅱ}}^2} = 0.4 \times 80 \times \dfrac{100}{121^2} = 0.22$

变压器 T_2　　$X_{T2*} = \dfrac{U_k\%}{100} \cdot \dfrac{U_{T2N}^2}{S_{T2N}} \cdot \dfrac{S_B}{U_{B\text{Ⅱ}}^2} = \dfrac{10.5}{100} \times \dfrac{110^2}{15} \times \dfrac{100}{121^2} = 0.58$

电抗器 R　　$X_{R*} = \dfrac{X_R\%}{100} \cdot \dfrac{U_{RN}}{\sqrt{3}I_{RN}} \cdot \dfrac{S_B}{U_{B\text{Ⅲ}}^2} = \dfrac{5}{100} \times \dfrac{6}{\sqrt{3} \times 0.3} \times \dfrac{100}{7.26^2} = 1.09$

电缆线路　　$X_{C*} = x_{C1} \cdot l_C \cdot \dfrac{S_B}{U_{B\text{Ⅲ}}^2} = 0.08 \times 2.5 \times \dfrac{100}{7.26^2} = 0.38$

其等值电路如图 2.14(a)所示。

②近似归算。选取 $S_B = 100\ \text{MV·A}$,基准电压等于平均额定电压,即 $U_{B\text{Ⅰ}} = 10.5\ \text{kV}$, $U_{B\text{Ⅱ}} = 115\ \text{kV}$,$U_{B\text{Ⅲ}} = 6.3\ \text{kV}$,

发电机　　$X_{G*} = X_* \cdot \dfrac{S_B}{S_{GN}} = 0.26 \times \dfrac{100}{30} = 0.87$

变压器 T_1　　$X_{T1*} = \dfrac{U_k\%}{100} \cdot \dfrac{S_B}{S_{T1N}} = \dfrac{10.5}{100} \times \dfrac{100}{31.5} = 0.33$

架空线路　　$X_{L*} = x_1 \cdot l \cdot \dfrac{S_B}{U_{B\text{Ⅱ}}^2} = 0.4 \times 80 \times \dfrac{100}{115^2} = 0.24$

变压器 T_2　　$X_{T2*} = \dfrac{U_k\%}{100} \cdot \dfrac{S_B}{S_{T2N}} = \dfrac{10.5}{100} \times \dfrac{100}{15} = 0.7$

电抗器 R　　$X_{R*} = \dfrac{X_R\%}{100} \cdot \dfrac{I_B}{I_{RN}} = \dfrac{5}{100} \times \dfrac{100/\sqrt{3} \times 6.3}{0.3} = 1.527$

电缆线路　　$X_{C*} = x_{C1} \cdot l_C \cdot \dfrac{S_B}{U_{B\text{Ⅲ}}^2} = 2.5 \times 0.08 \times \dfrac{100}{6.3^2} = 0.504$

其等值电路如图 2.14(b)所示。

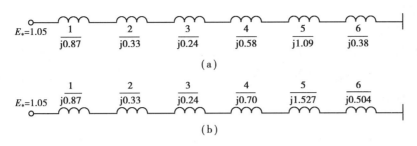

图 2.14　等值电路图

(a)准确计算等值电路;(b)近似计算等值电路

习　题

1. 填空题

(1)电力线路的四个参数中,_____用来反映热效应,_____用来反映磁场效应,_____用来反映漏电流和电晕现象,_____用来反映电场效应。

(2)架空线路导线的交流电阻比直流电阻_____(填"大"或"小")。

(3)若输电线路的三相相间距离均为 D,当采用等边三角形排列时,几何均距 D_{eq} = _____;当采用水平排列时,几何均距 D_{eq} = _____。

(4)为减小导线表面附近的电场强度,防止电晕发生,可采用_____导线和_____导线。

(5)线路开始出现电晕的电压称为_____,希望其数值尽可能____(填"大"或"小")。

(6)通过_____试验,可得到变压器的空载损耗、空载电流百分数,进而确定变压器的_____、_____参数;通过_____试验,可得到变压器的短路损耗、短路电压百分数,进而确定变压器的_____、_____参数。

(7)变压器的铜耗也称为_____损耗,铁耗也称为_____损耗。

(8)三绕组升压变压器绕组的排列方式从外到内依次为_____压绕组、_____压绕组、_____压绕组,三绕组降压变压器绕组的排列方式从外到内依次为_____压绕组、_____压绕组、_____压绕组(填"高"、"中"或"低")。

(9)标幺值是_____(填"有"或"无")量纲的物理量,其值为_____与_____之商。

(10)电力系统中通常选定_____和_____的基准值,其他物理量的基准值由这两个值来确定。

(11)采用近似计算法计算电力系统各元件电抗的标幺值时,对_____和_____两种元件只需要进行容量归算,无须进行电压归算。

(12)采用近似计算法计算电力系统各元件电抗的标幺值时,常取_____电压作为基准电压和各元件的额定电压。

(13)型号为 LGJ-2×240 的导线,其中 LGJ 表示_____,2×240 表示_____。采用这种导线的目的是_____。

2. 选择题

(1)电力线路的电抗用于反映(　　)。

A. 导线通过电流时产生的有功功率损失效应　　　　B. 导线通过交流电时产生的磁场效应

C. 导线沿绝缘子的泄漏电流和电晕现象　　　　　　D. 导线在空气介质中的电场效应

(2)采用分裂导线的目的是减小电力线路的(　　)。

A. 电阻　　　　　B. 电纳　　　　　C. 电导　　　　　D. 电抗

(3)增大导线等值半径 r_{eq},则导线单位长度的电抗 x_1 和电纳 b_1 的变化情况是(　　)。

A. x_1 减小,b_1 增大　　　　　　　B. x_1 增大,b_1 减小

C. x_1 和 b_1 都增大　　　　　　　D. x_1 和 b_1 都减小

(4)三绕组变压器,无论是升压变压器还是降压变压器,都把(　　)绕组排在最外边。

A. 低压　　　　　B. 中压　　　　　C. 高压　　　　　D. 无法确定

(5)35 kV 电压等级对应的平均额定电压为(　　)。

A. 35 kV　　　　B. 36.75 kV　　　　C. 37 kV　　　　D. 38.5 kV

3. 简答题

何为电晕现象?影响临界电晕电压的因素有哪些?

4. 计算题

(1)有一条由 LGJ-150 导线按水平排列架设的 110 kV 架空输电线路,相间距离 4 m。求单回线每千米参数;并计算长度为 50 km 的两回线并列运行时的等值电路参数,画出等值电路。

(2)有一条由 LGJQ-4×400 导线架设的 500 kV 输电线路,在铁塔上按水平方式排列,水平间距 $D = 12$ m,每相分裂间距 $d = 400$ mm,求该线路每千米参数。

(3)两台降压变压器并列运行,它们的额定容量均为 10 MV·A,额定变比均为 110/11 kV。已知:$\Delta p_0 = 10.6$ kW,$\Delta p_k = 50.4$ kW,$u_k\% = 10.5$,$I_0\% = 0.72$。求两台变压器并列运行时的等值参数,并画出等值电路。

(4)型号为 SFS-40000/220 的三相三绕组变压器,容量比为 100/100/100,额定变比为 220/38.5/11,查得 $p_0 = 46.8$ kW,$I_0\% 0.9$,$p_{k12} = 217$ kW,$p_{k13} = 200.7$ kW,$p_{k23} = 158.6$ kW,$u_{k12}\% = 17$,$u_{k13}\% = 10.5$,$u_{k23}\% = 6$。试求归算到高压侧的变压器参数有名值,并画出等值电路图。

(5)系统结线如图 2.15 所示,各元件参数如图中所示。试用近似计算法分别计算有名值和标幺值等值电路参数,并画出等值电路图。

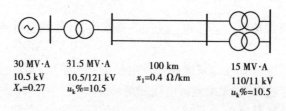

30 MV·A	31.5 MV·A	100 km	15 MV·A
10.5 kV	10.5/121 kV	$x_1 = 0.4$ Ω/km	110/11 kV
$X_* = 0.27$	$u_k\% = 10.5$		$u_k\% = 10.5$

图 2.15

第**3**章
简单电力系统的潮流分析

☞ **知识能力目标**

了解运算功率的概念,掌握电网的功率损耗和电压损耗计算公式的应用;能进行电力系统的潮流计算(开式网络、简单闭式网的潮流计算)。

◀» **重点、难点**

- 简单开式网络的潮流计算;
- 均一闭式网络的初步潮流分析。

3.1 概　述

潮流分析计算是研究和分析电力系统的基础,它主要包括以下内容:

①电流和功率分布计算;

②电压降落和各节点电压计算;

③功率损耗计算。

对于电力系统,无论是进行规划设计,还是对各种运行状态的分析研究,都需要进行潮流分析计算。潮流分析计算的目的有:

①为电力系统规划设计提供接线、电气设备选择和导线截面选择的依据;

②为制订电力系统运行方式和制订检修计划提供依据;

③为继电保护、自动装置设计和整定计算提供依据;

④为调压计算、经济运行计算、短路和稳定计算提供必要的数据。

在进行电力系统潮流分析计算时,对于简单网络,可采用手算方法;对于复杂网络,则可借助计算机进行计算。本章从简单网络入手,进行电力系统潮流分布的分析和计算。

讨论潮流计算之前,对复功率的表示作出说明,本书中将采用国际电工委员会推荐的约定,取复功率为

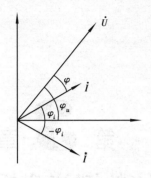

$$\tilde{S} = \dot{U}\overset{*}{\dot{I}} = Ue^{j\varphi_u}Ie^{-j\varphi_i} = UIe^{j(\varphi_u-\varphi_i)} = UIe^{j\varphi}$$
$$= S(\cos\varphi + j\sin\varphi) = P + jQ$$

对于负荷,若为感性时,电流 $\dot{I}$ 滞后于电压 $\dot{U}$,$\varphi > 0$,Q 取正;若为容性时,电流 $\dot{I}$ 超前于电压 $\dot{U}$,$\varphi < 0$,Q 取负。如图 3.1 所示。

对于电源,若发出感性无功则 Q 取正;若发出容性无功,即吸收感性无功则 Q 取负。

图 3.1 电压、电流相量图

3.2 电力网的功率损耗

电力网在传输功率的过程中要产生功率损耗,其功率损耗由两部分组成:一是产生在输电线路和变压器串联阻抗上,随传输功率的增大而增大,是电力网损耗的主要部分;二是产生在输电线路和变压器并联导纳上,可近似认为只与电压有关,与传输功率无关。

3.2.1 电力线路功率损耗的计算

电力线路的等值电路如图 3.2 所示。

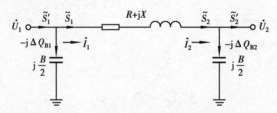

图 3.2 电力线路的功率和电压

(1)串联阻抗上的损耗

根据图 3.2,如果已知通过线路阻抗首、末端的电流为 $\dot{I}_1$、$\dot{I}_2$,则串联阻抗中的功率损耗为

$$\Delta\tilde{S}_Z = 3I_1^2(R + jX) = 3I_2^2(R + jX)$$

根据 $I_1 = \dfrac{S_1}{\sqrt{3}\,U_1}$,$I_2 = \dfrac{S_2}{\sqrt{3}\,U_2}$

因为是在同一支路,有 $I_1 = I_2$,所以,功率损耗又可表示为

$$\Delta\tilde{S}_Z = \frac{P_1^2 + Q_1^2}{U_1^2}(R + jX) = \frac{P_2^2 + Q_2^2}{U_2^2}(R + jX) \qquad (3.1)$$

式中,功率的单位为 MW、MVar,电压的单位为 kV,阻抗的单位为 Ω。

(2)并联导纳上的损耗

由于电力线路中电导 $G \approx 0$,故并联支路有功损耗忽略不计。在外施电压作用下,线路电纳中产生的无功功率是容性的(也称充电功率),它起着抵消感性无功功率的作用。如果已知

线路首、末端的运行电压分别为 U_1 和 U_2,则有

$$\left.\begin{array}{l} \Delta Q_{B1} = \dfrac{1}{2}BU_1^2 \\[2mm] \Delta Q_{B2} = \dfrac{1}{2}BU_2^2 \end{array}\right\} \tag{3.2}$$

值得注意的是式(3.1)和式(3.2)中的功率和电压应为线路阻抗环节中同一点的值,如图 3.2 所示。所谓同一点的值,即如果功率是环节末端的功率 $\tilde{S}_2$,则电压就应该是环节末端电压 U_2;若功率是环节首端的功率 $\tilde{S}_1$,则电压就应是环节首端电压 U_1。当 U_2(或 U_1)未知时,一般可用线路额定电压 U_N 代替 U_2(或 U_1)作近似计算。因而在工程计算中通常按 U_N 近似计算线路的充电功率,即

$$\Delta Q_{B1} \approx \Delta Q_{B2} \approx \frac{1}{2}BU_N^2 \tag{3.3}$$

(3)电力线路中的功率分布计算

从图 3.2 可以看出,电力线路阻抗支路末端流出的功率为

$$\tilde{S}_2 = \tilde{S}_2' + (-j\Delta Q_{B2}) = P_2' + j(Q_2' - \Delta Q_{B2}) = P_2 + jQ_2$$

流入电力线路阻抗支路首端的功率为

$$\begin{aligned} \tilde{S}_1 &= \tilde{S}_2 + \Delta\tilde{S}_Z = (P_2 + jQ_2) + (\Delta P_Z + j\Delta Q_Z) \\ &= (P_2 + \Delta P_Z) + j(Q_2 + \Delta Q_Z) \end{aligned}$$

则电力线路始端的功率为

$$\tilde{S}_1' = \tilde{S}_1 + (-j\Delta Q_{B1}) = P_1 + j(Q_1 - \Delta Q_{B1}) = P_1' + jQ_1'$$

3.2.2　变压器功率损耗的计算

(1)变压器的功率损耗

变压器的功率损耗包括阻抗支路中的变动损耗和导纳中的固定损耗两部分。如图 3.3 所示的变压器的等值电路,其中阻抗支路的功率损耗计算与线路类似,即

$$\Delta\tilde{S}_{ZT} = \frac{P_1^2 + Q_1^2}{U_1^2}(R_T + jX_T) = \frac{P_2^2 + Q_2^2}{U_2^2}(R_T + jX_T) \tag{3.4}$$

导纳支路中的功率损耗为

$$\Delta\tilde{S}_0 = (G_T + jB_T)U_1^2 = p_0 + jQ_0 \tag{3.5}$$

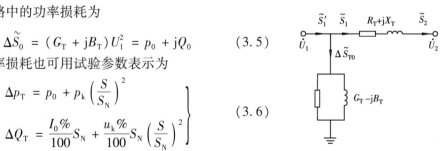

图 3.3　变压器的电压和功率

变压器的功率损耗也可用试验参数表示为

$$\left.\begin{array}{l} \Delta p_T = p_0 + p_k\left(\dfrac{S}{S_N}\right)^2 \\[3mm] \Delta Q_T = \dfrac{I_0\%}{100}S_N + \dfrac{u_k\%}{100}S_N\left(\dfrac{S}{S_N}\right)^2 \end{array}\right\} \tag{3.6}$$

式中　Δp_T——变压器总的有功功率损耗,MW;

ΔQ_T——变压器总的无功功率损耗,MVar;

S——通过变压器的负荷视在功率,MV·A;

p_0——变压器的空载功率损耗,MW;

$I_0\%$——变压器空载电流百分数;

$u_k\%$——变压器短路电压百分数。

(2)变压器中的功率计算

从图3.3可以看出,变压器末端输出的功率为$\tilde{S}_2$,流入变压器阻抗支路首端的功率为

$$\tilde{S}_1 = \tilde{S}_2 + \Delta\tilde{S}_{ZT} = (P_2 + jQ_2) + (\Delta\tilde{P}_{ZT} + j\Delta\tilde{Q}_{ZT})$$
$$= (P_2 + \Delta P_{ZT}) + j(Q_2 + \Delta Q_{ZT})$$

则变压器始端的功率为

$$\tilde{S}_1' = \tilde{S}_1 + \tilde{S}_0 = (P_1 + p_0) + j(Q_1 + Q_0) = P_1' + jQ_1'$$

3.3　电力网中的电压计算

3.3.1　电压降落

从电力线路和变压器的等值电路可见,它们的电压降都是因为负荷功率通过其串联阻抗支路而产生的。下面就合为一个问题加以研究。

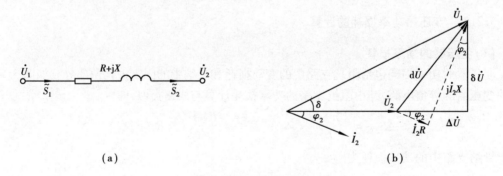

(a)　　　　　　　　　　　　　(b)

图3.4　串联阻抗支路等值电路及相量图

(a)等值电路;(b)相量图

电力网任意两点电压的相量差称为电压降落,记为$d\dot{U}$,由图3.4(a)可得

$$d\dot{U} = \dot{U}_1 - \dot{U}_2 = \dot{I}_2(R + jX) = \dot{I}_1(R + jX) \tag{3.7}$$

设末端电压为$\dot{U}_2 = U_2\angle 0°$,当阻抗支路中有电流(或功率)传输时,首端电压$\dot{U}_1$为

$$\dot{U}_1 = \dot{U}_2 + d\dot{U} = \dot{U}_2 + \left(\frac{\tilde{S}_2}{\dot{U}_2}\right)^*(R + jX)$$

$$= \dot{U}_2 + \frac{P_2 - \mathrm{j}Q_2}{\dot{U}_2}(R + \mathrm{j}X)$$

$$= \dot{U}_2 + \frac{P_2 R + Q_2 X}{\dot{U}_2} + \mathrm{j}\frac{P_2 X - Q_2 R}{\dot{U}_2}$$

$$\dot{U}_1 = (U_2 + \Delta U_2) + \mathrm{j}\delta U_2 \tag{3.8}$$

式中　ΔU——电压降落的纵分量；

　　　δU——电压降落的横分量。

其中

$$\left. \begin{array}{l} \Delta U_2 = \dfrac{P_2 R + Q_2 X}{U_2} \\[3mm] \delta U_2 = \dfrac{P_2 X - Q_2 R}{U_2} \end{array} \right\} \tag{3.9}$$

于是

$$\left. \begin{array}{l} U_1 = \sqrt{(U_2 + \Delta U_2)^2 + (\delta U_2)^2} \\[3mm] \delta = \arctan \dfrac{\delta U_2}{U_2 + \Delta U_2} \end{array} \right\} \tag{3.10}$$

同理,若已知首端电压 $\dot{U}_1 = U_1 \angle 0°$,当阻抗支路中有电流(或功率)传输时,由图 3.5 所示电压相量图可知,末端电压为

$$\dot{U}_2 = \dot{U}_1 - \mathrm{d}\dot{U} = (U_1 - \Delta U_1) - \mathrm{j}\delta U_1 \tag{3.11}$$

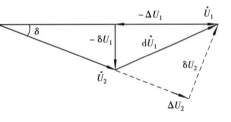

图 3.5　电压降落相量的两种分解

式中

$$\left. \begin{array}{l} \Delta U_1 = \dfrac{P_1 R + Q_1 X}{U_1} \\[3mm] \delta U_1 = \dfrac{P_1 X - Q_1 R}{U_1} \end{array} \right\} \tag{3.12}$$

$$U_2 = \sqrt{(U_1 - \Delta U_1)^2 + (\delta U_1)^2} \tag{3.13}$$

$$\delta = \arctan \frac{\delta U_1}{U_1 - \Delta U_1} \tag{3.14}$$

上述电压的计算公式中各量可用有名制,也可用标幺制。还应注意,式(3.12)、式(3.13)、式(3.14)中的功率、电压应为同一点的值。

综上所述,对于同一线路环节,在用首、末端负荷功率计算其电压降落时,会发现电压降落的幅值是相等的,即 $\mathrm{d}U_1 = \mathrm{d}U_2 = \mathrm{d}U$。但电压降落的纵分量和横分量则随计算条件的不同而异,即 $\Delta U_1 \neq \Delta U_2$,$\delta U_1 \neq \delta U_2$,如图 3.5 所示。注意,如果通过线路环节的无功功率为容性的,式(3.9)、式(3.12)中的 Q 需代负号进行计算。

3.3.2 电压损耗、电压偏移

(1)电压损耗

电力网中任意两点电压的代数差$(U_1 - U_2)$,称为电压损耗。

对于 110 kV 及以下电压等级的电力网,电压降落横分量 δU 可略而不计,这样电压损耗的计算公式可进一步简化为

$$U_1 - U_2 = \Delta U \tag{3.15}$$

式(3.15)表明,在近似计算中,电压损耗即为电压降落的纵分量。

通常电压损耗以网络额定电压 U_N 的百分数表示,即

$$\Delta U\% = \frac{U_1 - U_2}{U_N} \times 100 \tag{3.16}$$

电压损耗百分数的大小直接反映了首末端电压偏差的大小。规程规定,电力网正常运行时的最大电压损耗一般不应超过 10%。

(2)电压偏移

由于电压损耗的存在,使得电力网中各点的电压值不相等。电力网中任意点的实际电压同该处网络额定电压的数值差称为电压偏移。如线路首端或末端与线路额定电压的数值差为$(U_1 - U_N)$ 或$(U_2 - U_N)$。电压偏移也可以用额定电压的百分数表示,即

首端电压偏移
$$m_1\% = \frac{U_1 - U_N}{U_N} \times 100 \tag{3.17a}$$

末端电压偏移
$$m_2\% = \frac{U_2 - U_N}{U_N} \times 100 \tag{3.17b}$$

电压偏移的大小,直接反映了供电电压的质量。一般来说,网络中的电压损耗愈大,各点的电压偏移也就愈大。

3.4 开式网络的潮流分析

3.4.1 开式网络的潮流计算

开式网络是指网络中任何一个负荷点都只能由一个方向供电的电力网。简单开式网络潮流计算的步骤和内容如下:

①根据已知电气接线图作出网络等值电路图(有名制或标幺制均可);

②作出简化等值电路;

③逐段推算功率分布;

④逐段推算电压分布。

根据已知原始条件的不同,计算的方法也不同。在实际计算中,主要有以下 3 种情况:

(1)已知同一端的电压和功率

利用功率损耗和电压降落的公式直接进行潮流计算。根据基尔霍夫第一定律,由已知端往未知端推算。

（2）已知末端的功率和首端的电压

因为在电压降落和功率损耗的公式中均要求使用同一点的功率和电压，所以先假设末端及供电支路各点的电压为额定电压，用末端功率和额定电压由末端向首端计算出各段功率损耗，求出各段近似功率分布和首端功率；然后用首端电压和求得的首端功率及各段近似功率分布，再由首端往末端求出末端在内的各点电压，这样依次类推逐步逼近，直到同时满足已给出的末端功率及首端电压为止。实践中，经过一、二次往返就可获得足够精确的结果。

（3）只知道末端负荷功率

此时，先假设一个略低于网络额定电压的值作为末端电压，然后由末端往首端计算各点电压和功率，如果算得首端电压偏移小于10%即可，否则需重新假设末端电压，重新推算。

【例 3.1】 有一电力线路长 80 km，额定电压为 110 kV，末端接一容量为 30 MV·A、变比为 110/38.5 kV 的降压变压器，如图 3.6 所示。变压器低压侧负荷为（15 + j11.25）MV·A，正常运行时要求低压侧母线电压达 36 kV。试分别用有名制和标幺制求取线路首端的电压和功率。

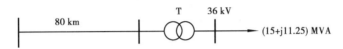

图 3.6 网络接线图

已知：导线型号为 LGJ-120，几何均距 4.25 m，查表得

$$r_1 = 0.27 \ \Omega/\text{km}, \quad x_1 = 0.412 \ \Omega/\text{km} \quad b_1 = 2.76 \times 10^{-6} \ \text{S/km}$$

变压器归算到 110 kV 侧的阻抗、导纳为

$$R_\text{T} = 4.93 \ \Omega, X_\text{T} = 63.5 \ \Omega, G_\text{T} = 4.95 \times 10^{-6} \ \text{S}, B_\text{T} = 49.5 \times 10^{-6} \ \text{S},$$

解 先分别计算以有名制和标幺制（取 $S_\text{B} = 15$ MV·A，$U_\text{B} = 110$ kV）表示的网络参数见表 3.1，等值电路如图 3.7 所示，然后分别计算以有名制和标幺制计算潮流分布，见表 3.2。

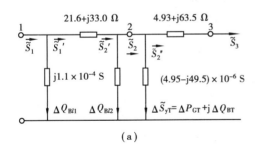

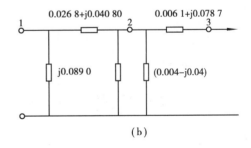

（a） （b）

图 3.7 等值电路

（a）有名制等效电路；（b）标幺制等效电路

表 3.1 以有名制和标幺制计算的网络参数

运用有名制计算的图 3.7（a）中	运用标幺制计算的图 3.7（b）中
$R_l = r_1 l = (0.27 \times 80) \ \Omega = 21.6 \ \Omega$	$R_{l*} = r_1 l \dfrac{S_\text{B}}{U_\text{B}^2} = 0.27 \times 80 \times \dfrac{15}{110^2} = 0.026 \ 8$

续表

运用有名制计算的图 3.7(a)中	运用标幺制计算的图 3.7(b)中
$X_l = x_1 l = (0.412 \times 80)\Omega = 33\ \Omega$	$X_{l*} = x_1 l \dfrac{S_B}{U_B^2} = 0.412 \times 80 \times \dfrac{15}{110^2} = 0.040\ 8$
$\dfrac{B_l}{2} = \dfrac{1}{2} b_1 l = \left(\dfrac{1}{2} \times 2.76 \times 10^{-6} \times 80\right) S$ $= 1.1 \times 10^{-4}\ S$	$\dfrac{B_{l*}}{2} = \dfrac{1}{2} b_1 l \dfrac{U_B^2}{S_B} = \dfrac{1}{2} \times 2.76 \times 10^{-6} \times 80 \times \dfrac{110^2}{15}$ $= 0.089\ 0$
$R_T = 4.93\ \Omega$	$R_{T*} = R_T \dfrac{S_B}{U_B^2} = 4.93 \times \dfrac{15}{110^2} = 0.006\ 1$
$X_T = 63.5\ \Omega$	$X_{T*} = X_T \dfrac{S_B}{U_B^2} = 63.5 \times \dfrac{15}{110^2} = 0.078\ 7$
$G_T = 4.95 \times 10^{-6}\ S$	$G_{T*} = G_T \dfrac{U_B^2}{S_B} = 4.95 \times 10^{-6} \times \dfrac{110^2}{15} = 0.004\ 0$
$B_T = 49.5 \times 10^{-6}\ S$	$B_{T*} = B_T \dfrac{U_B^2}{S_B} = 49.5 \times 10^{-6} \times \dfrac{110^2}{15} = 0.040$

表 3.2　以有名制和标幺制计算的潮流分布

运用有名制计算时	运用标幺制计算时
$\tilde{S}_3 = 15 + j11.25\ MVA$	$\tilde{S}_{3*} = \dfrac{\tilde{S}_3}{S_B} = \dfrac{15 + j11.25}{15} = 1.0 + j0.75$
$U_3 = \left(\dfrac{36 \times 110}{38.5}\right) kV = 102.85\ kV$	$U_{3*} = \dfrac{U_3}{U_B} = \dfrac{36 \times 110}{110 \times 38.5} = 0.935$
$\Delta P_{ZT} = \dfrac{P_3^2 + Q_3^2}{U_3^2} R_T = \left(\dfrac{15^2 + 11.25^2}{102.85^2} \times 4.93\right) MW$ $= 0.16\ MW$	$\Delta P_{ZT*} = \dfrac{P_{3*}^2 + Q_{3*}^2}{U_{3*}^2} R_{T*} = \dfrac{1.0^2 + 0.75^2}{0.935^2} \times 0.006\ 1$ $= 0.010\ 9$
$\Delta Q_{ZT} = \dfrac{P_3^2 + Q_3^2}{U_3^2} X_T = \left(\dfrac{15^2 + 11.25^2}{102.85^2} \times 63.5\right) Mvar$ $= 2.11\ Mvar$	$\Delta Q_{ZT*} = \dfrac{P_{3*}^2 + Q_{3*}^2}{U_{3*}^2} X_{T*} = \dfrac{1.0^2 + 0.75^2}{0.935^2} \times 0.078\ 7$ $= 0.141$
$\Delta U_T = \dfrac{P_3 R_T + Q_3 X_T}{U_3}$ $= \dfrac{15 \times 4.93 + 11.25 \times 63.5}{102.85} kV = 7.67\ kV$	$\Delta U_{T*} = \dfrac{P_{3*} R_{T*} + Q_{3*} X_{T*}}{U_{3*}}$ $= \dfrac{1.0 \times 0.006\ 1 + 0.75 \times 0.078\ 7}{0.935} = 0.069\ 7$
$\delta U_T = \dfrac{P_3 X_T - Q_3 R_T}{U_3}$ $= \dfrac{15 \times 63.5 - 11.25 \times 4.95}{102.85} kV = 8.71\ kV$	$\delta U_{T*} = \dfrac{P_{3*} X_{T*} - Q_{3*} R_{T*}}{U_{3*}}$ $= \dfrac{1.0 \times 0.078\ 7 - 0.75 \times 0.006\ 1}{0.935} = 0.079\ 3$

运用有名制计算时	运用标幺制计算时
$U_2 = \sqrt{(U_3 + \Delta U_T)^2 + (\delta U_T)^2}$ $= \sqrt{(102.85 + 7.67)^2 + 8.71^2}\ \text{kV} = 110.86\ \text{kV}$	$U_{2*} = \sqrt{(U_{3*} + \Delta U_{T*})^2 + (\delta U_{T*})^2}$ $= \sqrt{(0.935 + 0.006\,97)^2 + 0.007\,93^2} = 1.008$
不计 δU_T 时, $U_2 = U_3 + \Delta U_T = (102.85 + 7.67)\text{kV} = 110.52\ \text{kV}$	不计 δU_{T*} 时, $U_{2*} = U_{3*} + \Delta U_{T*} = 0.935 + 0.006\,97 = 1.005$
$\delta_T = \arctan \dfrac{\delta U_T}{U_3 + \Delta U_T} = \arctan \dfrac{8.71}{110.52} = 4.51°$	$\delta_T = \arctan \dfrac{\delta U_T}{U_3 + \Delta U_T} = \arctan \dfrac{0.079\,3}{1.005} = 4.51°$
$\Delta P_{GT} = G_T U_2^2 = (4.95 \times 10^{-6} \times 110.52^2)\ \text{MW}$ $= 0.06\ \text{MW}$	$\Delta P_{GT*} = G_{T*} U_{2*}^2 = 0.004 \times 1.005^2 \approx 0.004$
$\Delta Q_{BT} = B_T U_2^2 = (49.5 \times 10^{-6} \times 110.52^2)\ \text{Mvar}$ $= 0.6\ \text{Mvar}$	$\Delta Q_{BT*} = B_{T*} U_{2*}^2 = 0.04 \times 1.005^2 \approx 0.04$
$\tilde{S}_2 = P_2 + jQ_2 = (P_3 + \Delta P_{ZT} + \Delta P_{GT}) +$ $j(Q_3 + \Delta Q_{ZT} + \Delta Q_{BT}) = [(15 + 0.6 + 0.06) +$ $j(11.25 + 2.11 + 0.6)]\ \text{MVA} =$ $(15.22 + j13.96)\ \text{MVA}$	$\tilde{S}_{2*} = P_{2*} + jQ_{2*} = (P_{3*} + \Delta P_{ZT*} + \Delta P_{GT*}) +$ $j(Q_{3*} + \Delta Q_{ZT*} + \Delta Q_{BT*}) = (1.0 + 0.010\,9 +$ $0.004) + j(0.75 + 0.141 + 0.04) = 1.015 + j0.931$
$\Delta Q_{Bl2} = \dfrac{1}{2} B_l U_2^2 = (1.1 \times 10^{-4} \times 110.52^2)\ \text{Mvar}$ $= 1.34\ \text{Mvar}$	$\Delta Q_{Bl2*} = \dfrac{1}{2} B_{l*} U_{2*}^2 = 0.089 \times 1.005^2 = 0.09$
$\tilde{S}_2' = \tilde{S}_2 - j\Delta Q_{Bl2}$ $= P_2 + j(Q_2 - \Delta Q_{Bl2})$ $= [15.22 + j(13.96 - 1.34)]\ \text{MVA}$ $= (15.22 + j12.62)\ \text{MVA}$	$\tilde{S}_{2*}' = P_{2*} + j(Q_{2*} - \Delta Q_{Bl2*})$ $= 1.015 + j(0.931 - 0.09)$ $= 1.015 + j0.841$
$\Delta P_{Zl} = \dfrac{P_2'^2 + Q_2'^2}{U_2^2} R_l$ $= \left(\dfrac{15.22^2 + 12.62^2}{110.52^2} \times 21.6\right)\ \text{MW} = 0.691\ \text{MW}$	$\Delta P_{Zl*} = \dfrac{P_{2*}'^2 + Q_{2*}'^2}{U_{2*}^2} R_{l*} = \dfrac{1.015^2 + 0.841^2}{1.005^2} \times 0.026\,8$ $= 0.046\,1$
$\Delta Q_{Zl} = \dfrac{P_2'^2 + Q_2'^2}{U_2^2} X_l = \left(\dfrac{15.22^2 + 12.62^2}{110.52^2} \times 33\right)\ \text{Mvar}$ $= 1.056\ \text{Mvar}$	$\Delta Q_{Zl*} = \dfrac{P_{2*}'^2 + Q_{2*}'^2}{U_{2*}^2} X_{l*} = \dfrac{1.015^2 + 0.841^2}{1.005^2} \times 0.040\,8$ $= 0.070\,1$
$\Delta U_l = \dfrac{P_2' R_l + Q_2' X_l}{U_2}$ $= \dfrac{15.22 \times 21.62 + 12.62 \times 33.0}{110.52}\ \text{kV} = 6.74\ \text{kV}$	$\Delta U_{l*} = \dfrac{P_{2*}' R_{l*} + Q_{2*}' X_{l*}}{U_{2*}}$ $= \dfrac{1.105 \times 0.026\,8 + 0.841 \times 0.040\,8}{1.005} = 0.061\,2$

续表

运用有名制计算时	运用标幺制计算时
$\delta U_l = \dfrac{P_2' X_l - Q_2' R_l}{U_2}$ $= \dfrac{15.22 \times 33 - 12.62 \times 21.6}{110.52}\ \mathrm{kV} = 2.08\ \mathrm{kV}$	$\delta U_{l*} = \dfrac{P_{2*}' X_{l*} - Q_{2*}' R_{l*}}{U_{2*}}$ $= \dfrac{1.105 \times 0.040\,8 - 0.841 \times 0.026\,8}{1.005} = 0.018\,8$
不计 δU_l 时, $U_1 = U_2 + \Delta U_l = (110.52 + 6.74)\ \mathrm{kV} = 117.26\ \mathrm{kV}$	不计 δU_{l*} 时, $U_{1*} = U_{2*} + \Delta U_{l*} = 1.005 + 0.061\,2 = 1.066$
$\delta_l = \arctan \dfrac{\delta U_l}{U_2 + \Delta U_l} = \arctan \dfrac{2.08}{117.26} = 1°$	$\delta_l = \arctan \dfrac{\delta U_{l*}}{U_{2*} + \Delta U_{l*}} = \arctan \dfrac{0.018\,8}{1.066} = 1°$
$\Delta Q_{Bl1} = \dfrac{1}{2} B_l U_1^2 = (1.1 \times 10^{-4} \times 117.26^2)\ \mathrm{Mvar}$ $= 1.152\ \mathrm{Mvar}$	$\Delta Q_{Bl1*} = \dfrac{1}{2} B_{l*} U_{1*}^2 = 0.089 \times 1.066^2 = 0.101$
$\tilde{S}_1 = P_1 + jQ_1$ $= (P_2' + \Delta P_{Zl}) + j(Q_2' + \Delta Q_{Zl} - \Delta Q_{Bl1})$ $= [(15.22 + 0.691) + j(12.62 + 1.056 - 1.512)]\ \mathrm{MVA}$ $= (15.91 + j12.16)\ \mathrm{MVA}$	$\tilde{S}_{1*} = P_{1*} + jQ_{1*}$ $= (P_{1*}' + \Delta P_{Zl*}) + j(Q_{2*}' + \Delta Q_{Zl*} - \Delta Q_{Bl1*})$ $= (1.015 + 0.046\,1) + j(0.841 + 0.070\,1 - 0.101)$ $= 1.061 + j0.810$

由表 3.2 可得此输电系统的有关技术经济指标如下:

始端电压偏移 $m_1\% = \dfrac{U_1 - U_N}{U_N} \times 100 = \dfrac{117.26 - 110}{110} \times 100 = 6.6$

末端电压偏移 $m_3\% = \dfrac{U_3' - U_{3N}}{U_{3N}} \times 100 = \dfrac{36 - 35}{35} \times 100 = 2.86$

首末端电压损耗 $\Delta U_{13}\% = \dfrac{U_1 - U_3}{U_N} \times 100 = \dfrac{117.26 - 102.85}{110} \times 100 = 13.1$

从计算结果看到首末端电压损耗为 13.1% > 10%，超出了允许范围，这是因为变压器变比采用额定变比计算。在实际运行中，可以调节变压器的实际运行变比，使电压符合要求，具体方法在第 6 章讲述。

3.4.2　运算功率

电力网中的一个节点可能接有一个或几个电源、一个或几个负荷、既接电源又接负载等多种情况。不论何种情况，可将接在同一节点的所有电源功率和所有负荷功率按复数求和，所得功率即为该节点的运算功率。

如图 3.8(a) 所示网络，经简化后得 3.8(b) 所示等值电路。其中，Z_{ab}、Z_{bc} 为 ab、bc 段线路的阻抗；运算负荷 $\tilde{S}_b$ 包括 ab、bc 段线路各一半的充电功率、变电站 b 的变压器损耗及低压侧负荷 $\tilde{S}_{db}$。运算负荷 $\tilde{S}_c$ 包括 bc 段线路一半的充电功率、变电站 c 的变压器损耗、低压侧负荷 $\tilde{S}_{dc}$

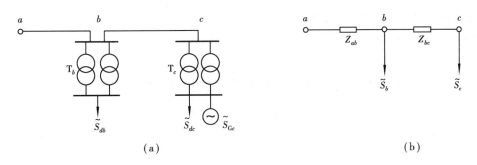

图 3.8　运算功率的计算
(a)网络接线；(b)简化等值电路

及发电机输出功率 $\tilde{S}_{\mathrm{G}c}$。

3.4.3　电力网潮流的简化计算

电压为 35 kV 及以下的地方电力网,由于电压较低、线路较短(一般不超过 50 km)、输送容量较小(最大传输功率一般不超过 10 MW),因此,在潮流计算时可作如下简化:

①忽略电力网等值电路中的导纳支路;

②忽略阻抗中的功率损耗;

③忽略电压降落的横分量;

④用线路额定电压代替各点实际电压计算电压损耗。

3.5　闭式网络的潮流分析

闭式网络是指网络中任何一个负荷点都可以从两个及以上方向供电的电力网,两端电源供电网、环网、复杂网,统称为闭式网络。对于复杂的闭式网络,需要先通过网络变换将其简化为简单闭式网络,然后应用简单闭式网络的计算方法进行功率分布和电压分布的计算。因此,简单闭式网络的潮流计算是闭式网络潮流计算的基础。

3.5.1　简单闭式网络的潮流分析

(1)闭式网络潮流计算的特点

与开式电力网相比,闭式电力网的功率分布既与负荷功率有关,又与网络参数和电源电压等因素有关,因而其功率分布的计算要比开式电力网复杂。

闭式网络中某一支路因事故或检修断开后,网络功率分布和电压分布都要发生较大的变化,所以某些支路可能过负荷,某些节点电压可能超出偏差允许范围。因此,在实际系统中,闭式网络不仅要进行正常运行方式的潮流分析,而且要进行事故和检修运行方式的潮流计算。

(2)简单闭式网络功率分布计算

简单闭式网络分两端供电和环行网络两种基本形式。环形网络是最典型的电源电压大小相等、相位相同的两端供电网,只要在环形网络的电网源点将网络拆开即可。因此,下面就以两端供电网络推导其简单闭式网络功率分布的一般计算公式。

51

闭式网络功率分布通常分两步进行。首先忽略各段上的功率损耗求近似的功率分布;然后利用这个近似的功率分布,逐段求出功率损耗,得到最终功率分布。

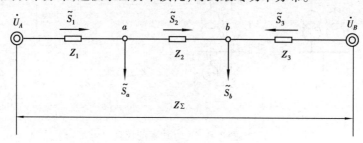

图 3.9　两端供电网络的等值电路

如图 3.9 所示为某两端供电网络的等值电路,$\tilde{S}_a$、$\tilde{S}_b$ 为变电站的运算功率,不计功率损耗时,根据基尔霍夫第一定律可得

$$\left.\begin{array}{c} \tilde{S}_2 = \tilde{S}_1 - \tilde{S}_a \\ \tilde{S}_3 = \tilde{S}_b - \tilde{S}_2 \end{array}\right\} \tag{3.18}$$

线路中总的电压降落为两端电源电压之差,即

$$\mathrm{d}\dot{U}_{AB} = \dot{U}_A - \dot{U}_B = \dot{I}_1 Z_1 + \dot{I}_2 Z_2 - \dot{I}_3 Z_3$$

不计功率损耗时,各段电流可用网络额定电压 $\dot{U}_N$ 来计算,故上式可写为

$$\mathrm{d}\dot{U}_{AB} = \dot{U}_A - \dot{U}_B = \frac{\tilde{S}_1}{U_N} Z_1 + \frac{\tilde{S}_2}{U_N} Z_2 - \frac{\tilde{S}_3}{U_N} Z_3 \tag{3.19}$$

将式(3.18)代入式(3.19),并整理可得

$$\tilde{S}_1 = \frac{\tilde{S}_a(\overset{*}{Z}_2 + \overset{*}{Z}_3) + \tilde{S}_b \overset{*}{Z}_3}{\overset{*}{Z}_1 + \overset{*}{Z}_2 + \overset{*}{Z}_3} + \frac{U_N \mathrm{d}\overset{*}{U}_{AB}}{\overset{*}{Z}_1 + \overset{*}{Z}_2 + \overset{*}{Z}_3} \tag{3.20}$$

在图 3.9 中令

$$Z_\Sigma = Z_1 + Z_2 + Z_3$$

则式(3.20)可写为

$$\tilde{S}_1 = \frac{\tilde{S}_a(\overset{*}{Z}_2 + \overset{*}{Z}_3) + \tilde{S}_b \overset{*}{Z}_3}{\overset{*}{Z}_\Sigma} + \frac{U_N \mathrm{d}\overset{*}{U}_{AB}}{\overset{*}{Z}_\Sigma} \tag{3.21}$$

同理,可求出

$$\tilde{S}_3 = \frac{\tilde{S}_b(\overset{*}{Z}_1 + \overset{*}{Z}_2) + \tilde{S}_a \overset{*}{Z}_1}{\overset{*}{Z}_\Sigma} + \frac{U_N \mathrm{d}\overset{*}{U}_{BA}}{\overset{*}{Z}_\Sigma} \tag{3.22}$$

再利用式(3.18)可求出 $\tilde{S}_2$。

将式(3.21)、式(3.22)加以推广,对于两端供电网络中有 n 个运算负荷的情况下,有

$$\left.\begin{array}{l} \tilde{S}_A = \dfrac{\displaystyle\sum_{i=1}^{n} \overset{*}{Z}_i \tilde{S}_i}{\overset{*}{Z}_\Sigma} + \dfrac{U_N \mathrm{d}\overset{*}{U}_{AB}}{\overset{*}{Z}_\Sigma} \\[4mm] \tilde{S}_B = \dfrac{\displaystyle\sum_{i=1}^{n} \overset{*}{Z}'_i \tilde{S}'_i}{\overset{*}{Z}_\Sigma} + \dfrac{U_N \mathrm{d}\overset{*}{U}_{BA}}{\overset{*}{Z}_\Sigma} \end{array}\right\} \tag{3.23}$$

式中　$\tilde{S}_A$、$\tilde{S}_B$——由 A 电源和 B 电源送出的功率;

$\quad\quad\tilde{S}_i$——第 i 个负荷点的运算负荷;

$\quad\quad Z_i$——第 i 个负荷点至 B 电源点的阻抗;

$\quad\quad Z'_i$——第 i 个负荷点至 A 电源点的阻抗。

　　式(3.23)为两端供电网络(如图 3.10(a)所示)电源输出功率的一般表达式。由式可见,电源输出功率由两部分组成。第一部分与运算功率和线路阻抗大小有关,称供载功率。供载功率的计算公式与静力学中杠杆力矩平衡式相类似,故又称力矩法公式。第二部分与运算功率无关,只与两端电源电压差和线路阻抗有关,实质上是两端电源电压差产生的循环功率。如果两端电源电压差为零或是由一个电源供电的环形网络,则循环功率为零。

　　闭式网络功率的初步潮流分布计算完成后,找出网络中的功率分点,在功率分点处将网络拆开,成为两个开式网络,如图 3.10(b)所示,然后按开式网络的计算方法分别计算其功率损耗和电压损耗,即可求得原始网络的最终功率分布和节点电压。

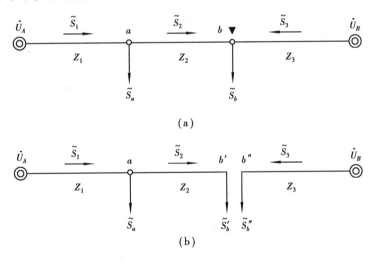

图 3.10　功率分点示意图

(a)两端供电网络;(b)拆开的两个开式网络

　　所谓功率分点,是指在该节点处的功率是由两个方向流入,在图中用▼标出。在进行网络的初步潮流分布计算时,所得结果可能出现有功功率分点和无功功率分点不是同一点的情况,这时,将有功功率分点用▼标出,无功功率分点用▽标出。通常,无功功率分点往往是网络的电压最低点,所以网络一般都在无功功率分点处拆开。

(3)闭式网络功率分布的简化计算

从两端电源输出功率的公式可以看出,闭式网络的功率分布计算是比较复杂的复数运算,这种运算在网络为均一网时可以得到简化。

均一网是指各段线路的电抗和电阻的比值都相等的电力网络。这时有

$$\frac{X_1}{R_1} = \frac{X_2}{R_2} = \cdots = \frac{X_n}{R_n} = k \tag{3.24}$$

所以

$$\overset{*}{Z}_1 = R_1 - jX_1 = R_1(1 - jk)$$
$$\overset{*}{Z}_2 = R_2 - jX_2 = R_2(1 - jk)$$
$$\vdots \qquad \vdots \qquad \vdots$$
$$\overset{*}{Z}_n = R_n - jX_n = R_n(1 - jk)$$

于是式(3.23)中供载功率可写成

$$\left.\begin{array}{l} \widetilde{S}_A = \dfrac{\sum\limits_{i=1}^{n} \overset{*}{Z}_i \widetilde{S}_i}{\overset{*}{Z}_{\sum}} = \dfrac{\sum\limits_{i=1}^{n} \widetilde{S}_i R_i(1 - jk)}{R_{\sum}(1 - jk)} = \dfrac{\sum\limits_{i=1}^{n} \widetilde{S}_i R_i}{R_{\sum}} \\[4ex] \widetilde{S}_B = \dfrac{\sum\limits_{i=1}^{n} \overset{*}{Z}'_i \widetilde{S}_i}{\overset{*}{Z}_{\sum}} = \dfrac{\sum\limits_{i=1}^{n} \widetilde{S}_i R'_i(1 - jk)}{R_{\sum}(1 - jk)} = \dfrac{\sum\limits_{i=1}^{n} \widetilde{S}_i R'_i}{R_{\sum}} \end{array}\right\} \tag{3.25}$$

将有功与无功拆开,从而写为

$$\left.\begin{array}{cc} P_A = \dfrac{\sum\limits_{i=1}^{n} P_i R_i}{R_{\sum}} & Q_A = \dfrac{\sum\limits_{i=1}^{n} Q_i R_i}{R_{\sum}} \\[4ex] P_B = \dfrac{\sum\limits_{i=1}^{n} P_i R'_i}{R_{\sum}} & Q_B = \dfrac{\sum\limits_{i=1}^{n} Q_i R'_i}{R_{\sum}} \end{array}\right\} \tag{3.26}$$

式中　R_i——第 i 个负荷点至 B 电源点的电阻;

　　　R'_i——第 i 个负荷点至 A 电源点的电阻。

以上结果说明在均一网中,供载功率的有功功率和无功功率分布彼此无关,可以分别计算,这样就避免了复杂的复数运算。

如果均一电力网中,供电点的电压相等、网络中各段线路型号、截面积和几何均距都相同,于是各段单位长度阻抗相等。由此求供载功率的公式,可进一步简化为

$$\left.\begin{array}{l} \widetilde{S}_A = \dfrac{\sum\limits_{i=1}^{n} \widetilde{S}_i l_i}{l_{\sum}} \\[4ex] \widetilde{S}_B = \dfrac{\sum\limits_{i=1}^{n} \widetilde{S}_i l'_i}{l_{\sum}} \end{array}\right\} \tag{3.27}$$

式中　l_i——第 i 个负荷点至 B 电源点的线路长度,km;

l'_i—— 第 i 个负荷点至 A 电源点的线路长度, km;

l_Σ—— A, B 两电源点之间的线路长度, km。

式(3.27)表明:均一网中的供载功率可用长度代替阻抗进行计算,且有功功率和无功功率的计算互不相关,可分开进行。实际电力系统中的均一网是很少的,但在 110 kV 及以上的高压电力网中,由于各条线路电抗基本相同,且为了运行检修方便,导线截面相差不超过 2~3 种规格,线间几何均距也基本相等,因而称之为近似均一网,可用式(3.27)计算。

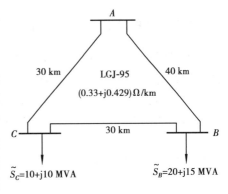

图 3.11　系统接线图

【例 3.2】　某 110 kV 简单环网示于图 3.11 中, $\dot{U}_A = 115$ kV,①计算网络的初步潮流分布;②找出网络中电压最低点,并求其电压值。

解　①根据式(3.27)计算功率分布:

$$\tilde{S}_{AB} = \frac{\tilde{S}_B(l_{BC} + l_{CA}) + \tilde{S}_C l_{AC}}{l_{AB} + l_{BC} + l_{CA}} = \frac{(20 + j15) \times 60 + (10 + j10) \times 30}{40 + 30 + 30} \text{ MV·A}$$
$$= 15 + j12 \text{ MV·A}$$

根据 KCL 有,

$$\tilde{S}_{CB} = \tilde{S}_B - \tilde{S}_{AB} = [(20 + j15) - (15 + j12)] \text{MV·A} = (5 + j3) \text{MV·A}$$

然后计算: $\tilde{S}_{AC} = \tilde{S}_C + \tilde{S}_{CB} = (10 + j10) + (5 + j3) = (15 + j13) \text{MV·A}$

由此可知 B 点为网络中的功率分点, B 点电压为全网最低。将网络从 B 点拆开,如图 3.12 中所示为网络初步潮流分布情况。

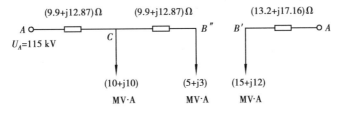

图 3.12　潮流的初步分布

②只需解算 AB' 就可计算出 B 点电压。

$$\Delta \tilde{S}_{AB'} = \left[\frac{15^2 + 12^2}{110^2} \times (13.2 + j17.16) \right] \text{MV·A} = (0.4 + j0.52) \text{MV·A}$$

可得, AB 段首端功率为

$$\tilde{S}_{AB'} = [(15 + j12) + (0.4 + j0.52)] \text{MV·A} = (15.4 + j12.52) \text{MV·A}$$

计算 B 点电压:

$$U_B = U_A - \Delta U_{AB'} = \left(115 - \frac{15.4 \times 13.2 + 12.52 \times 17.16}{115} \right) \text{kV} = (115 - 3.68) \text{kV} = 111.32 \text{ kV}$$

3.5.2 环形网络中循环功率的分布

前面已经分析得知,闭式网络的功率由供载功率和循环功率两部分组成。对于简单环形网络,通常由同一电源端供电,等值于电压相等的两端供电网络,则网络中只有供载功率,没有循环功率。但是,在一些特殊情况下,环网内可能出现附加电动势,从而产生循环功率。

环形网络内附加电动势产生的原因主要有两种:一是环网内变压器变比不匹配;二是人为控制的结果。

(1)变比不匹配产生的循环功率

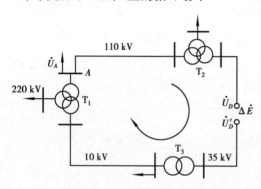

图 3.13 具有 3 个电压等级的电磁环网

闭式网络中串接有变压器时,就构成了多级电压环网,通常称为电磁环网。如图 3.13 所示,为一具有 3 个电压等级的电磁环网。

附加电动势 ΔE 的求取方法:先选定附加电动势的作用方向,将环网在等值电路的基本级断开,则断口处的电压即为 ΔE。

以图 3.13 所示网络为例,3 个变压器的变比分别为 $k_1 = 121/11$ kV,$k_2 = 110/38.5$ kV,$k_3 = 35/11$ kV;若选定 35 kV 电压级为参数归算的基本级,顺时针方向为附加电动势的作用方向。在 35 kV 线路中取一断口,如 $\dot{U}_A$ 已知,则有

$$\Delta \dot{E} = \dot{U}_D - \dot{U}_D' = \frac{\dot{U}_A}{k_2} - \frac{\dot{U}_A k_3}{k_1} = \dot{U}_A \left(\frac{1}{k_2} - \frac{k_3}{k_1} \right)$$

$$= \frac{\dot{U}_A k_3}{k_1} \left(\frac{1}{k_2} \cdot \frac{k_1}{k_3} - 1 \right) = \dot{U}_D' (k_\Sigma - 1) \qquad (3.28)$$

式中 $k_\Sigma = \dfrac{k_1}{k_2 k_3}$ ——环网的等值变比。

则循环功率为

$$\tilde{S}_c = \frac{\Delta \dot{E} \cdot \dot{U}_N}{\overset{*}{Z}_\Sigma} \qquad (3.29)$$

从式(3.28)、式(3.29)可看出,附加电动势和循环功率的大小及方向均与等值变比 k_Σ 的值有关,即

当 $k_\Sigma = 1$ 时,附加电动势和循环功率均为零;

当 $k_\Sigma > 1$ 时,附加电动势和循环功率的方向与所选环绕方向相同;

当 $k_\Sigma < 1$ 时,附加电动势和循环功率的方向与所选环绕方向相反。

对于任意多电压级环网,等值变比 k_Σ 可按以下方法确定:各变压器变比均规定为高压侧比低压侧,在环网中任选一起点,任选一环绕方向,沿环网绕行一周,遇到顺环绕方向上起升压作用的变压器就乘以变比,遇到顺环绕方向上起降压作用的变压器就除以变比,即可求得等值变比。

（2）环形网络功率强制分布的循环功率

不作任何控制的环形网络的功率分布称为自然功率分布。自然功率分布有时不满足运行的要求,如:由于负荷分布不均匀,引起某些支路过负荷;或由于经济运行的要求须实现网损最小的最优潮流分布等。在这些情况下,可装设能带负荷调整的串联加压器或利用电网已有的其他调节手段,产生相应的附加电动势和循环功率,使这个强制循环功率叠加到自然分布的功率上,以达到运行所要求的功率分布。

习　题

1. 填空题

（1）对于负荷,若电压滞后于电流,则其吸收的有功为____,吸收的感性无功为____;对于发电机,若电压滞后于电流,则其发出的有功为____,发出的感性无功为____,实则发出____性无功。

（2）电力网的功率损耗由两部分组成:大部分产生在输电线路和变压器的_____上,随传输功率的增大而增大;少部分产生在输电线路和变压器的_____上,可近似认为只与____有关。

（3）输电线路的对地支路上损耗的是____性无功,又称为_____。

（4）变压器的功率损耗包括阻抗支路的_____损耗和对地导纳中的_____损耗两部分,其中前者与传输功率_____（填"有关"或"无关"）,后者可近似认为只与_____有关。

（5）若网络中某节点接有多个电源和多个负载,可将这些电源和负载的功率按复数求和,简化为一个功率,称该功率为该节点的_____功率。

（6）任何一个负荷点都只能由一个方向取得电能的网络称为_____网络;若网络中任何一个负荷点均能从两个或两个以上方向取得电能,则称该网络为_____网络。

（7）两端供电网络中,电源点发出的功率包含两部分:一部分与负荷功率和线路阻抗大小有关,称为_____;另一部分与两端电源的电压差和线路阻抗有关,而与负荷功率无关,称为_____。

（8）若闭式网络的供载功率与线路长度成反比分布,称之为_____网络。

（9）闭式网络的电压最低点是_____。

2. 选择题

（1）根据国际电工委员会（IEC）的约定,复功率的表达式为（　　）。

A. $\tilde{S} = \dot{U}\dot{I}$　　　　B. $\tilde{S} = \dot{U}\dot{I}$　　　　C. $\tilde{S} = \overset{*}{U}\dot{I}$　　　　D. $\tilde{S} = \dot{U}\overset{*}{I}$

（2）超高压输电线路空载时,末端电压比始端电压（　　）。

A. 高　　　　B. 低　　　　C. 相同　　　　D. 不一定

（3）"网络中某点的电压比网络额定电压低5%",这句话描述的是（　　）。

A. 电压降落　　B. 电压偏移　　C. 电压损耗　　D. 电压调整

（4）在计算环形网络的初步功率分布前,应先将网络从（　　）处拆开。

A. 电源点　　B. 有功分点　　C. 无功分点　　D. 视在功率最大的负荷点

(5)在计算出环形网络的初步功率分布之后,要进行更为精确的潮流计算,须先将网络从( )处拆开。

    A. 电源点   B. 有功分点   C. 无功分点   D. 视在功率最大的负荷点

3. 简答题

(1)潮流计算包括哪些内容? 其目的是什么?

(2)电压降落、电压损耗和电压偏移的概念分别是什么?

(3)对于没有分支的简单开式网络,如果已知末端的功率和首端的电压,如何计算其潮流分布?

(4)对于 35 kV 及以下电压等级的地方电力网,在潮流计算时可作哪些简化?

(5)什么是闭式网络的功率分点? 有功、无功分点一定是同一点吗?

4. 计算题

(1)如图 3.14 所示,单回 220 kV 架空输电线长 200 km,线路每千米参数为 $r_1 = 0.108\ \Omega/km$,$x_1 = 0.426\ \Omega/km$,$b_1 = 2.66 \times 10^{-6}\ S/km$,线路空载运行,末端电压 U_2 为 205 kV,求线路送端电压 U_1。

(2)有一条 110 kV 输电线路如图 3.15 所示,由 A 向 B 输送功率。试求:

①当受端 B 的电压保持在 110 kV 时,送端 A 的电压应是多少? 并绘出相量图。

②如果输电线路多输送 5 MW 有功功率,则 A 点电压如何变化?

③如果输电线路多输送 5 Mvar 无功功率,则 A 点电压又如何变化?

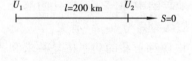

图 3.14

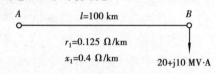

图 3.15

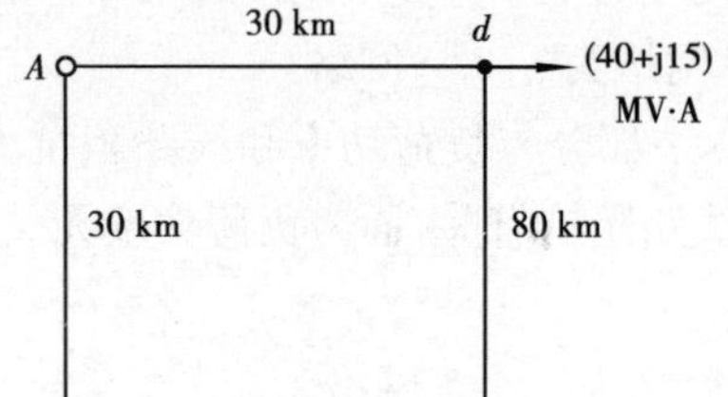

(3)一条 110 kV 架空输电线路,长 100 km,导线采用 LGJ-240,计算半径 $r = 10.8$ mm,三相水平排列,相间距离 4 m。已知线路末端运行电压 $U_2 = 105$ kV,负荷 $P_2 = 42$ MW,$\cos \varphi = 0.85$。试计算:

①线路阻抗的功率损耗和输电效率;

②输电线路的电压降落和电压损耗;

③线路首端和末端的电压偏移。

(4)由某发电厂 A 通过 110 kV 环形网络对降压变电所 b、c、d 供电,如图 3.16 所示,全网均采用 LGJ-185 型导线($r_1 = 0.17\ \Omega/km$,$x_1 = 0.41\ \Omega/km$)。各变电所计算负荷(MVA)和各段线路长度(km)已示于图中。

图 3.16

母线 A 的电压维持 115 kV。求该网络的潮流分布。

第4章
电力系统潮流的计算机计算

☞ **知识能力目标**

了解计算机潮流计算的步骤,掌握节点分类;能形成简单电力网络的节点导纳矩阵,并根据网络变化进行修改。

📢 **重点、难点**

- 节点导纳矩阵的形成;
- 节点导纳矩阵的修改。

4.1 概　论

随着电力工业的发展,现实的电力网规模越来越大、越来越复杂。无论是在电力系统规划中,还是在运行管理时,都需要大量、足够精确的快速的计算结果。于是计算机的潮流计算作为电力系统分析的基础备受重视。

潮流计算的计算机方法是以电网络理论为基础的,应用数值计算方法求解一组描述电力系统稳态特性的方程。电力系统的日益发展形成了一些互联的大型复杂系统,计算机在电力系统工程中的应用已十分广泛。可以相信,随着科学技术,特别是计算机技术、计算理论和电网络理论的不断发展,必将出现更多的和更有效的潮流计算的计算机方法。

运用计算机进行潮流计算,一般按下列步骤进行:

①建立潮流计算的数学模型;

②确定适宜的计算方法;

③制订计算的流程图;

④编制计算机程序;

⑤调试和运行计算机程序;

⑥对计算结果进行分析和研究,检验程序的正确性。

事实上,利用计算机计算任何问题,不论这个问题的复杂程度如何,都应遵循这样的步骤。

4.2　潮流计算的数学模型

这里所谓的数学模型,是指在电力系统等值模型(即等值电路)基础上建立的、反映电力系统中运行状态参数(电压、电流、功率等)与网络参数(阻抗、导纳)之间关系的、反映网络性能的一组数学方程式。

4.2.1　电力系统等值模型

电力系统等值模型实际上是系统中各元件的等值模型按它们的电气相关关系组合而成的,主要有发电机模型、负荷模型、输电线路模型和变压器模型。

(1)发电机模型

发电机模型是由它的端电压和输出功率表示的。

(2)负荷模型

负荷模型是由一个恒功率或负荷电压静态特性表示的。

(3)输电线路模型

输电线路模型是一个分布参数的电路,总可以用一个集中参数的 Π 型等值电路来代替这种分布参数的电路,如图 4.1 所示。其中参数的计算请参照第 2 章有关内容。图 4.1 所示输电线路模型正是在潮流计算中所应用的。

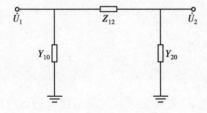
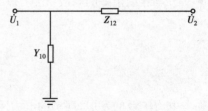

图 4.1　输电线路模型　　　　　　　　　图 4.2　变压器等值电路

(4)变压器模型

对于双绕组变压器模型通常用集中参数的 Γ 型等值电路,如图 4.2 所示。但是,用这个等值模型还存在着若干问题,显而易见的有:

①当变压器变比改变后,参数必须重新归算;

②在电磁环网中,当变压器变比不匹配时,参数必须归算便会遇到困难,只能作近似归算;

③未计及变压器变比不为额定变比时,对其自身参数的影响。

因此,一般采用如图 4.3(b)所示的变压器模型,图 4.3(b)中,变比为 $k:1$ 的变压器为理想变压器,且 $k=\dfrac{U_{\mathrm{I}t}}{U_{\mathrm{II}t}}$,$U_{\mathrm{I}t}$ 和 $U_{\mathrm{II}t}$ 分别为变压器两侧分接头电压值,Z_{T} 是变压器归算至 II 侧的阻抗,Z_{I} 和 Z_{II} 分别为线路 I 和 II 的未归算阻抗值,并忽略了接地支路。

这个模型的电路方程为

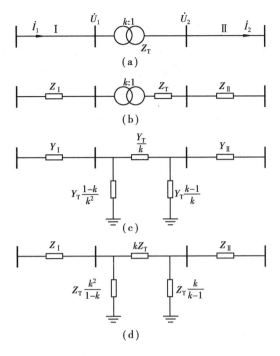

图4.3 多电压级网络的等值电路
(a)原始电路;(b)变压器阻抗归算至低压侧时的等值电路;
(c)以导纳表示的等值电路;(d)以阻抗表示的等值电路

$$\dot{I}_1 = \frac{\dot{I}_2}{k}$$

$$\frac{\dot{U}}{k} - \dot{I}_2 Z_T = \dot{U}_2 \tag{4.1}$$

整理后,可得相应的节点电流方程的矩阵形式为

$$\begin{bmatrix} \dot{I}_1 \\ \dot{I}_2 \end{bmatrix} = \begin{bmatrix} \dfrac{1}{k^2 Z_T} & -\dfrac{1}{k Z_T} \\[2mm] \dfrac{1}{k Z_T} & -\dfrac{1}{Z_T} \end{bmatrix} \begin{bmatrix} \dot{U}_1 \\ \dot{U}_2 \end{bmatrix} \tag{4.2}$$

这时,将上式进一步按节点电流方程整理,得

$$\begin{bmatrix} \dot{I}_1 \\ -\dot{I}_2 \end{bmatrix} = \begin{bmatrix} \dfrac{1}{k^2 Z_T} & -\dfrac{1}{k Z_T} \\[2mm] -\dfrac{1}{k Z_T} & \dfrac{1}{Z_T} \end{bmatrix} \begin{bmatrix} \dot{U}_1 \\ \dot{U}_2 \end{bmatrix} = \begin{bmatrix} \dfrac{1-k}{k^2 Z_T} + \dfrac{1}{k Z_T} & -\dfrac{1}{k Z_T} \\[2mm] -\dfrac{1}{k Z_T} & \dfrac{k-1}{k Z_T} + \dfrac{1}{k Z_T} \end{bmatrix} \begin{bmatrix} \dot{U}_1 \\ \dot{U}_2 \end{bmatrix}$$

用 $Y_T = \dfrac{1}{Z_T}$ 代入上式,得

$$\begin{bmatrix} \dot{I}_1 \\ -\dot{I}_2 \end{bmatrix} = \begin{bmatrix} \dfrac{1-k}{k^2} Y_T + \dfrac{1}{k} Y_T & -\dfrac{1}{k} Y_T \\[2mm] -\dfrac{1}{k} Y_T & \dfrac{k-1}{k} Y_T + \dfrac{1}{k} Y_T \end{bmatrix} \begin{bmatrix} \dot{U}_1 \\ \dot{U}_2 \end{bmatrix} \tag{4.3}$$

可见,$\dot{I}_1$和$\dot{I}_2$均由两个电流分量构成,从而可作出相应的等值电路,如图4.3(c)所示,这是一个Π型等值电路。当变比发生变化时,只需要修正这个Π型等值电路中的参数即可。同时也解决了前面列出的另外两个问题,即通过这样一个可修正的变压器模型,就能实现全网络参数按实际变比的等效归算,尽管它们并未归算。事实上,并不需要重新计算这个变压器模型的参数,仅在需要时改变一下k值,计算机便会自动地完成全部工作。

变比在下列情况下有所不同:

①全网络参数均未归算,变压器参数归算至低压侧,且使用有名制,则

$$k = \frac{U_{\mathrm{I}t}}{U_{\mathrm{II}t}} \tag{4.4}$$

即为实际变比。

②全网络参数均按$\dfrac{U_{\mathrm{I}N}}{U_{\mathrm{II}N}}$归算至Ⅰ侧,且使用有名制,则

$$k = \frac{U_{\mathrm{I}t}/U_{\mathrm{II}t}}{U_{\mathrm{I}N}/U_{\mathrm{II}N}} \tag{4.5}$$

$U_{\mathrm{I}N}$和$U_{\mathrm{II}N}$分别为归算时所用额定变比电压值。

③全网络参数均用标幺制,则

$$k = \frac{U_{\mathrm{I}t}/U_{\mathrm{II}t}}{U_{\mathrm{I}B}/U_{\mathrm{II}B}} \tag{4.6}$$

$U_{\mathrm{I}B}$和$U_{\mathrm{II}B}$分别为Ⅰ侧和Ⅱ侧基准电压值。

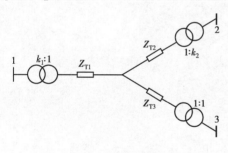

图4.4 三绕组变压器模型

通常,变压器低压绕组没有分接头,所以相应的分接头电压值恒为额定电压。必须强调指出:应用图4.3(b)或图4.3(c)的等值电路或等值模型的前提是,原变压器阻抗Z_T必须置于理想变压器变比为1的一侧(即标准侧),否则,描述这个模型的方程式(4.2)和式(4.3)的系数将发生变化,等值电路中的参数也将发生变化。图4.3(b)和图4.3(c)中未考虑原变压器的励磁支路,即图4.2中的Y_{10},因为它基本不改变。

对于三绕组变压器,其模型如图4.4所示。

4.2.2 基本方程式

(1)节点电压方程

由电路课程可知,对于具有n个独立节点的电力系统,可写出n个节点电压的矩阵方程为

$$\begin{bmatrix} \dot{I}_1 \\ \dot{I}_2 \\ \dot{I}_3 \\ \vdots \\ \dot{I}_n \end{bmatrix} = \begin{bmatrix} Y_{11} & Y_{12} & Y_{13} & \cdots & Y_{1n} \\ Y_{21} & Y_{22} & Y_{23} & \cdots & Y_{2n} \\ Y_{31} & Y_{32} & Y_{33} & \cdots & Y_{3n} \\ \vdots & \vdots & \vdots & & \vdots \\ Y_{n1} & Y_{n2} & Y_{n3} & \cdots & Y_{nn} \end{bmatrix} \begin{bmatrix} \dot{U}_1 \\ \dot{U}_2 \\ \dot{U}_3 \\ \vdots \\ \dot{U}_n \end{bmatrix} \tag{4.7}$$

或简记为

$$\dot{I} = Y\dot{U} \tag{4.8}$$

式中　$\dot{I} = [\dot{I}_1 \quad \dot{I}_2 \quad \dot{I}_3 \quad \cdots \quad \dot{I}_n]^{\mathrm{T}}$——节点注入电流的转置列向量,其阶数为 $n \times 1$;

$\dot{U} = [\dot{U}_1 \quad \dot{U}_2 \quad \dot{U}_3 \quad \cdots \quad \dot{U}_n]^{\mathrm{T}}$——节点电压的转置列向量,其阶数为 $n \times 1$;

$$Y = \begin{bmatrix} Y_{11} & Y_{12} & Y_{13} & \cdots & Y_{1n} \\ Y_{21} & Y_{22} & Y_{23} & \cdots & Y_{2n} \\ Y_{31} & Y_{32} & Y_{33} & \cdots & Y_{3n} \\ \vdots & \vdots & \vdots & & \vdots \\ Y_{n1} & Y_{n2} & Y_{n3} & \cdots & Y_{nn} \end{bmatrix}$$——节点导纳矩阵,其阶数为 $n \times n$。

在电力系统计算中,节点注入电流 $\dot{I}$ 可理解为节点电源电流与负荷电流之代数和,通常规定电源向网络注入电流为正,负荷向网络注入电流为负,仅起联络作用的节点注入电流为零。节点电压 $\dot{U}$ 是指各节点的对地电压,如果不作特殊说明,它是以大地为参考节点的对地电压。Y 矩阵是一个 $n \times n$ 阶的方阵,其阶数 n 等于网络中除参考节点外的独立节点数。

Y 矩阵中对角线上的元素 Y_{ii} 称为自导纳。自导纳的物理含义是:在节点 i 施加单位电压,并将其他节点全部接地时,经节点 i 注入网络的电流。其数学表达式为

$$Y_{ii} = \left. \frac{\dot{I}_i}{\dot{U}_i} \right|_{(U_j = 0, j \neq 0)} \tag{4.9}$$

若节点 i 的对地导纳为 Y_{i0},节点 i 与节点 j 之间的导纳为 Y_{ij},则应用式(4.9)可得节点 i 的自导纳 Y_{ii} 数值为

$$Y_{ii} = Y_{i0} + \sum_{\substack{j=1 \\ j \neq i}}^{n} Y_{ij} \tag{4.10}$$

由此可见,节点 i 的自导纳 Y_{ii} 在数值上等于与节点 i 直接相连的所有支路导纳之和。由于各节点间总是通过线路或变压器相互连接,故各节点的自导纳不为零,且恒为正值。

Y 矩阵中的非对角元素 $Y_{ji}(j=1,2,\cdots,n, i=1,2,\cdots,n, j \neq i)$ 称为互导纳。互导纳的物理含义是:在节点 i 施加单位电压,并将其他节点全部接地时,经由大地流向节点 j 的电流。其数学表达式为

$$Y_{ji} = \left. \frac{\dot{I}_j}{\dot{U}_i} \right|_{(U_j = 0, j \neq i)} \tag{4.11}$$

由此可见,节点 j、i 之间互导纳 Y_{ji} 的数值等于节点 j、i 支路间导纳的负值。显然,Y_{ji} 恒等于 Y_{ij},若节点 i、j 之间无直接联系,也不计并联支路间(如两相邻线路之间)的互感时,则 $Y_{ji} = Y_{ij} = 0$。互导纳的这两个性质决定了节点导纳矩阵不仅是一个对称矩阵,而且也是一个稀疏矩阵。

(2)节点导纳矩阵的形成和修改

1)节点导纳矩阵的形成

节点导纳矩阵可根据自导纳和互导纳的定义直接求取。求取时需要注意以下几点:

①节点导纳矩阵是方阵,其阶数等于网络中除参考节点外的独立节点数 n。如前所述,一般取大地为参考节点,记节点编号为零。

②节点导纳矩阵是稀疏矩阵,其各行非零非对角元素数,等于与该行相对应节点所连接的不接地支路数。

③节点导纳矩阵一般为对称矩阵,这是由网络的互易性决定的,因此只需求取这个矩阵的上三角或下三角部分。

④节点导纳矩阵的非对角元素 Y_{ij},等于连接节点 i、j 支路导纳的负值;

⑤节点导纳矩阵的对角元素等于各节点所连接的各支路导纳的总和;

⑥网络中的变压器可运用变压器的 Π 型等值电路表示,仍可按上述原则计算。

2)节点导纳矩阵的修改

电力系统计算中,往往要计算不同接线方式下以及某些元件参数变更前后的运行状况。由于改变一个支路的参数或它的投入、退出状态只影响支路两端节点的自导纳和它们之间的互导纳,故重新形成与新运行状况相对应的节点导纳矩阵,仅需就原有的矩阵作某些修改即可。下面就几种典型的情况介绍节点导纳矩阵的修改方法。

①从原网络节点 i 引出导纳为 y_{ik} 的支路,同时增加一节点 k,如图 4.5(a)所示。因网络新增一节点 k,故原节点导纳矩阵将增加一阶。节点 i 的自导纳变化量 ΔY_{ii} 与新增加的节点 k 的对角元素 Y_{kk} 相等,即 $\Delta Y_{ii} = Y_{kk} = y_{ik}$,新增加的非对角元素 $Y_{ik} = Y_{ki} = -y_{kk}$。

当新增加的支路为变压器时,如图 4.5(b)所示,且变压器采用 4.3(c)所示的 Π 型等值电路表示,其新增节点 k 对应图中的节点 1,则有

新增对角元素
$$Y_{kk} = \frac{1}{k}Y_T + \frac{1-k}{k^2}Y_T = \frac{Y_T}{k^2}$$

新增非对角元素
$$Y_{ik} = Y_{ki} = \frac{-Y_T}{k^2}$$

原矩阵中对角元素增量
$$\Delta Y_{ii} = \frac{k-1}{k}Y_T + \frac{1}{k}Y_T = Y_T$$

②在原网络的节点 i、j 之间增加一导纳为 y_{ij} 的支路,如图 4.5(c)所示。由于只增加了支路而未增加节点,故原节点导纳矩阵的阶数维持不变,但与节点 i、j 有关的元素应作如下修改:

节点 i、j 自导纳的变化量 $\qquad \Delta Y_{ii} = \Delta Y_{jj} = y_{ij}$
节点 i、j 之间互导纳的变化量 $\qquad \Delta Y_{ij} = \Delta Y_{ji} = -y_{ij}$

当新增加的支路为变压器时,如图 4.5(d)所示,则原节点导纳矩阵的阶数维持不变,但与节点 i、j 有关的元素应作如下修改:

节点 i、j 自导纳的变化量 $\qquad \Delta Y_{ii} = Y_T, \qquad \Delta Y_{jj} = \frac{Y_T}{k^2}$

节点 i、j 之间互导纳的变化量 $\qquad \Delta Y_{ij} = \Delta Y_{ji} = -\frac{Y_T}{k}$

③网络的节点 i、j 之间切除一导纳为 y_{ij} 的支路,如图 4.5(e)所示,相当于增加一导纳为 $-y_{ij}$ 的支路,故与节点 i、j 相关的元素应作如下修改:

节点 i、j 自导纳的变化量 $\qquad \Delta Y_{ii} = \Delta Y_{jj} = -y_{ij}$

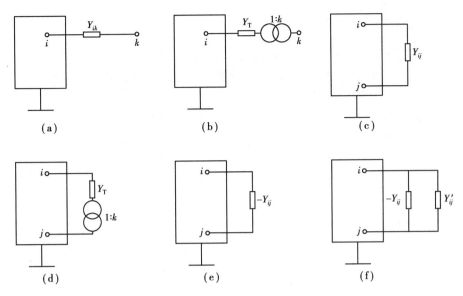

图 4.5　节点导纳矩阵修改示意图

（a）增加线路支路和节点；（b）增加变压器支路和节点；（c）增加线路支路；
（d）增加变压器支路；（e）切除线路支路；（f）改变支路参数

节点 i、j 之间互导纳的变化量　　$\Delta y_{ij} = \Delta y_{ji} = y_{ij}$

④原有网络节点 i、j 之间的导纳由 Y_{ij} 改变为 Y'_{ij}，如图 4.5（f）所示。

这种情况相当于先切除一导纳为 Y_{ij} 的支路，然后再并联一导纳为 Y'_{ij} 的支路，故应用②、③的结果可得：

节点 i、j 自导纳的变化量　$\Delta Y_{ii} = \Delta Y_{jj} = Y'_{ij} - Y_{ij}$

节点 i、j 之间互导纳的变化量　$\Delta Y_{ij} = \Delta Y_{ji} = Y_{ij} - Y_{ij}$

⑤原有网络节点 i、j 之间变压器的变比由 k_* 改变为 k'_*，如图 4.6 所示。

当节点 i、j 之间变压器的 Π 型等值电路如图

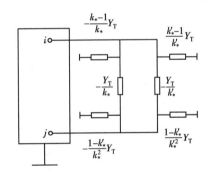

图 4.6　变压器变比由 k_* 改变为 k'_*

4.3（c）所示时，该变压器变比的改变将要求与节点 i、j 相关的元素作如下修改：

节点 i 自导纳的变化量

$$\Delta Y_{ii} = \left(\frac{k'_* - 1}{k'_*} Y_T + \frac{Y_T}{k'_*} \right) - \left(\frac{k_* - 1}{k_*} Y_T + \frac{Y_T}{k_*} \right)$$

$$= Y_T - Y_T = 0$$

节点 j 自导纳的变化量

$$\Delta Y_{jj} = \left(\frac{1 - k'_*}{k'^2_*} + \frac{1}{k'_*} \right) Y_T - \left(\frac{1 - k_*}{k^2_*} + \frac{1}{k_*} \right) Y_T = \left(\frac{1}{k'^2_*} - \frac{1}{k^2_*} \right) Y_T$$

节点 i、j 之间互导纳的变化量　$\Delta Y_{ij} = \Delta Y_{ji} = \left(\frac{1}{k_*} - \frac{1}{k'_*} \right) Y_T$

4.2.3 潮流计算方程和节点分类

电力系统潮流计算实质上就是电路计算问题。因此,用解电路的基本方法(如节点分析法、回路分析法、割集分析法,等等)就可以建立起电力系统潮流计算所需要的数学模型——潮流方程。通常采用节点分析法。

对于一个有 n 个节点的电力系统,可列写 $2n$ 个方程,通常把负荷功率作为已知量,并把节点功率 $P_i = P_{Gi} - P_{LDi}$ 和 $Q_i = Q_{Gi} - Q_{LDi}$ 引入网络方程。这样,n 个节点的电力系统的潮流方程的一般形式为

$$\frac{P_i - jQ_i}{\overset{*}{U}} = \sum_{j=1}^{n} Y_{ij}\dot{U}_j \quad (j = 1, 2, \cdots, n) \tag{4.12}$$

将上述方程的实部和虚部分开,对每一个节点可列两个实数方程,但变量仍有 4 个,即 P、Q、U、δ 必须给定其中两个,而留下两个作为待求变量,方程组才可以求解。根据电力系统的实际运行条件,按给定变量的不同,一般将节点分为以下 3 种类型:

1)PQ 节点

这类节点的有功功率 P 和无功功率 Q 是给定的,节点电压 U 和相位角 δ 是待求量。通常变电所都是这一类型的节点。由于没有发电设备,故其发电功率为零。在一些情况下,系统中某些发电厂送出的功率在一定时间内是固定时,该发电厂母线也作为 PQ 节点。因此,电力系统中的绝大多数节点属于这一类型。

2)PV 节点

这类节点的有功功率 P 和电压幅值 U 是给定的,节点的无功功率 Q 和电压的相位角 δ 是待求量。这类节点必须有足够的可调无功容量,用以维持给定的电压幅值,因而又称为电压控制节点。一般选择有一定无功储备的发电厂和具有可调无功电源设备的变电所作为 PV 节点。在电力系统中,这一类型节点的数目很少。

3)平衡节点

在潮流分布算出以前,网络中的功率损失是未知的,因此,网络中至少有一个节点的有功功率 P 不能给定,这个节点承担了系统的有功功率平衡,故称之为平衡节点。另外,必须选定一个节点,指定其电压相位角为零,作为计算各节点电压相位的参考,这个节点称为基准节点。基准节点的电压幅值也是给定的。为了计算方便,常将平衡节点和基准节点选为同一个节点,习惯上称之为平衡节点。平衡节点至少有一个,它的电压幅值和相位已给定,而它的有功功率和无功功率是待求量。

一般选择主调频发电厂为平衡节点比较合理,但在进行潮流计算时也可以按照别的原则来选择。例如,为了提高导纳矩阵法潮流程序的收敛性,也可以选择出线最多的发电厂作为平衡节点。

从以上的讨论中可以看到,尽管网络方程是线性方程,但由于在定解条件中不能给定节点电流,只能给出节点功率,这就使潮流方程成为线性方程了。由于平衡节点的电压已给定,所以平衡节点的方程不必参与求解。

4.2.4 潮流计算的约束条件

通过方程的求解所得到的计算结果代表了潮流方程在数学上的一组解答,但这组解答所

反映的系统运行状态在工程上是否具有实际意义呢? 这还需要进行检验。因为电力系统运行必须满足一定技术上和经济上的要求,这些要求构成了潮流问题中某些变量的约束条件,常用的约束条件有:

①所有节点电压必须满足

$$U_{imin} \leq U_i \leq U_{imax} \quad (i = 1, 2, \cdots, n) \tag{4.13}$$

从保证电能质量和供电安全的要求来看,电力系统的所有电气设备都必须运行在额定电压附近。PV 节点的电压幅值必须按上述条件给定。因此,这一约束主要是对 PQ 节点而言的。

②所有电源节点的有功功率和无功功率必须满足

$$\left.\begin{array}{l} P_{Gimin} \leq P_{Gi} \leq P_{Gimax} \\ Q_{Gimin} \leq Q_{Gi} \leq Q_{Gimax} \end{array}\right\} \tag{4.14}$$

PQ 节点的有功功率和无功功率以及 PV 节点的有功功率,在给定时就必须满足式(4.14)。因此,对平衡节点的 P 和 Q 以及 PV 节点的 Q 应按上述条件进行检验。

③某些节点之间电压的相位差应满足

$$| \delta_i - \delta_j | \leq | \delta_i - \delta_j |_{max} \tag{4.15}$$

为了保证系统运行的稳定性,要求某些输电线路两端的电压相位差不超过一定的数值,因此,潮流计算可以归结为求解一组非线性方程组,并使其解答满足一定的约束条件。如果不满足,则应修改某些变量的给定值,甚至修改系统的运行方式,重新进行计算。

潮流计算常用的计算机算法有高斯-赛德尔迭代法和牛顿法等(请参阅参考书1)。

习　题

1. 填空题

(1)用计算机进行潮流计算时,按照给定量的不同,可将电力系统节点分为_____节点、_____节点、_____节点三大类,其中,_____节点数目最多,_____节点数目很少、可有可无,_____节点至少要有一个。

(2)在节点导纳矩阵中,因为 $y_{ij} = y_{ji}$,所以我们称它为_____阵;因为矩阵中有很多零元素,所以我们称它为_____阵。

2. 选择题

(1)若在两个节点 i、j 之间增加一条支路,则下列关于节点导纳矩阵的说法中,正确的是(　　)。

A. 阶数增加 1　　　　　　　　　　　B. 节点 i 的自导纳不变

C. 节点 i、j 间的互导纳发生变化　　D. 节点 j 的自导纳不变

(2)若从节点 i 引出一条对地支路,则下列关于节点导纳矩阵的说法中,正确的是(　　)。

A. 阶数增加 1　　　　　　　　　　　B. 节点 i 的自导纳发生变化

C. 节点 i 和其余节点间的互导纳均发生变化　D. 节点导纳矩阵的所有元素均不变

(3)若从两个节点 i、j 之间切除掉一条支路,则下列关于节点导纳矩阵的说法中,正确的是(　　)。

A. 阶数减少 1　　　　　　　　　　　B. 节点 i、j 间的互导纳一定变为 0

C. 节点 i、j 间的互导纳发生变化,但不一定变为 0　　D. 节点 i、j 的自导纳均不变

(4)若网络中增加一个节点 k,且增加一条节点 i 与之相连的支路,则下列关于节点导纳矩阵的说法中,正确的是(　　)。

①阶数增加 1

②节点 k 的自导纳等于题干中所述支路的导纳

③节点 i 的自导纳等于题干中所述支路的导纳

④节点 i、k 间的互导纳等于题干中所述支路的导纳

A. ①②　　　　　　B. ②③　　　　　　C. ①④　　　　　　D. ②④

3. 简答题

(1)节点导纳矩阵有些什么特点? 其自导纳和互导纳元素各自的物理含义和计算方法分别是什么?

(2)潮流计算有哪些约束条件?

4. 计算题

(1)如图 4.7 所示的四节点简单电力系统中各线路的阻抗标幺值已列于表 4.1 中,而各线路对地导纳忽略不计。

①求该系统中无虚线所示线路时的节点导纳矩阵;

②如图所示的虚线支路被接入系统,那么,原节点导纳矩阵应作那些修改?

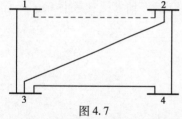

图 4.7

表 4.1

支路(节点—节点)	电阻	电抗
1—2	0.05	0.15
1—3	0.10	0.30
2—3	0.15	0.45
2—4	0.10	0.30
3—4	0.05	0.15

(2)电力线路如图 4.8 所示,写出节点导纳矩阵的 Y_{11}、Y_{22}、Y_{43}、Y_{32}、Y_{14}。

(3)如图 4.9 所示网络,各支路导纳参数为:$y_{10} = j0.01$,$y_{12} = y_{14} = 0.5 - j2$,$y_{24} = 0.4 - j1.2$,$y_{15} = y_{23} = y_{35} = 1 - j4$。

①写出网络的节点导纳矩阵;

②若节点 3、5 间支路断开,网络的节点导纳矩阵如何修改?

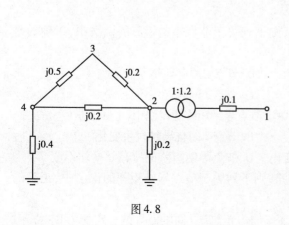

图 4.8

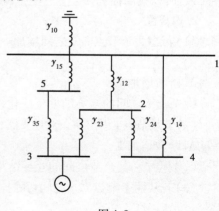

图 4.9

第 **5** 章
电力系统有功功率平衡和频率调整

☞ **知识能力目标**

了解电力系统有功功率与频率之间的关系、有功功率平衡及备用容量要求的必要性,各类发电厂的运行特点和合理组合。掌握发电机和负荷的频率特性;能应用一次和二次调频的公式计算实际电力系统在负荷变动时的频率变化量。

◀》 **重点、难点**

- 一次调频和二次调频过程分析;
- 负荷变动时频率变化量的分析计算。

5.1　概　述

电力系统运行必须满足供电的可靠性、运行的经济性、电能的优质性等方面的要求。其中衡量电力系统电能质量的主要指标是频率、电压及波形,分别用频率偏移 $\Delta f(\mathrm{Hz})$、电压偏移 $\Delta U(\mathrm{V})$ 及电压波形畸变率(%)表示。

电力系统的频率和电压偏移直接与系统中有功功率、无功功率的分配和频率电压的调整有关。本章及第 6 章将分别讨论电能中的频率质量、电压质量的有关问题。关于交流电中的谐波污染也日益成为一个重要的质量问题,但本书不拟讨论。

频率是衡量电能质量最重要的指标之一。我国《电力工业技术管理法规》规定,电力系统额定频率为 50 Hz,允许频率偏移 $\pm(0.2\sim0.5)\mathrm{Hz}$。在遵循国家相关法令、法规和政策的前提下,应采取一切可行的技术手段保证电力系统频率在正常允许范围内。

电力系统中的发电设备与用电设备都是按额定频率设计和制造的,只有在额定频率附近运行时才能发挥最好的功能。系统频率过大的波动,对用户和发电厂的运行都将产生不利影响。

（1）频率变化对电能用户的影响

频率变化对电能用户有以下影响：

①电力用户使用的电气设备中绝大多数是异步电动机，其转速与系统频率有关。频率变化将引起电动机转速变化，从而影响产品的质量。如纺织、造纸等工业将因频率变化而出现残、次品。

②电动机的有功功率与系统频率有关。系统频率的降低，就会使电动机的有功功率降低，将影响所传动机械的出力，降低生产率。如机械工业中大量的机床设备。

③近代工业、国防和科学研究部门广泛使用电子设备。系统频率的不稳定会影响电子设备的工作特性，降低准确度，造成误差。频率过低时，雷达、电子计算机等重要设施将无法运行。

（2）系统频率的变化对发电厂及系统本身的影响

系统频率的变化对发电厂及系统本身有以下影响：

①火力发电厂的主要厂用设备是水泵和风机，它们由异步电动机带动。如果系统频率降低，将使电动机输出功率减少，则它们所供应的水量和风量就会迅速减少，影响锅炉和发电机的正常运行。若系统频率降低过多，电动机将停止运转，会引起严重后果。例如高压给水泵停止运转，会迫使锅炉停炉；汽轮机的离心式主油泵油压下降自动关闭主气门，会造成停机；发电机通风量减少，要维持正常电压，就需增大励磁电流，这样，发电机定子和转子的温升将增高，为了不超越温升限额，将迫使降低发电机所发功率，等等。倘若发电厂出力减少，系统频率会进一步下降，形成恶性循环，导致频率崩溃、系统瓦解。

②系统在频率较低情况下运行时，容易引起汽轮机叶片共振，缩短叶片寿命，严重时会使叶片断裂。因此，现代大型汽轮发电机组对系统频率有相当严格的要求。

③系统处于低频状态下运行时，异步电动机和变压器由于主磁通量的增加，励磁电流随之增大。系统所需无功功率大为增加，导致系统电压水平的降低，给系统电压调整带来困难。

综上所述，频率偏移必须保证在允许的范围内。

电力系统频率发生变化是由有功负荷变化引起的。然而系统中的负荷又随时都在发生变化，因此，提出了对电力系统频率进行调整的问题。系统频率应随着系统中有功负荷的变化情况而调整，要求系统都具备可供调整的有功功率电源。换言之，保证系统频率质量首先是系统中要有充足的有功电源容量，使任何时刻系统的有功功率在"供"与"求"之间保持平衡。

5.2　电力系统的负荷

5.2.1　负荷分类

电力系统中接有为数众多、千差万别的用电设备，如异步电动机、同步电动机、电热装置、整流设备、电子仪器和照明设备等，统称为电力系统的用户。电力系统用户用电设备所消耗电功率的总和称为电力系统的综合负荷，简称为负荷。负荷也可按照用户的性质分为工业负荷、农业负荷、交通运输业负荷和生活用电负荷等。工业负荷按行业分为纺织负荷、化学负荷、机械加工负荷、冶金负荷等。在这些不同种类的负荷中，各类用电设备所占的比重不同，变化特性也不同。

在电力系统规划设计和运行分析中,一般将负荷分为系统综合最大用电负荷、系统供电负荷和系统发电负荷。

(1)系统综合最大用电负荷 $P_{\Sigma max}$

电力系统在一定时段内(如一天、一年)的最大负荷值称为该时段的系统综合最大用电负荷。各行业最大用电负荷以及区域内其他最大用电负荷将其相加,再乘上同时率 k_1,即得系统综合最大用电负荷,其表达式为

$$P_{\Sigma max} = k_1 \sum_{i=1}^{n} P_{i max} \tag{5.1}$$

式中　$\displaystyle\sum_{i=1}^{n} P_{i max}$——区域内各类最大用电负荷之和。

同时率 k_1 与电力用户的多少、各用户的用电特点等因素有关,一般应根据实际统计资料或查设计手册确定,因为区域内各用户的最大负荷值不一定都在同一时刻出现,所以它的取值在 0~1 内。

(2)系统供电负荷 P_s

系统综合最大用电负荷加上为输送这些负荷而产生的功率损耗就是系统供电负荷,即

$$P_s = \frac{1}{1-k_2} P_{\Sigma max} \tag{5.2}$$

式中　k_2——网损率,通常以供电负荷的百分数表示,一般为 5%~10%。

(3)系统发电负荷 P_g

为满足系统供电负荷以及发电机电压直配负荷的需要,发电机(厂)所必须发出的功率,它等于系统供电负荷、直配负荷、发电厂厂用电(简称厂用电)负荷之和,即

$$P_g = \frac{1}{1-k_3} P_s \tag{5.3}$$

式中　k_3——厂用电率,即厂用电负荷占发电负荷的百分数。

5.2.2　负荷曲线

由于电能生产的特点是不能大量储存,发电、输电、用电的过程必须同时进行,因此发电厂发出的电量在任何时刻都应该等于用户所用电量。而电力系统的负荷是随时间变化的,其变化状况可以用负荷曲线来描述。负荷曲线的种类很多,按功率可分为:有功功率、无功功率和视在功率负荷曲线;按时间长短可分为:日负荷曲线、年负荷曲线;按计量对象可分为:个别用户、电力线路、变电所、某个地区乃至电力系统的负荷曲线。

下面将着重介绍用得最多的电力系统有功日负荷曲线和有功年负荷曲线。

(1)系统有功日负荷曲线

它表明了该系统有功负荷一天 24 h 内随时间变化的情况,是运行调度和安排发电厂发电负荷的依据。系统有功日负荷曲线根据表计定时测量或运行方式人员预计的数据制作,可以由相应的数据点连接成连续曲线或齿形波,如图 5.1 所示。

有功日负荷曲线的最大值和最小值分别代表日最大负荷 P_{max} 和最小负荷 P_{min},是电力系统运行中必须掌握的重要数据。P_{max} 和 P_{min} 的差值称为峰谷差。有功日负荷曲线所围成的面积即为电力系统的日用电量,即

$$W_d = \int_0^{24} P(t)\,dt \tag{5.4}$$

因此,日平均负荷

$$P_{av} = \frac{W_d}{24} = \frac{1}{24}\int_0^{24} P(t)\,dt \tag{5.5}$$

根据日最大负荷 P_{max}、最小负荷 P_{min} 和平均负荷 P_{av},可得两个描述负荷曲线变化形状的系数:日负荷率 γ 和日最小负荷率 β,即

$$\gamma = \frac{P_{av}}{P_{max}} \tag{5.6}$$

$$\beta = \frac{P_{min}}{P_{max}} \tag{5.7}$$

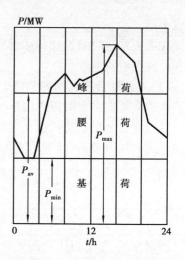

图 5.1　有功日负荷曲线

γ 和 β 都是小于 1 的系数。γ 与 β 的值越小,表明负荷波动越大,发电机的利用率越差。反之,γ 与 β 的值越接近 1,说明负荷特性越好。

日负荷曲线对电力系统的运行有很重要的意义,它是安排日发电计划、确定各发电厂发电任务和系统运行方式以及计算用户日用电量等的重要依据。

(2)系统有功年负荷曲线

年负荷曲线分为年最大负荷曲线和年持续负荷曲线。

年最大负荷曲线所围成的面积虽不为负荷全年所消耗的电能,但工程中通常用年最大负荷曲线下包围的面积来计算全年的负荷电能,这是一个偏大的值。

$$W = \int_0^{8760} P_{max}(t)\,dt \tag{5.8}$$

年持续负荷曲线是按一年内系统负荷数值的大小及其累计小时数顺序由大到小排列而成的曲线,如图 5.3 所示。年持续负荷曲线所围成的面积为负荷全年所消耗的电能:

$$W = \int_0^{8760} P(t)\,dt \tag{5.9}$$

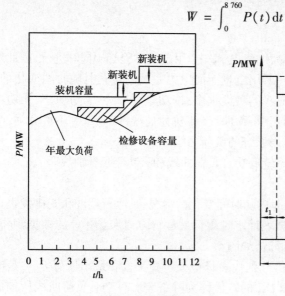

图 5.2　年最大负荷曲线

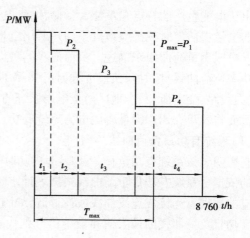

图 5.3　年持续负荷曲线

表征年负荷曲线的特征的主要指标是年最大负荷利用小时 T_{max}，其定义为

$$T_{max} = \frac{W}{P_{max}} = \frac{1}{P_{max}} \int_0^{8\,760} P(t)\,\mathrm{d}t \qquad (5.10)$$

T_{max} 的意义为：若系统始终以最大负荷 P_{max} 运行，经过 T_{max} 小时所消耗的电能等于全年的实际耗电量 W。

年最大负荷利用小时数的大小在一定程度上反映了实际负荷在一年内的变化程度。如果负荷曲线较为平坦，则 T_{max} 值较大；反之，则 T_{max} 值较小。因此，它在一定程度上反映了用户的用电特点。根据电力系统长期实测资料的积累，各类负荷的 T_{max} 值大体在一定的范围内，如表 5.1 所示。

表 5.1　各类用户的年最大负荷利用小时数 T_{max}

负荷类型	年最大负荷利用小时数 T_{max}/h
屋内照明及生活用电	1 500 ~ 3 000
单班制工业企业	1 500 ~ 2 500
两班制工业企业	3 000 ~ 4 500
三班制工业企业	5 000 ~ 7 000
农业排灌用电	1 000 ~ 1 500

在知道了 T_{max} 值后，运用式(5.10)即可大致估算出用户全年的耗电量。这种方法在电网规划时是常用的。

最后，根据运行需要，有时还需要制订日无功负荷曲线、电压变化曲线、月最大负荷曲线等各种类型的负荷曲线，其原则与上述相同，就不再一一叙述。

5.3　电力系统中有功功率的平衡

5.3.1　电力系统中有功负荷的变化

电力系统负荷功率随时间变化的曲线如图 5.4 所示，系统负荷可以视为由 3 种变化规律的变动负荷所组成。

第 1 种是变化幅度小、变化周期较短（一般在 10 s 以内）的负荷分量，如图 5.4 中 P_1；第 2 种是变化幅度较大、变化周期较长（一般为 10 s ~ 3 min）的负荷分量，如图 5.4 中 P_2，属于这类负荷的主要有电炉、液压机械、电气机车等；第 3 种是变化缓慢的持续变动负荷，如图 5.4 中 P_3，引起负荷变化的原因主要是工厂的作息制度、人们的生活习惯及气象条件的变化等。

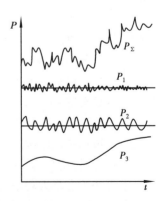

图 5.4　有功功率负荷的变动

第 1 种变化负荷引起的频率偏移可由发电机组的调速器自动进行调整，通常称为频率的一次调整，简称一次调频。第 2 种变化负荷引起的频率变动仅靠调速器的作用往往不能将频

率偏移限制在允许的范围内,通常需用手动调频器参与频率调整,称为频率的二次调整,简称二次调频。电力系统调度部门预先编制的日负荷曲线,大体反映了第3种负荷的变化规律,这部分负荷将在有功功率平衡的基础上,按照最优化原则在各发电厂间进行分配,也常称为三次调频。

5.3.2 有功功率电源及备用容量

电力系统中有功功率电源是各类发电厂的发电机。系统中的电源容量不一定是所有机组额定容量之和,因为不是任何时候所有机组都投入运行,如停机检修;投入运行的机组也不一定都能按额定容量发电,如设备缺陷、水文条件限制水电厂发电机出力,夏天循环水温升高限制火力发电机组出力等原因,致使发电机的发电能力不一定等于额定容量。系统调度部门必须及时、准确地掌握各发电厂各机组的发电能力。可投入发电设备的可发功率之和,才是真正可供系统调度的电源容量。

电力系统有功电源容量必须大于包括用户最大有功功率、网损及厂用电在内的全系统最大发电负荷。电源容量大于发电负荷的部分称为系统的备用容量,如图 5.5 所示。

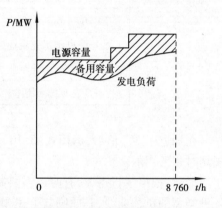

图 5.5 系统备用容量

系统备用容量按其作用可分为:

①负荷备用:为调整系统中短时的负荷波动和日计划外的负荷增加,确保系统频率质量而在系统中留有的备用容量。这种备用容量的大小,要根据系统总负荷的大小及运行经验,并考虑系统中各类用户的比重来确定,一般为最大负荷的 2% ~5%。大系统取小值,小系统取大值。

②事故备用:为防止系统中某些发电设备发生偶然性事故时,电力用户不致受到严重影响,维持系统正常供电而在系统中留有的备用容量。事故备用容量的大小,要根据系统中机组台数、机组容量的大小、机组的故障率以及系统的可靠性指标等来确定,一般为最大负荷的 5% ~10%,但不能少于系统中一台最大机组容量。

③检修备用:为保证系统的发电设备进行定期检修时不致影响供电而在系统中留有的备用容量。发电设备的检修一般是分期分批安排在一年中最小负荷季节(大修)和节假日(小修)进行。在这期间内,若不能完全安排所有机组的大、小修才设置所需的检修备用容量,一般为最大发电负荷的 4% ~5%。

④国民经济备用:考虑用户的超计划生产、新用户的出现等而设置的备用容量。这种备用容量的大小要根据国民经济的增长情况来确定,一般为最大发电负荷的 3% ~5%。

这些备用容量按存在方式分为热备用和冷备用两种类型。热备用又称旋转备用,是指运转中的发电设备可发最大功率与系统发电负荷之差。冷备用则是指未运转但能随时启用的发电设备可发最大功率。显然,检修中的发电机组不属冷备用。

为保证频率质量及供电可靠性,负荷备用和事故备用应全是热备用,但考虑运行的经济性,热备用容量又不宜过大。实际上,热备用容量的大小不需要按负荷备用和事故备用的总和来确定,两者是可通用的。作为调频的负荷备用要随时应付系统负荷的变化,应全以热备用的形式存在,但可将部分事故备用以冷备用形式存在。在总的备用容量中,热备用和冷备用的分配是有功功率电源的最优组合问题,这个问题还处于继续深入研究之中,本书不拟讨论。

5.3.3　电力系统有功功率平衡

电力系统有功功率平衡是指运行中任何时刻系统发电机发出有功功率的总和,等于系统负荷(包括发电厂厂用负荷)需要的有功功率及输、变、配电过程中网络元件消耗的有功功率之和,即

$$\sum P_G = \sum P_L + \sum \Delta P_L + \sum \Delta P_G \tag{5.11}$$

式中　$\sum P_G$ —— 系统有功电源所发的有功功率;

　　　$\sum P_L$ —— 系统有功负荷所需的有功功率;

　　　$\sum \Delta P_L$ —— 系统网络元件中的有功功率损耗;

　　　$\sum \Delta P_G$ —— 系统内发电厂本身的厂用电总和。

5.4　电力系统的频率特性

所谓频率特性,这里是指有功功率-频率静态特性,简称功频静特性。它反映稳态运行情况下有功功率和频率变化的关系。下面将介绍电力系统负荷的频率特性和发电机组的频率特性。

5.4.1　电力系统负荷的频率特性

电力系统负荷的有功-频率静态特性是指不考虑电压变化,在总负荷不变的情况下,负荷的有功功率与系统频率变化的关系。它取决于负荷的组成。由于负荷类型不同,负荷的有功功率与系统频率的关系也不同。

在电力系统运行中,允许频率变化的范围为 $\pm(0.2 \sim 0.5)$ Hz,其值不大。因此,在频率变化的过程中,实测得到的负荷有功-频率静态特性接近一直线,如图5.6所示。

系统负荷功频静特性的斜率为

$$k_L = \frac{\Delta P_L}{\Delta f} = \tan \beta \tag{5.12}$$

k_L 称为负荷的单位调节功率,单位为 MW/Hz,它以标幺值表示为

$$k_{L*} = \frac{\Delta P_{L*}}{\Delta f_*} = \frac{\Delta P_L / P_{LN}}{\Delta f / f_N} = k_L \frac{f_N}{P_{LN}} \tag{5.13}$$

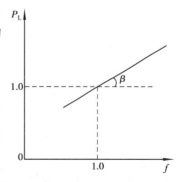

图 5.6　有功负荷的功频静特性

式中　ΔP_L ——负荷的变化量;

　　　Δf ——系统频率的变化量;

f_N——系统额定运行频率;

P_{LN}——额定频率下的系统负荷。

负荷的单位调节功率,也称为负荷的频率调节效应系数,它反映了系统负荷对频率的自动调整作用。该特性系数取决于系统负荷的组成,是不可调整的。

k_{L*}是电力系统调度部门应掌握的一个数据,实际系统中由实测获得。一般系统 k_{L*} 的值为 1～3,它表明频率变化1%时,有功负荷功率就相应地变化1%～3%。

当电力系统的综合负荷增大时,负荷的频率特性曲线将平行上移;负荷减小时,将平行下移。

5.4.2 发电机组的频率特性

发电机组的频率调整由原动机的调速系统来实现,其功频静特性也就取决于发电机组的自动调速系统。自动调速系统的种类很多,下面以直观性较强的离心飞摆式调速系统为例介绍其工作原理。

(1)调速器的工作原理

如图 5.7 所示,调速器飞摆由套筒带动转动,套筒则由原动机的主轴所带动。当发电机负荷增加时,阻力矩增加,机组转速 ω 下降,导致频率下降,飞摆由于离心力的减小在弹簧2的作用下向转轴靠拢,使套筒从 A 点降至 A' 点,其位置变化反映了转速变化。此时油动机的活塞因上下油压相等,B 点不动;调频器的伺服马达不动作的情况下,D 点也不动。因此随着 A 点的下降,上、下杠杆分别以 B、D 为支点而动作,C 点下降至 C' 点,E、F 点分别下降至 E'、F' 点的位置。错油门活塞向下移动,使油管 a、b 的小孔开启,进入错油门中间入口的压力油经油管 b 进入油动机活塞下部,而活塞上部的油则经油管再经错油门上部小孔溢出。在油

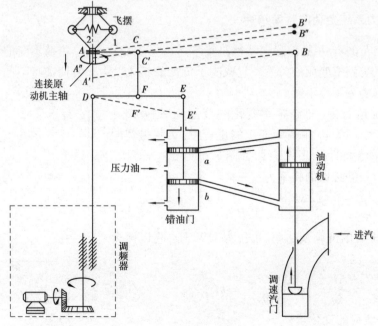

图 5.7 离心飞摆式调速系统示意图

压作用下,油动机活塞向上移动,使汽轮机的调节汽门(或水轮机的导向叶片)开度增大,增加进汽量(或进水量),使机组转速上升,频率上升,发电机输出功率增加,套筒从 A' 点处回升。同时,由于油动机活塞的上升使 B 也上升,整个 ACB 杠杆由 $A'C'B$ 位置向上移动,提升 E'、F' 点(D 点仍未动),使错油门活塞又将油管 a、b 的小孔重新堵住。油动机活塞稳定在一个新的位置上,调节过程结束。在新的稳定状态下,B 点上升至 B'' 点,C 点维持原来位置,而 A 点略有下降,稳定在 A'' 点位置。机组的转速略低于原来的转速,频率相应略低于原来的频率。

从调速器的调节过程可见,对应负荷的增大,发电机输出功率增加,转速与频率略低于原来的值。如果负荷减小,调速器调整作用将使输出功率减小,转速与频率略高于原来的值,这就是频率的一次调整,它是由调速器自动完成的。由于调整的结果,频率不能回复原值,故一次调整是有差的调整。

(2) 发电机组的频率特性

将上述调节过程中发电机组的有功功率与频率关系用有功功率-频率静态特性曲线表示,近似为一直线,如图 5.8 所示,简称为发电机组的功频静特性或频率特性。图中直线的斜率为

$$k_G = -\frac{\Delta P_G}{\Delta f} = -\tan\alpha \qquad (5.14)$$

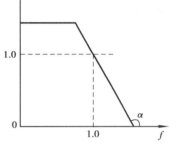

k_G 称为发电机单位调节功率,以 MW/Hz 或 MW/0.1 Hz 为单位。它反映系统频率变化引起发电机输出功率的变化。

ΔP_G 和 Δf 始终取功率的增大和频率的上升为正,于是式 (5.14) 中可用负号表示二者变化方向相反,即发电机输出功率增加(减少)时,频率是降低(上升)的。

图 5.8　发电机组的功频静特性

单位调节功率也可用标幺值表示,即

$$k_{G*} = -\frac{\Delta P_G/P_{GN}}{\Delta f/f_N} = k_G \frac{f_N}{P_{GN}} \qquad (5.15)$$

式中　Δf——任意两频率之差;

　　　ΔP_G——与频率相对应的任意两功率之差;

　　　P_{GN}——发电机额定功率;

　　　f_N——额定运行条件下的频率。

通常,制造厂家提供的发电机组特性参数不是单位调节功率,而是调差系数。发电机组的单位调节功率与其调差系数间有固定关系。发电机组的调差系数 σ 是指用百分数表示的机组空载运行时的频率 f_0 与额定条件下运行时的频率 f_N 的差值,即

$$\sigma\% = \frac{f_0 - f_N}{f_N} \times 100 \qquad (5.16)$$

可以看出,发电机的单位调节功率 k_G 与 $\sigma\%$ 的关系为

$$k_G = \frac{P_{GN}}{f_0 - f_N} = \frac{P_{GN}}{f_N \cdot \sigma\%} \times 100 \qquad (5.17)$$

将式(5.15)代入,得到

$$k_{G*} = \frac{1}{\sigma\%} \times 100 \qquad (5.18)$$

调差系数 $\sigma\%$ 或与之对应的发电机的单位调节功率 k_{G*} 是可以整定的,一般数值为

汽轮发电机组: $\sigma\% = 3 \sim 5$ $k_{G*} = 33.3 \sim 20$

水轮发电机组: $\sigma\% = 2 \sim 4$ $k_{G*} = 50 \sim 25$

(3)调频器的工作原理

由前面对调速器的工作原理分析可知,仅仅依靠一次调频不能维持发电机的转速不变,即不能维持系统的频率不变。如果负荷功率的变化幅度较大,频率偏移也就较大,有可能超出允许的范围。因此,为了维持频率不变或限制频率偏移在允许范围内,都需要对频率进行二次调整。二次调频是由调速系统中的调频器来完成的,下面以负荷增加的情况来说明其动作原理。

在图 5.7 中,在外界信号(手动或自动操作)控制下,调频器转动蜗轮蜗杆,将 D 点抬高,杠杆 DE 的 F 点不动, E 点下降,使错油门活塞再次向下移动,开启油道 a、b。压力油从 b 口进入油动机活塞下部,活塞向上移动,进一步加大汽门的开度,原动机输入的功率进一步提高,转速增大,频率升高,发电机输出有功功率增加。同时,B 点也进一步上升,使 C 点及 F 点上升,并带动 E 点上升,错油门活塞再将 a、b 口堵住,调节过程结束,使机组稳定在一个新的转速上。如果 D 点位置调节得当,可使转速,即频率回复原值。

这一调整过程(即 D 点的抬升或下降)的结果,反映在机组的功频静特性上表现为特性线向上或向下的平行移动,如图 5.9 所示。

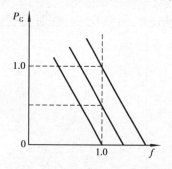

图 5.9 发电机组功频静特性的平移

5.5 电力系统的频率调整

5.5.1 频率的一次调整

如图 5.10 所示,系统发电机组的频率特性 P_G 与负荷的频率特性 P_L 交于原始运行点 a,此时系统频率为 f_0。

当负荷功率突然增加 ΔP_{L0},即从 P_L 增加到 P_L' 时,由于负荷突增的瞬间,发电机组的功率不能立即变动,机组将减速,系统频率下降。随着频率的下降,发电机组的功率将因它的调速器的一次动作而增大,沿频率特性从 a 点向上;负荷的功率将因它自身的调节效应而减小,沿频率特性从 c 点向下,最后稳定在新的平衡点 b。

由图 5.10 可见, $\overline{ac} = \overline{ad} + \overline{dc}$, $\overline{ac}$ 段对应系统中负荷的增量 ΔP_{L0} , $\overline{ad}$ 段对应发电机组增发的有功功率 ΔP_G , $\overline{dc}$ 段对应负荷本身调节效应而减小的负荷功率 ΔP_L 。

由式(5.12)和式(5.14)可知,

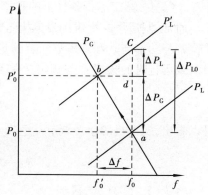

图 5.10 频率的一次调整

$$\Delta P_{\mathrm{L}} = k_{\mathrm{L}} \cdot \Delta f$$

$$\Delta P_{\mathrm{G}} = -k_{\mathrm{G}} \cdot \Delta f$$

即

$$\begin{aligned}\Delta P_{\mathrm{L0}} &= \Delta P_{\mathrm{G}} - \Delta P_{\mathrm{L}} = -k_{\mathrm{G}} \cdot \Delta f - k_{\mathrm{L}} \cdot \Delta f \\ &= -(k_{\mathrm{G}} + k_{\mathrm{L}})\Delta f\end{aligned} \tag{5.19}$$

于是可得

$$\Delta f = -\frac{\Delta P_{\mathrm{L0}}}{k_{\mathrm{G}} + k_{\mathrm{L}}} = -\frac{\Delta P_{\mathrm{L0}}}{k_{\mathrm{S}}} \tag{5.20}$$

式中 k_{S} 称为系统的单位调节功率,它等于发电机组的单位调节功率 k_{G} 与负荷的单位调节功率 k_{L} 之和。它表示系统负荷变化时,在原动机调速器和负荷本身的调节效应共同作用下系统频率的变化情况。根据 k_{S},我们还可以求取在允许的频率偏移范围内系统能承受多大负荷的变化。

从图 5.10 还可看出,利用系统的功频静特性进行频率的一次调整只能是有差的调整,频率不可能回复到原值。当系统负荷变化幅度较大时,仅依靠一次调频不能满足系统对频率的要求,此时需利用调频机组的调频器进行二次调频。

【例 5.1】 在图 5.11 所示的两机系统中,负荷为 800 MW 时,频率是 50 Hz。当负荷突增 50 MW 后,在下列两种运行方式下,系统的频率、两机出力各为多少?

①两发电机组各承担一半负荷。

②发电机组 A 承担 560 MW,余下 240 MW 负荷由 B 机组承担。

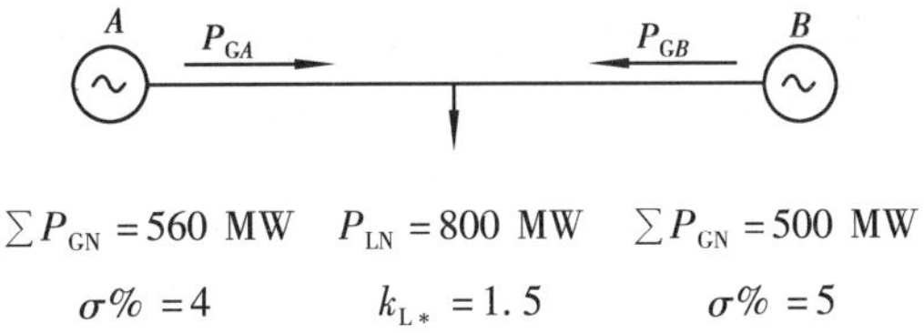
A
P_{GA}
P_{GB}
B
$\sum P_{\mathrm{GN}}=560$ MW
$P_{\mathrm{LN}}=800$ MW
$\sum P_{\mathrm{GN}}=500$ MW
$\sigma\%=4$
$k_{\mathrm{L*}}=1.5$
$\sigma\%=5$

图 5.11　例 5.1 两机系统

解　①由式(5.17)得两机单位调节功率

$$k_{GA} = \frac{P_{\mathrm{GN}} \times 100}{\sigma\% \times f_{\mathrm{N}}} = \frac{560 \times 100}{4 \times 50}\ \mathrm{MW/Hz} = 280\ \mathrm{MW/Hz}$$

$$k_{GB} = \frac{500 \times 100}{5 \times 50}\ \mathrm{MW/Hz} = 200\ \mathrm{MW/Hz}$$

负荷的频率调节效应系数

$$k_{\mathrm{L}} = k_{\mathrm{L*}}\frac{P_{\mathrm{LN}}}{f_{\mathrm{N}}} = \left(1.5 \times \frac{800}{50}\right)\ \mathrm{MW/Hz} = 24\ \mathrm{MW/Hz}$$

系统的功频特性系数

$$k_{\mathrm{S}} = k_{GA} + k_{GB} + k_{\mathrm{L}} = (280 + 200 + 24)\ \mathrm{MW/Hz} = 504\ \mathrm{MW/Hz}$$

系统频率变化量　$\Delta f = -\dfrac{\Delta P_{\mathrm{L0}}}{k_{\mathrm{S}}} = -\dfrac{50}{504}\ \mathrm{Hz} = -0.099\ 2\ \mathrm{Hz}$

系统频率　$f = (50 - 0.099\ 2)\ \mathrm{Hz} = 49.900\ 8\ \mathrm{Hz}$

A 机出力　$P_{GA} = (400 + 280 \times 0.099\ 2)\ \mathrm{MW} = 427.77\ \mathrm{MW}$

B 机出力　$P_{GB} = (400 + 200 \times 0.099\ 2)\ \mathrm{MW} = 419.84\ \mathrm{MW}$

此时负荷的有功功率为$[(800 + 50) - 24 \times 0.099\ 2]\ \mathrm{MW} = 847.61\ \mathrm{MW}$,与发电机功率平衡。

②该运行方式下,电源 A 机组全部满载,在负荷增加时调速器不再有一次调节作用,$k_{GA} =$

0。此时

$$k_S = k_{GB} + k_L = (200 + 24)\,\text{MW/Hz} = 224\,\text{MW/Hz}$$

$$\Delta f = -\frac{50}{224}\text{Hz} = -0.223\,2\,\text{Hz}$$

$$P_{GA} = 560\,\text{MW}$$

$$P_{GB} = (240 + 200 \times 0.223\,2)\,\text{MW} = 284.64\,\text{MW}$$

负荷功率为$[(800 + 50) - 24 \times 0.223\,2]\,\text{MW} = 844.67\,\text{MW}$，与发电机功率平衡。若该系统允许频率偏移为 $\pm 0.2\,\text{Hz}$，这种运行方式下 $|\Delta f| > 0.2\,\text{Hz}$，已超出允许的频率偏移。

本例也说明，k_S 愈大就愈能保证频率质量。换言之，保证频率质量的前提是系统必须具备充足的有功电源容量。否则，为满足负荷需求，必然会使一些机组满载运行(本例是运行方式不当所致)，相应地使系统 k_S 减小，在负荷增加时就不能保证频率质量。

5.5.2 频率的二次调整

如图 5.12 所示，一次调频的结果使工作点从 a 点转移到 b 点，如果频率 f_0' 在 (50 ± 0.2) Hz 范围内，系统可以继续运行；如果 f_0' 超出了 (50 ± 0.2) Hz 的范围，说明系统频率不满足电能质量的要求，就须手动或自动地操作发电机组的调频器，使发电机组的功频特性平行地上下移动来改变发电机的有功功率，以保持系统的频率不变或使频率变化在允许范围内。

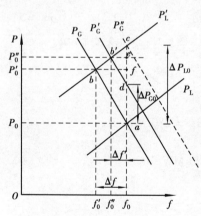

图 5.12　频率的二次调整

在图 5.12 中，调频器动作再增加发电机发出的功率，使频率特性向上移动。设发电机组增发的功率为 ΔP_{G0}，则运行点又从 b 点移到 b' 点。点 b' 对应的频率为 f_0''、功率为 P_0''，与 f_0 相比，即频率下降。由于进行了二次调整，由仅有一次调整时的 Δf 减小为 $\Delta f'$，发电机可供负荷的功率由仅有一次调整时的 P_0' 增加为 P_0''。尽管这样仍是有差调节，但明显可见，由于进行了二次调整，系统的频率质量得到了改善。

由图 5.12 还可见，只进行一次调整时，负荷原始增量 ΔP_{L0}(图中$\overline{ac}$)可分解为两部分，一部分是因调速器的调整作用而增大的发电机组功率(图中$\overline{af}$)，另一部分是因负荷本身的调节效应而减小的负荷功率(图中$\overline{fc}$)，最终运行点为 b。进行了二次调整后，这个负荷增量 ΔP_{L0}(图 5.11 中$\overline{ac}$)可分解为 3 部分：一部分是由于进行了二次调整，发电机组增发的功率 ΔP_{G0}(图中$\overline{ad}$)；另一部分仍是由于调速器的调整作用而增加的发电机组功率 $k_G \cdot \Delta f_0'$(图中$\overline{de}$)；第三部分仍是由于负荷本身的调节效应而减小的负荷功率 $k_L \cdot \Delta f_0'$(图中$\overline{ec}$)，最终运行点为 b'。相似于式(5.20)可得

$$\Delta P_{L0} - \Delta P_{G0} = -(k_G + k_L)\Delta f = -k_S \cdot \Delta f \tag{5.21}$$

或

$$\Delta f = -\frac{\Delta P_{L0} - \Delta P_{G0}}{k_S} \tag{5.22}$$

如果二次调整发电机组增发的功率能够完全补偿负荷功率的原始增量，即 $\Delta P_{G0} = \Delta P_{L0}$，则 $\Delta f = 0$，亦即实现了无差调节。无差调节如图 5.12 中虚线所示。

5.5.3　调频厂的选择

一般在电力系统中,发电机组都装有调速系统。在运行中的机组具有调整能力时都参与频率的一次调整,电力系统只需选择一个或几个发电厂作为调频厂担负二次调整任务。有时调频厂又分为主调频厂和辅助调频厂。主调频厂又称第一调频厂,承担主要的调频任务,辅助调频厂的调频器动作整定在系统频率偏移超过某一定值时参加调频,按照参加次序又分为第二调频厂、第三调频厂,等等。

按频率调整的要求,主调频厂应具备以下条件:

①具有足够的调整容量;

②能适应负荷变化需要的调整速度;

③在调整输出功率时,能符合安全与经济性方面的要求。

另外,调整频率时,引起的联络线上功率的波动和某些节点电压的波动不超过允许的范围。

如前面所述,火电厂的锅炉、汽轮机都有最小技术出力的要求,其调整容量主要受锅炉最小技术出力的限制,高温高压及蒸汽参数更高的锅炉仅有额定容量的30%;中温中压锅炉为额定容量的75%,而水电厂的调整容量一般可达额定容量的50%以上乃至100%。对调整速度而言,火电厂又主要受汽轮机热膨胀的影响,其机组出力变化不能太快,从50%～100%额定负荷范围内,每分钟仅能增加出力2%～5%;而水电厂水轮机组的出力变化速度快得多,每分钟可增长50%～400%额定负荷。当然,在实际运行中也不能使之过于急剧地变化,否则也要损坏水电厂设备,但是,几分钟内是可以从空载调整到满载的,且操作安全方便。

核能电厂的可调容量较大,调整速度不低于火电厂。但由于核能电厂运行费用低,投产后使其多发电而带基本负荷,不承担调频任务。

综上所述,从调整容量和调整速度这两个最基本的条件来看,电力系统中有水电厂时,应选择水电厂作调频厂。但考虑系统运行的经济性,通常是:在枯水季节以水电厂作主调频厂,机组效率较低的中温中压火电厂为辅助调频厂;在丰水季节,为了节省燃料,充分利用水力资源,避免无谓地弃水,往往让水电厂机组满出力运行,这时,就以中温中压火电厂效率不高的机组作为调频厂承担调频任务。

选择水电厂作调频厂在经济上的合理性如前所述,水电机组的退出、投入或迅速增减负荷不需额外耗费能量,而火电厂却无此特点。当然,水电厂作主调频厂时,联络线上有较大的功率波动,可能引起过负荷,但联络线的传输能力是选择调频厂时应考虑的一个因素,却不是决定性因素。因此在必要时,还可采取其他措施来克服联络线工作的困难。

习　题

1. 填空题

(1)日负荷率和日最小负荷率的数值越大,表明负荷波动越____(填"大"或"小"),发电机的利用率越____(填"高"或"低")。

(2)由变化幅度小、变化周期较短的负荷变化引起的频率偏移,由发电机组的_____进行自动调整,称为_____;由变化幅度较大、变化周期较长的负荷变化引起的频率偏移,需要手动参与频率调整,称为_____。

(3)可供系统调度的电源容量是指_____。

(4)系统备用容量按作用可分为____备用、____备用、____备用和____备用,按存在方式可分为____备用和____备用。

(5)负荷的单位调节功率反映了系统负荷对频率的自动调整作用,取决于_____,是(填"可"或"不可")调整的,而发电机组的调差系数是_____(填"可"或"不可")整定的。

(6)二次调频实现无差调节的条件是_____,此时负荷____(填"会"或"不会")主动少吸收有功。

2. 选择题

(1)下列概念之中,内涵最广的是(   )。

A.系统综合最大用电负荷   B.系统供电负荷

C.系统发电负荷   D.直配负荷

(2)(   )不直接用于反映有功功率负荷曲线的平坦程度。

A.日负荷率   B.日最小负荷率

C.年最大负荷利用小时数   D.最大功率损耗时间

(3)关于一次调频和二次调频,下列说法正确的是(   )。

A.一次调频一定是有差调节,二次调频一定是无差调节

B.一次调频一定是有差调节,二次调频可能是无差调节

C.一次调频可能是无差调节,二次调频一定是无差调节

D.一次调频可能是无差调节,二次调频也可能是无差调节

(4)某系统年持续负荷曲线如图5.13所示,其全年消耗电能 A 约为(   )。

A.$36.52 \times 10^6 \text{ kW} \cdot \text{h}$ B.$35.33 \times 10^6 \text{ kW} \cdot \text{h}$

C.$36.64 \times 10^6 \text{ kW} \cdot \text{h}$ D.$34.88 \times 10^6 \text{ kW} \cdot \text{h}$

(5)电力系统的频率主要决定于(   )。

A.有功功率的平衡   B.无功功率的平衡

C.电压质量   D.电流的大小

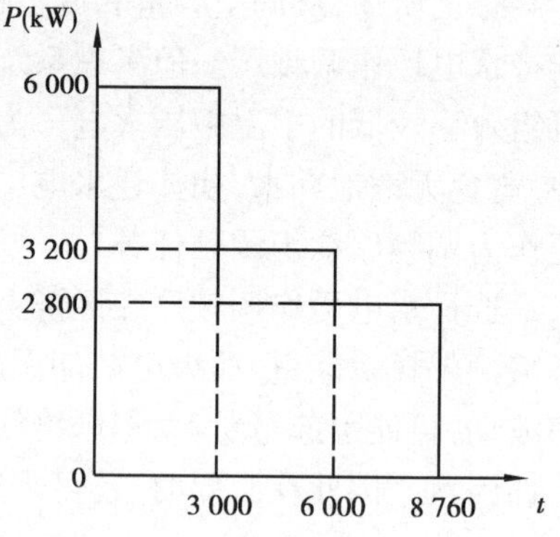

3. 简答题

(1)系统综合最大用电负荷、系统供电负荷和系统发电负荷的概念分别是什么?在计算系统综合最大用电负荷时为什么要乘上同时率 k_1?

(2)结合图5.14回答:①该图是什么曲线?②结合此图说明年最大负荷利用小时数 T_{max} 的意义和作用。

图 5.13

(3)作图说明为什么一次调频是有差的调节。

(4)作图说明什么情况下二次调频可实现无差调节。

(5)举例说明电力系统频率偏高、偏低分别会带来哪些危害。

(6)电力系统有功功率负荷变化的情况与电力系统频率的一、二、三次调整有何关系?

4. 计算题

(1)某一容量为 100 MW 的发电机,调差系数整定为 4% ,当系统频率为 50 Hz 时,发电机

出力为 60 MW;若系统频率下降为 49.5 Hz 时,发电机的出力是多少?

(2)如图 5.15 所示的两机系统中,当负荷 P_L 为 600 MW 时,系统频率为 50 Hz,此时 A 机组出力 500 MW,B 机组出力 100 MW,试求:

①当系统增加 50 MW 负荷后,系统频率和机组出力各是多少?

②当系统切除 50 MW 负荷后,系统频率和机组出力各是多少?

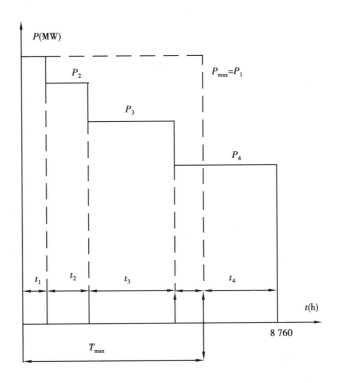

图 5.14

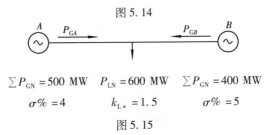

$\sum P_{GN} = 500$ MW　　$P_{LN} = 600$ MW　　$\sum P_{GN} = 400$ MW

$\sigma\% = 4$　　　　　$k_{L*} = 1.5$　　　　$\sigma\% = 5$

图 5.15

第 **6** 章
电力系统的无功平衡和调整电压

☞　**知识能力目标**

　　了解电力系统无功功率和电压之间的关系,了解无功功率平衡和备用容量要求的必要性、各种无功电源及其特点;了解电压管理和电压调整的必要性;熟练掌握电力系统无功补偿和电压调整措施的原理、特点和计算方法;能进行调压措施的合理选用、能根据调压要求进行变压器分接头选择计算。

◀》　**重点、难点**

* 根据调压要求进行变压器分接头选择计算;
* 几种调压措施的综合应用。

6.1　概　述

　　前面已经提到电压是表征电能质量的一项重要指标。电力系统中的用电设备是按标准的额定电压来设计制造的。保证供给用户的电压与其额定值的偏移不超过规定的数值是电力系统运行调整的基本任务之一。本章主要分析电力系统无功功率与电压的关系,以及对电压的调整问题。

　　与第5章分析相比,电力系统的电压调整与频率调整的不同之处在于以下几点:

　　①全系统频率相同,而系统中为数甚多的节点(母线)电压各不相同。

　　②频率与系统有功功率密切相关,系统的有功电源集中于发电厂的发电机;而电压则与系统无功功率关系很大,无功电源除各类发电厂的发电机外,可分散在各变电所设置其他无功电源。

　　③调整频率只需采用调整发电厂原动机功率这唯一手段;而要使全系统各节点电压满足要求,必须采用各种调整措施。

6.1.1　电压偏移及电压调整

电力系统在正常运行中,负荷随时都在发生变化,电力系统的运行方式也常有变化。它们都将使网络中潮流发生变化,从而使网络中电压损耗及相应的各节点电压也随之变化。实际上,要保证系统中各节点连接的所有用户的电压在任何时刻都为额定值是不可能的。各节点电压值在运行过程中对其额定电压总会有一定偏移,只要电压偏移值在允许的范围内,就能保证用户及电力系统的正常运行。现行国家电网《电力系统电压质量和无功电力管理规定》相关规定如下。

(1)用户受电端供电电压允许偏差值

①35 kV 及以上用户供电电压正、负偏差绝对值之和不超过额定电压的 10%。

②10 kV 及以下三相供电电压允许偏差为额定电压的 ±7%。

③220 V 单相供电电压允许偏差为额定电压的 +7%、-10%。

(2)电力网电压质量控制标准

发电厂和变电站的母线电压允许偏差值如下所述。

①500(330)kV 及以上母线正常运行方式时,最高运行电压不得超过系统额定电压的 +10%;最低运行电压不应影响电力系统同步稳定、电压稳定、厂用电的正常使用及下一级电压的调节。

②发电厂 220 kV 母线和 500(330)kV 及以上变电站的中压侧母线正常运行方式时,电压允许偏差为系统额定电压的 0% ~ +10%;事故运行方式时为系统额定电压的 -5% ~ +10%。

③发电厂和 220 kV 变电站的 110 kV~35 kV 母线正常运行方式时,电压允许偏差为系统额定电压的 -3% ~ +7%;事故运行方式时为系统额定电压的 ±10%。

④带地区供电负荷的变电站和发电厂(直属)的 10(6)kV 母线正常运行方式下的电压允许偏差为系统额定电压的 0% ~ +7%。

(3)特殊运行方式下的电压允许偏差值由调度部门确定

电力系统节点的供电电压相对其额定值偏移过大,就会使用户电气设备的性能恶化。如照明负荷在电压偏低时,发光不足,会影响人们的视力,降低生产及工作的效率,日光灯还会产生不启动现象;电压偏高又会缩短灯管的寿命。电炉等电热设备的发热量与电压的平方成正比,当电压偏低时,使发热量降低,从而降低生产率。用户中大量使用的异步电动机的电磁转矩与端电压平方成正比,当电压偏低时,一方面使由它带动的生产设备运行不正常,电压过低,电动机可能制动,生产设备就会停运;另一方面,电动机滑差加大,定子电流显著增加,绕组温度升高,会加速绝缘老化,影响电动机寿命,严重情况下会使电动机烧毁,电压偏高又会使绝缘受到损害。电压偏移过大,对广泛使用的电子设备的使用效率和寿命也有影响,如电视机在电压偏低时屏幕显示不稳定,电压偏高将使显像管寿命缩短,等等。

电压质量也影响电力系统自身的安全运行及经济性。电力网运行电压偏低,就会使网络的功率损耗及电能损耗增加,电压过低就可能破坏电力系统运行的稳定性,电压过高又可能使各种电气设备的绝缘受到损害,使带铁芯的设备饱和,产生谐波并引起谐振,在超高压网络中还将增加电晕损耗。

因此,无论是用户的用电设备还是电力网络都要求在正常电压下运行。然而,电力系统结构复杂,节点甚多,负荷分布不均匀且随时都在发生变化。要满足全系统各节点的电压要求,必须对电压进行调整。电力系统的电压调整,即在正常运行状态下随着负荷变动及运行方式的变化,使各节点的电压偏移值在允许范围内。

6.1.2 无功功率与电压质量的关系

正常运行状态下,电压的变化主要由负荷变动引起。现以一简单输电线路(图6.1(a))为例,介绍其负荷的有功功率及无功功率对节点电压的影响。由第3章已知,通过输电线向负荷输送功率时,在其阻抗上产生电压降。现以末端电压 $\dot{U}_2$ 为参考相量,电压降落的纵分量 $\Delta\dot{U}$ 和横分量 $\delta\dot{U}$ 示于图6.1(b)中,其大小为

$$\Delta U = \frac{PR + QX}{U_2} \qquad \delta U = \frac{PX - QR}{U_2}$$

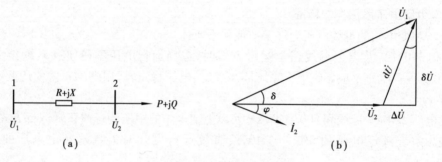

图6.1 简单输电线路
(a)等值电路;(b)相量图

则线路首端的电压 $\dot{U}_1$ 为

$$\dot{U}_1 = \dot{U}_2 + \Delta\dot{U} + j\delta\dot{U} = \dot{U}_2 + \frac{PR + QX}{\dot{U}_2} + j\frac{PX - QR}{\dot{U}_2} \qquad (6.1)$$

也可表示为
$$\dot{U}_1 = U_1(\cos\delta + j\sin\delta) = U_1\cos\delta + jU_1\sin\delta \qquad (6.2)$$

对于电压为110 kV及以上的输电线路 $R \ll X$,上式可简化为

$$U_1\cos\delta + jU_1\sin\delta = U_2 + \frac{QX}{U_2} + j\frac{PX}{U_2} \qquad (6.3)$$

即得
$$U_1\cos\delta = U_2 + \frac{QX}{U_2} \qquad (6.4a)$$

$$U_1\sin\delta = \frac{PX}{U_2} \qquad (6.4b)$$

由式(6.4b)得

$$P = \frac{U_1 U_2}{X}\sin\delta \qquad (6.5)$$

说明输电线传输的有功功率的大小和方向主要取决于两端电压的相位角,并由相位超前的一端流向滞后的一端。由式(6.4a)得

$$Q = \frac{U_2}{X}(U_1 \cos \delta - U_2) \tag{6.6}$$

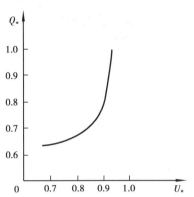

图 6.2　综合无功负荷的电压特性

一般输电线路两端电压之间相位角 δ 较小,可认为式中 $\cos \delta = 1$,这说明输电线路所传输的无功功率的大小和方向主要取决于两端电压的大小,并由电压高的一端流向电压低的一端。两端电压差值越大,流过的无功功率就越大;若两端电压值相等,线路流过的无功功率基本上为零。这时,末端负荷所需的无功功率 Q 由设在末端的无功电源来供给,如果无功功率要由输电线传送,就必须提高 U 或降低 U。倘若"提高"或"降低"某端电压使该点电压值超过允许的偏移时,就应减少线路上传输的无功功率来保证端电压偏移不超过允许值,供给末端负荷不足的无功功率只能由设在末端的无功电源来补充。这就是为满足电压要求而设置的除发电机以外的无功补偿电源,简称无功补偿。

根据电力系统综合无功负荷的无功-电压静态特性(如图 6.2 所示),负荷的无功功率又与其端电压直接相关。端电压升高,负荷的无功功率增加;端电压降低,负荷的无功功率则减少。因此,要保证电力系统在正常电压水平的前提下又保证正常运行的任何方式下供给负荷所需的无功功率,电力系统就必须具备足够的无功电源容量。换言之,电力系统在任何时刻都必须保持无功功率的平衡。

6.2　电力系统的无功功率平衡

电力系统的无功功率平衡是指在运行中的任何时刻,电源供给的无功功率与系统中需求的无功功率相平衡。同时,为了保证运行的可靠性和电能质量,以及适应负荷的发展,还必须具备一定的无功备用容量。

6.2.1　无功负荷及无功损耗

电力系统中无功功率的需求包括负荷所需的无功功率及电力网络中的无功损耗。

(1)电力系统的无功负荷

无功负荷是以滞后功率因数运行的用电设备所吸取的无功功率,其中主要是异步电动机的无功功率。电力系统的负荷包括异步电动机、同步电动机、电炉、整流设备及照明灯具等。一般系统负荷的功率因数为 0.6 ~ 0.9。当系统频率一定时,负荷功率(包括有功和无功功率)随电压而变化的关系称为负荷的静态电压特性。由于电力系统的负荷中异步电动机占较大的比重,而且异步电动机消耗无功功率较多,可以说,系统中大量的无功负荷是异步电动机,因此,电力系统综合负荷的无功-电压特性主要取决于异步电动机的特性,如图 6.2 所示。

从图 6.2 可以看出,系统综合负荷的无功-电压特性曲线的特点是:电压略低于额定值时,无功功率随电压下降较为明显;当电压下降幅度较大时,无功功率减小的程度逐渐变小。

（2）电力系统的无功损耗

电力系统中的无功损耗主要包括两部分：一是输电线路的无功损耗；二是变压器的无功损耗。

①输电线路的无功损耗。输电线路中电抗的无功损耗与传输功率的平方成正比，比线路电阻中的有功损耗大。特别是导线截面积大的线路，无功损耗比有功损耗大得多。有关计算已在第3章作了介绍。

②变压器的无功损耗。变压器的无功损耗包括激磁无功损耗和漏抗无功损耗两部分。由第3章可知，激磁无功损耗占额定容量 S_N 的百分数基本上等于空载电流百分数 $I_0\%$，为1%～2%；漏抗的无功损耗在变压器额定负荷时，占 S_N 的百分数与短路电压百分数 $u_k\%$ 大约相等，约为10%。

电力系统的无功损耗很大。由发电厂到用户，中间要经过多级变压，虽然每级变压器的无功损耗只为每台变压器容量的百分之十几，但多级变压的电力系统中无功损耗总和就相当可观，无功损耗可达用户无功负荷的50%～70%。此外，输电线上还有较大的无功损耗。若只有发电厂的发电机作为无功电源来供给，是不能保证电力系统无功功率平衡的。所以，一般电力系统都须设置其他无功电源进行无功补偿。

6.2.2 无功功率电源

电力系统的无功电源有：同步发电机，同步调相机，静电电容器，静止补偿器及输电线路的充电功率等。

同步发电机是电力系统唯一的有功功率电源，同时也是重要的无功功率电源。

同步调相机实质上是空载运行的同步电动机，或者说是只能发无功功率的发电机。它的运行方式为过励运行和欠励运行两种，过励运行时向系统提供无功功率；欠励运行时从系统吸取无功功率。因此，借助自动调节励磁装置改变调相机的励磁就可以平滑地改变它的无功功率大小及方向，从而平滑地调节所在地区的电压。当系统电压降低时，电动机过励运行可增加输出无功维持系统电压，特别是有强行励磁装置时，在系统故障情况下也能调整系统电压，提高系统运行的稳定性。在超高压系统轻载运行时，系统电压偏高，欠励运行吸取系统过剩的无功功率使系统电压维持正常。欠励运行时，调相机的容量一般为过励运行时容量的50%～60%。

并联电容器只能向系统供给无功功率。所供无功功率的大小与所在节点的电压平方成正比，即

$$Q_C = \frac{U^2}{X_C} \tag{6.7}$$

式中　X_C——电容器的容抗，Ω；

　　　U——所在节点的线电压，kV。

在系统发生故障或其他原因而使电压下降时，电容器供给系统的无功功率反而减少，将导致系统电压继续下降，这是电容器在调压特性上的缺点。为改变其负荷调节特性，使用时可将多个电容器连接成组，按需要成组地投入或切除，使它的容量可调整变化。尽管电容器不能做到平滑地调整电压，但由于它有功功率损耗小（为额定容量的0.3%～0.5%），单位容量投资费用较小，既可集中又可分散地灵活使用，还可随意拆迁，从而可在靠近负荷中心处安装，以减少线路上的功率损耗及电压损耗，因此，电容器作为无功补偿电源在国内外都得到了广泛

采用。

静止补偿器是近年来开始在生产实际中采用而后发展较快的一种无功补偿装置,它由可变电抗器与电容器并联组成。它可以按照负荷的变化调节输出无功功率的大小和方向,调节性能也好,国外已广泛使用,我国也开始试用并取得了较好的效果。

输电线路的充电功率属于容性,一般只计算电压为 110 kV 及以上电力线路的充电功率。

6.2.3　无功功率的平衡

所谓无功功率的平衡,就是要使系统的无功电源所发出的无功功率与系统的无功负荷及网络中无功损耗相平衡。用公式表示为

$$\sum Q_G = \sum Q_L + \sum \Delta Q_L \tag{6.8}$$

式中　$\sum Q_G$——系统中所有无功电源发出的无功功率;

　　　$\sum Q_L$——系统中所有负荷需要的无功功率;

　　　$\sum \Delta Q_L$——网络中无功损耗。

进行无功功率平衡计算的前提是系统的电压水平正常,即维持在额定电压 U_N 水平上。若不能在正常电压水平下保证无功功率的平衡,系统的电压质量就不能保证。电力系统的无功功率应按最大无功负荷的运行方式进行计算,必要时还应校验某些设备检修时或故障运行方式下的无功功率平衡。

和有功功率一样,系统中也应保持一定的无功功率备用,否则负荷增大时,电压质量仍无法保证。这个无功功率备用容量一般可取最大无功功率负荷的 7%~8%。

6.3　电力系统的电压管理

6.3.1　中枢点的电压管理

电力系统进行调压的目的就是要采取各种措施,使用户处的电压偏移保持在规定的范围内。但由于电力系统结构复杂,负荷极多,不可能对每个用电设备电压都进行监视和调整。因此,电力系统电压的监视和调整通常只选择一些关键性的母线(节点)来完成。

这些关键性的母线称为电压中枢点,只要能控制电压中枢点的电压,就可以控制系统中大部分负荷的电压偏移。于是,电力系统电压调整问题就转变为保证中枢点的电压偏移不超出给定范围的问题。

（1）电压中枢点的选择

电压中枢点一般选择区域性水、火电厂的高压母线,枢纽变电所二次母线,有大量地方负荷的发电厂母线,城市直降变电所的二次母线。

中枢点设置的数量应不少于全网 220 kV 及以上电压等级变电所总数的 7%。

（2）中枢点的调压方式

中枢点的调压方式分为逆调压、顺调压和恒调压 3 类。

1)逆调压

若中枢点电压供电至各负荷点的线路较长、各负荷的变化规律大致相同且各负荷的变动较大（即最大负荷与最小负荷差距较大），则在最大负荷时要提高中枢点电压，以补偿线路上因最大负荷而增大的电压损耗。在最小负荷时，则要将电压中枢点电压降低，以防止负荷点的电压过高。这种中枢点的调压方式称为"逆调压"。一般采用"逆调压"方式的中枢点，在最大负荷时保持电压比线路额定电压高5%；在最小负荷时，电压则下降至线路的额定电压。此种方式大多能满足用户要求，故一般应采用此种方法。

2)顺调压

如果负荷变动甚小，线路电压损耗小，或用户处于允许电压偏移较大的农业电网，则可采用"顺调压"方式，即在最大负荷时允许中枢点电压低一些（但不得低于线路额定电压的102.5%），在最小负荷时允许中枢点电压高一些（但不得高于线路额定电压的107.5%）。在无功调整手段不足时，可以采用这种方式。

3)恒调压

如果负荷变动较小，线路电压损耗也较小，这种情况只需把中枢点电压保持在比线路额定电压高2%~5%的数值，不必随负荷变化来调整中枢点的电压仍可保证负荷点的电压质量。这种调压方式称为"恒调压"或"常调压"。

6.3.2　电压调整的基本原理

拥有较充足的无功功率电源是保证电力系统有较好的运行电压水平的必要条件，但是，要使所有用户的电压质量都符合要求，还必须采用各种调压手段。现以图6.3所示简单电力系统为例，说明常用的各种调压措施所依据的基本原理。

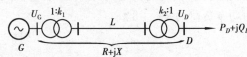

图6.3　简单电力系统

为简便起见，略去电力线路的电容功率，变压器的励磁功率和网络的功率损耗。变压器参数已归算到高压侧。负荷节点 D 的电压为

$$U_D = (U_G k_1 - \Delta U)\frac{1}{k_2} = \left(U_G k_1 - \frac{P_D R + Q_D X}{U_N}\right)\frac{1}{k_2} \tag{6.9}$$

由式(6.9)可见，为了调整用户端电压，可以采用以下措施：

①改变发电机端电压 U_G 调压；

②改变变压器变比 k_1、k_2 调压；

③改善网络参数 R 和 X 调压；

④改变电网无功功率 Q 的分布调压。

6.4　电力系统的几种主要调压措施

6.4.1　改变发电机端电压调压

发电机的电压调整是借助于调整发电机的励磁电压，以改变发电机转子绕组的励磁电流，

从而改变发电机定子端电压。这种调压手段是一种不需要耗费投资,且是最直接的调压方法,应首先考虑采用。

现代同步发电机在端电压偏离额定值不超过 ±5% 范围内,均能够以额定功率运行。

6.4.2　改变变压器变比调压

变压器分接头调压不能增减系统的无功,它只能改变无功分布。因此,在整个系统普遍缺少无功的情况下,不能用改变分接头的办法来提高所有用户的电压水平。

为了调整电压,双绕组变压器的高压绕组和三绕组的高、中压绕组均备有若干分接头供选择使用。其中,普通变压器(又称无励磁调压变压器)只能在停电的情况下改变分接头,因此,每一台变压器必须事先选好一个合适的分接头,这样在运行中出现最大负荷与最小负荷时,电压偏移都不会超出允许范围。

下面分别讨论各类变压器分接头的选择。

(1)双绕组降压变压器

如图 6.4 所示为一降压变压器,H 为高压侧、d 为低压侧。变压器的实际变比为

$$k = \frac{U_H - \Delta U_t}{U_d} = \frac{U_{tH}}{U_{NL}} \tag{6.10}$$

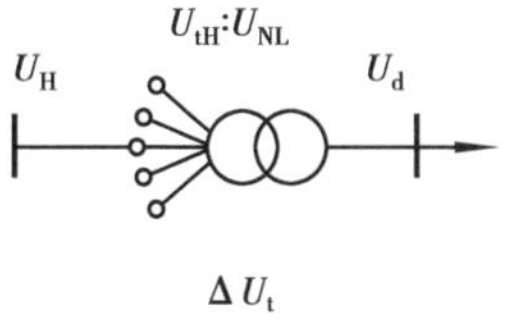

(a)原理图 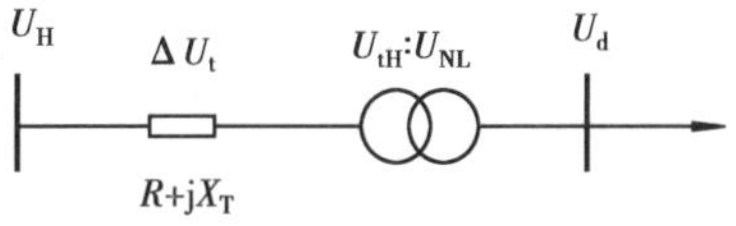　　　　　　　　　　**(b)等值电路图**

图 6.4　降压变压器分接头选择

由此可计算,在最大、最小负荷时高压侧分接头电压分别为

$$U_{tM} = (U_{HM} - \Delta U_{tM}) \frac{U_{NL}}{U_{dM}} \tag{6.11}$$

$$U_{tm} = (U_{Hm} - \Delta U_{tm}) \frac{U_{NL}}{U_{dm}} \tag{6.12}$$

公式中各量的物理意义如表 6.1 所示。

表 6.1

	最大负荷	最小负荷
高压侧实际电压值	U_{HM}	U_{Hm}
高压侧分接头电压计算值	U_{tM}	U_{tm}
高压侧分接头电压标准值	$U_{NH}(1 \pm n \times 2.5\%)$	
低压侧期望电压值	U_{dM}	U_{dm}
低压侧额定电压值	U_{NL}	
变压器电压损耗值(归算至高压侧)	ΔU_{tM}	ΔU_{tm}

由于普通变压器不能带电切换,分接头电压应取其平均值

$$U_t = \frac{1}{2}(U_{tM} + U_{tm}) \tag{6.13}$$

但计算值不一定正好是变压器的实际分接头电压,只能选一个最接近的分接头 U_{tH}。选定之后,还要进行校验,看变压器电压侧的电压在运行中是否符合要求。

在最大负荷时变压器低压侧实际电压

$$U_{LM} = (U_{HM} - \Delta U_{tM}) \frac{U_{NL}}{U_{tH}}$$

在最小负荷时变压器低压侧实际电压

$$U_{Lm} = (U_{Hm} - \Delta U_{tm}) \frac{U_{NL}}{U_{tH}}$$

因为此时低压侧通常为电压中枢点,所以需要校验变压器低压侧电压偏移的百分数。在最大、最小负荷时,其电压偏移的百分数为

$$m_{max}\% = \frac{U_{LM} - U_N}{U_N} \times 100$$

$$m_{min}\% = \frac{U_{Lm} - U_N}{U_N} \times 100$$

校验结果如满足要求,则所选变压器分接头合理;如不满足要求,需再另选一个接近的分接头,再进行校验。

(2)**双绕组升压变压器**

升压变压器分接头选择如图6.5所示。与降压变压器的计算方法相同,只是因功率是从低压侧流向高压侧,所以公式中的电压损耗和高压侧实际电压相加,为低压侧归算至高压侧电压。变压器实际变比为

$$k = \frac{U_H + \Delta U_t}{U_G} = \frac{U_{tH}}{U_{NG}} \tag{6.14}$$

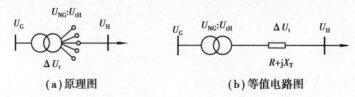

(a)原理图　　　　　　**(b)等值电路图**

图6.5　升压变压器分接头选择

在最大、最小负荷时,高压侧分接头电压分别为

$$U_{tM} = (U_{HM} + \Delta U_{tM}) \frac{U_{NG}}{U_{GM}} \tag{6.15}$$

$$U_{tm} = (U_{Hm} + \Delta U_{tm}) \frac{U_{NG}}{U_{Gm}} \tag{6.16}$$

通常,发电机出口的升压变压器不采用有载变压器,故分接头电压应取其平均值

$$U_t = \frac{1}{2}(U_{tM} + U_{tm}) \tag{6.17}$$

上面3式中各量的物理意义可参照表6.1。其余计算与降压变压器分接头选择相似。

【例6.1】　某降压变电所装设一台容量为 $S_N = 20$ MVA、电压为110/11 kV 的变压器及其等值电路。要求变压器低压侧满足顺调压要求,最大负荷为 18 MV·A,最小负荷为 7 MV·A, $\cos\varphi = 0.8$,变压器高压侧的电压在任何运行情况下均维持 107.5 kV,变压器参数为 $u_k\% = 10.5, p_k = 163$ kW,励磁影响不计,试选择变压器的分接头。

解　变压器的电阻和电抗

$$R_T = \frac{p_k U_N^2}{S_N^2} = \frac{163 \times 10^{-3} \times 110^2}{20^2}\ \Omega = 4.93\ \Omega$$

$$X_T = \frac{u_k\% U_N^2}{100 S_N} = \frac{10.5 \times 110^2}{100 \times 20}\ \Omega = 63.5\ \Omega$$

末端最大、最小负荷为

$$\tilde{S}_{max} = 18(\cos\varphi + j\sin\varphi) = [18 \times (0.8 + j0.6)]\text{MVA} = (14.4 + j10.8)\text{MV·A}$$

$$\tilde{S}_{min} = 7(\cos\varphi + j\sin\varphi) = [7 \times (0.8 + j0.6)]\text{MVA} = (5.6 + j4.2)\text{MV·A}$$

变压器最大、最小负荷时的电压损耗为

$$\Delta U_{tM} = \frac{P_{max}R_T + Q_{max}X_T}{U_N} = \frac{14.4 \times 4.93 + 10.8 \times 63.5}{110}\ \text{kV} = 6.88\ \text{kV}$$

$$\Delta U_{tm} = \frac{P_{min}R_T + Q_{min}X_T}{U_N} = \frac{5.6 \times 4.93 + 4.2 \times 63.5}{110}\ \text{kV} = 2.7\ \text{kV}$$

按式(6.11)、式(6.12)计算变压器在最大、最小负荷时高压侧分接头电压,得

$$U_{tM} = (U_{HM} - \Delta U_{tM})\frac{U_{NL}}{U_{dM}} = \left[(107.5 - 6.88) \times \frac{11}{10 \times 1.025}\right]\text{kV} = 107.98\ \text{kV}$$

$$U_{tm} = (U_{Hm} - \Delta U_{tm})\frac{U_{NL}}{U_{dm}} = \left[(107.5 - 2.7) \times \frac{11}{10 \times 1.075}\right]\text{kV} = 107.23\ \text{kV}$$

按(6.13)得

$$U_t = \frac{1}{2}(U_{tM} + U_{tm}) = \left[\frac{1}{2} \times (107.98 + 107.23)\right]\text{kV} = 107.6\ \text{kV}$$

故选择分接头电压为　　$110\ \text{kV} \times (1 - 2.5\%) = 107.25\ \text{kV}$

校验　计算低压母线电压:

最大负荷时　　　　$\left[(107.5 - 6.88) \times \frac{11}{107.25}\right]\text{kV} = 10.32\ \text{kV}$

最小负荷时　　　　$\left[(107.5 - 2.7) \times \frac{11}{107.25}\right]\text{kV} = 10.74\ \text{kV}$

计算电压偏移

$$m_{max}\% = \frac{U_{LM} - U_N}{U_N} \times 100 = \frac{10.32 - 10}{10} \times 100 = 3.2 > 2.5$$

$$m_{min}\% = \frac{U_{Lm} - U_N}{U_N} \times 100 = \frac{10.74 - 10}{10} \times 100 = 7.4 < 7.5$$

由此可见,电压偏移值符合顺调压要求,所选分接头合理。

(3)三绕组变压器

三绕组变压器的高、中绕组带有分接头可供选择,低压绕组没有分接头。上述双绕组变压

器的分接头选择公式也适用于三绕组变压器。这时对高压和中压绕组的分接头须经过两次计算来逐个选择。但三绕组变压器在网络中所接电源情况不同,其具体选择方法也有所不同。如,高压侧有电源的三绕组变压器,在选择其分接头时,可首先根据低压母线对调压的要求选择高压绕组的分接头,然后再根据中压侧所要求的电压和选定的高压绕组的分接头电压来确定中压绕组的分接头。又如,低压侧有电源的三绕组升压变压器,其他两侧分接头可以根据其电压和电源侧电压的情况分别进行选择,而不必考虑它们之间的影响,视为两台双绕组变压器进行分接头选择即可。

(4)有载调压变压器

虽然整个电力系统的无功功率能够平衡或有剩余,但系统负荷或电源联络线上的功率大小、方向变化很大时,仅用普通变压器调压是保证不了电压质量的。此时就应当采用有载调压变压器来进行调压。所谓有载调压变压器,就是能够在带负荷的条件下改变分接头的变压器。它的分接头个数较多,调压范围也比较大,一般在 15% 以上。目前我国暂定 110 kV 的有载变压器有 7 个分接头,即 $U_N \pm 3 \times 2.5\%$;220 kV 的有载变压器有 9 个分接头,即 $U_N \pm 4 \times 2.5\%$。采用有载调压变压器时可根据最大、最小负荷时的电压要求分别计算选择分接头。

图 6.6 为内部具有调压绕组的调压变压器,它的主绕组上连接一个具有若干分接头的调压绕组,依靠特殊的切换装置可以在负荷电流下改换分接头。切换装置有两个可动触头,改变分接头时,先将一个可动触头移动到所选定的分接头上,然后再把另一个可动触头也移到该分接头上。这样,在分接头切换过程中才不致使变压器开路。为了防止可动触头在切换过程中产生电弧,使变压器绝缘油老化,在可动触头 K_a、K_b 的前面接入两个接触器 J_a、J_b,它们是放在单独的油箱里的。当变压器需要从一个分接头(例如分接头 2)切换到另一个分接头上(例如分接头 1)时,首先断开接触器 J_a,将可动触头 K_a 切换到另一个分接头上,然后再将接触器 J_a 接通;接着断开接触器 J_b,将可动触头 K_b 切换到另一个分接头上,又再将接触器 J_b 接通,这样就使两个可动触头都移到另一分接头了。切换装置中的 DK 是为了切换过程中两个可动触头在不同的分接头上时限制两个分接头间的短路电流用的。正常运行时,变压器的负荷电流是经电抗器的绕组 a、b 两点流向 o 点,因为电流所产生的磁动势互相抵消,所以电抗器的电抗非常小。对 110 kV 及以上电压等级的变压器,一般将调压绕组放在变压器中性点侧。而 110 kV 及以上电压等级的电力网,变压器的中性点是接地的,中性点侧电压很低,所以调节装置的绝缘比较容易解决。

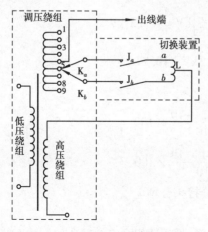

图 6.6 有载调压变压器接线图

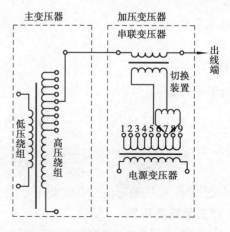

图 6.7 加压调压变压器接线图

图 6.7 是加压调压变压器的接线图。图中的加压调压器由两部分组成:电源变压器和加压绕组。加压绕组是串联在主变压器的引出线上的。当电源变压器采用不同的分接头时,在加压绕组中产生大小不同的电动势,以此来改变线路上的电压。

串联在线路上的加压绕组中的附加电动势可以和线路上的电压方向一致或有一定的相位差。通常把能供给与线路电压同相位电动势的变压器称为有纵向调节的调压变压器;把能供给与线路电压有 90°相位差电动势的变压器称为有横向调节的调压变压器;把能供给与线路电压有不等于 90°相位差电动势的变压器称为混合型调压变压器。

纵向调压变压器只能改变电压的大小,不能改变电压的相位,调压前后相位一致;横向调压变压器只能改变电压的相位,电压幅值改变甚小,调压后与调压前相比,电压滞后一个角度;混合型调压变压器既能改变电压幅值,又能改变电压相位,调节后电压大小相位都发生了变化。

6.4.3　其他调压措施

(1)串联电容补偿调压

串联电容补偿调压通常用在供电电压为 35 kV 及以下的线路上,主要用在负荷波动大、负荷功率因数又很低的配电线路上。串联电容补偿不仅能提高电压,而且其调压效果能够随负荷的大小而改变,即负荷大时调压效果大,负荷小时调压效果小。必须指出,在超高压输电线路上串联补偿电容,其主要目的是为了改变线路参数,提高输电容量及系统稳定性,而不是为了调压。

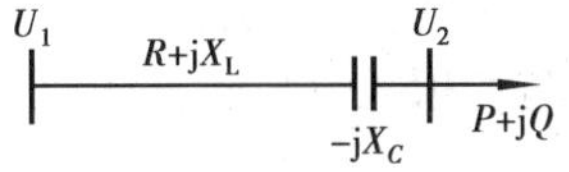

图 6.8　串联电容器补偿

如图 6.8 所示为一条架空输电线路,未串联电容器时的电压损耗为

$$\Delta U = \frac{PR + QX_L}{U_2}$$

串联电容器后,则有

$$\Delta U' = \frac{PR + Q(X - X_C)}{U_{2C}}$$

可见,串联电容器后,电力线路电压损耗减少了,从而提高了末端电压,提高的数值为两者之差,即

$$\Delta\Delta U = \Delta U - \Delta U' = \frac{PR + QX_L}{U_2} - \frac{PR + Q(X_L - X_C)}{U_{2C}} \approx \frac{QX_C}{U_N} \tag{6.18}$$

式中　U_2, U_{2C}——串联电容器前、后线路末端电压,可近似认为它们都等于线路额定电压 U_N,
　　　　则可得串联电容器容抗大小为

$$X_C = \frac{(\Delta U - \Delta U') U_N}{Q} \tag{6.19}$$

串联电容器设置地点与负荷分布和电源分布有关。其一般原则是应使沿电力线路电压分布尽可能均匀,而且各负荷点电压都在允许范围内。根据这一原则,当负荷集中在电力线路末端时,串联电容器应装设在末端,以避免装在始端时引起送端电压过高及通过电容器的短路电流增大;沿电力线路有若干个负荷时,可将串联电容器装设在距送电端 1/3 处。

补偿所需的容抗值 X_C 和被补偿电力线路原来的感抗值 X_L 之比,称为补偿度 k_C,即 $k_C = X_C/X_L$。在配电网络中以调压为目的的串联补偿,其补偿度常接近于 1 或大于 1,一般为 1~4。

(2)并联电容补偿调压

上述调压方法,基本上都是用改变无功功率的重新分布或改变线路电抗的方法来达到调压的目的,无功电源基本是不增加的,因此只有在整个系统不缺无功电源时才能采用。当整个系统无功电源不足时,就应当用增加无功电源的办法调压,并联电容补偿就是目前最广泛的一种调压方式。

并联电容补偿调压,是通过在负荷侧安装并联电容器来提高负荷的功率因数,以便减少通过输电线路上的无功功率来达到调压目的,如图 6.9 所示。如果忽略电力线路上的充电功率及变压器的空载损耗,并忽略电压降落的横分量,则当变电所没有无功补偿时,有

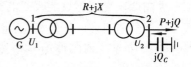

图 6.9　并联电容补偿

$$U_2 = U_1 - \frac{PR + QX}{U_N}$$

当变电所低压侧装设了无功补偿后,则

$$U_2' = U_1 - \frac{PR + (Q - Q_C)X}{U_N}$$

两式相减,得

$$U_2' - U_2 = \frac{Q_C X}{U_N} \tag{6.20}$$

在已知 U_2、U_2' 的情况下,就可以求出装设的无功补偿容量 Q_C,即

$$Q_C = \frac{U_N}{X}(U_2' - U_2) \tag{6.21}$$

由于并联电容器容量与电压平方成正比($Q_C = U_2'^2/X_C$),因此当系统电压下降时,调压效果显著下降,当系统电压上升时,调压效果显著增大。

(3)同步调相机调压

调相机实质上是空载运行的同步电动机,它可以供给系统无功功率,也可以从系统吸收其额定容量 50%~60% 的无功功率。当系统无功出力不足、电压突然下降时,调相机可以借助励磁调节作用增加对系统的无功功率输出。反之可以减少励磁,从系统吸收无功功率,能自动地维持系统电压,改善系统潮流分布,降低电能损耗。

(4)改变变压器运行台数调压

如果在变电所中有几台同容量的变压器并列运行,则变更并列运行变压器的台数也可以收到调压效果。曾经在一个有两台同容量的变电所,在每日 22:00 至次日 8:00 之间切除一台变压器以降低二次母线电压。经过试验及长期实践,证明这种方法不仅起到了调压作用,而且在经济上还降低了损耗。

(5)超高压并联电抗器调压

在第 2 章中已经计算过,超高压(330 kV 及以上)输电线路的充电功率与线路电压的平方成正比($Q_C = BU_N^2$),且超高压输电线路通常很长,所以充电功率非常大,给系统调相调压带来

极大困难。超高压并联电抗器接在超高压系统线路两端或中间,有改善电力系统无功功率有关运行状况的多种功能。

超高压并联电抗器的主要作用有:

①减轻空载或轻载线路上的电容效应,以降低工频暂态过电压;

②改善长输电线路上的电压分布;

③使轻负荷时线路中的无功功率分布尽可能就地平衡,防止无功功率不合理流动,同时也降低了线路上的功率损失。

习　题

1. 填空题

(1)电力系统的无功电源除了发电机,还有各种类型的_____装置。

(2)输电线路两端电压差值越大,则流过的无功功率也就越____(填"大"或"小")。

(3)电力系统的无功平衡是指各种无功电源供给的无功功率要与_____和_____相平衡。同时,为了保证运行的可靠性和电能质量,以及适应负荷的发展,还必须具备一定的_____。

(4)电力系统中的无功损耗主要包括_____的无功损耗和_____的无功损耗。

(5)电力系统的无功电源有_____、_____、_____、_____和_____等。

(6)电力系统电压的监视和调整通常只选择一些关键性的母线(节点)来完成,这些关键性的母线称为_____。

(7)中枢点的调压方式分为_____、_____和_____三类。

(8)在整个电力系统普遍缺少无功的情况下,_____(填"能"或"不能")采用改变变压器分接头的方法提高所有用户的电压水平。

(9)在负荷水平较低时,应_____(填"增加"或"减少")并联运行的变压器台数,以_____(填"升高"或"降低")二次母线电压。

(10)如图6.10所示,$\dot{U}_A$、$\dot{U}_B$分别为线路AB两端的电压相量,由此可知:线路中有功功率的流向为_____;感性无功功率的流向为_____。

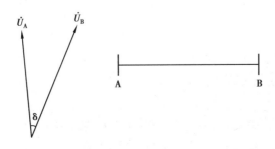

图6.10

(11)电力系统中某两个相邻节点 a、b 的电压分别为 $\dot{U}_a = 228\angle 2°\ \text{kV}$，$\dot{U}_b = 219\angle 5°\ \text{kV}$，这两个节点之间，$P$ 的流向为_____，感性无功 Q 的流向为_____。

2. 选择题

(1)关于输电线路上有功功率和无功功率的传输方向，下列说法正确的是(　　)。

A.有功功率从电压相角超前的一端流向电压相角滞后的一端，无功功率从电压幅值较大的一端流向电压幅值较小的一端

B.有功功率从电压相角滞后的一端流向电压相角超前的一端，无功功率从电压幅值较小的一端流向电压幅值较大的一端

C.有功功率从电压幅值较大的一端流向电压幅值较小的一端，无功功率从电压相角超前的一端流向电压相角滞后的一端

D.有功功率从电压幅值较小的一端流向电压幅值较大的一端，无功功率从电压相角滞后的一端流向电压相角超前的一端

(2)中枢点的三种调压方式中，实现难度最大的是(　　)。

A.顺调压　　　B.逆调压　　　C.恒调压　　　D.无法判断

(3)当整个系统缺乏无功电源时，可采取以下哪些调压措施(　　)。

①改变变压器变比调压　　　②串联电容补偿调压
③并联电容补偿调压　　　④同步调相机调压

A.①②　　　B.②③　　　C.③④　　　D.②③④

(4)为了保证用户电压质量，系统必须保证有足够的(　　)。

A.有功容量　B.电压　　　C.无功容量　D.电流

3. 简答题

(1)电力系统的电压调整和频率调整有何不同之处？

(2)举例说明电力系统的电压偏高和偏低分别有哪些危害。

(3)并联电容器作为电力系统的无功电源有哪些优缺点？

(4)中枢点的三种调压方式分别适用于哪些场合？对电压的要求分别是怎样的？

(5)图6.11所示的简单电力系统中，为调整用户端电压，可采取哪些措施(结合公式说明)？

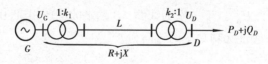

图6.11

(6)电力系统的调压措施有哪些？

(7)超高压并联电抗器有哪些作用？

4. 计算题

(1)如图6.12所示，某水电厂通过 SFL1-40000/110 型变压器与系统相连，最大负荷与最小负荷时高压母线的电压分别为 112.09 kV 及 115.45 kV，要求最大负荷时低压母线的电压不低于 10 kV，最小负荷时低压母线的电压不高于 11 kV，试选择变压器分接头。

(2)如图 6.13 所示降压变压器,其归算至高压侧的参数为:$R_T + jX_T = (2.44 + j40)\ \Omega$,在最大负荷及最小负荷时通过变压器的功率分别为 $\tilde{S}_{max} = (28 + j14)$ MV · A,$\tilde{S}_{min} = (10 + j16)$ MV · A。最大负荷时高压侧的电压为 113 kV,而此时低压侧允许电压不小于 6 kV;最小负荷时高压侧电压为 115 kV,而此时低压侧允许电压不大于 6.6 kV。试选择此变压器的分接头。

(3)某变电站装设一台双绕组变压器,型号为 SFL-31500/110,变比为(110 ±8 ×1.25%/38.5)kV,空载损耗 p_0 =86 kW,短路损耗 p_k = 200 kW,短路电压百分值 $u_k\%$ =10.5,空载电流百分值 $I_0\%$ =2.7。变压器低压侧所带负荷为 $\tilde{S}_{max} = (20 + j10)$ MV · A,$\tilde{S}_{min} = (10 + j7)$ MV · A,高压母线电压最大负荷时为 102 kV,最小负荷时为 105 kV,低压母线要求逆调压,试选择变压器分接头电压。

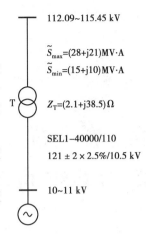

112.09~115.45 kV
$\tilde{S}_{max}$=(28+j21)MV·A
$\tilde{S}_{min}$=(15+j10)MV·A
T
Z_T=(2.1+j38.5)Ω
SEL1–40000/110
121 ± 2 × 2.5%/10.5 kV
10~11 kV

图 6.12

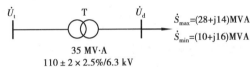

$\dot{U}_t$
T
$\dot{U}_d$
$\dot{S}_{max}$=(28+j14)MVA
$\dot{S}_{min}$=(10+j16)MVA
35 MV·A
110 ± 2 × 2.5%/6.3 kV

图 6.13

第 **7** 章

电力系统的经济运行

☞ **知识能力目标**

理解发电的经济性(耗量特性、等耗量微增率)概念;能解决输电的经济性(电能损耗、降损的措施、导线截面的选择)问题;能提出用电的经济性(用户无功补偿、电动机的容量配合)方案。

📢 **重点、难点**

* 等耗量微增率准则运用;
* 电能损耗计算;
* 降低网损的措施。

电力系统经济运行的基本要求是:在保证电力系统运行安全可靠及电能质量符合要求的前提下,尽可能地降低一次能源的消耗以及提高电能输送效率,以降低供电成本。

7.1 概 述

电力系统经济运行的主要内容有:合理分配各发电厂的有功功率负荷,在整个系统发电量一定的条件下,使系统的一次能源消耗最小;合理配置无功功率电源,改进电网的结构和参数,组织变压器的经济运行,以降低电力网的电能损耗;合理选择导线截面积等。

电力系统的经济运行对国民经济的影响是很明显的。如前所述,电力系统中一次能源的耗量和电力网络中的电能损耗,是反映电力系统运行经济性的两个主要方面,常简称为"煤耗"和"网损"。

提高电力系统运行经济性须从规划设计及运行两方面着手进行。首先,在规划设计中,应采用高效率的发电设备,合理配置网络的电压等级,选择满足技术要求且经济性能优越的接线方案,以及选用经济的导线截面等。在系统运行中,调度部门应按经济原则制订运行方式,在各发电厂之间合理分配有功功率负荷以使全系统一次能源耗量最少;采取合理配置无功电源及其他各种技术措施降低网络中电能损耗;此外,还须提高用户对节约用电、降低产品耗电量与自身经济效益相关的认识,并制定相应的政策,鼓励用户节约用电。由此可见,电力系统运行的经济性涉及电能的生产、输送和消费全过程。

下面主要从运行角度讨论减少系统煤耗及降低网损两方面的问题,将简要地介绍使电力系统煤耗最少的有功功率负荷的经济分配;电能损耗的计算;降低电能损耗的各种技术措施及导线经济截面的选择。

7.2　有功功率负荷的经济分配

发电机组消耗的一次能源主要取决于发电机组发出的有功功率,而各发电机组发出的有功功率又由调度部门将预计的系统有功功率负荷在它们之间作最优分配。在满足安全和电能质量的前提下,合理利用能源和设备,以最低的发电成本或燃料费用保证对用户可靠地供电,即称为有功功率的经济分配,也称为电力系统的经济调度。

7.2.1　电力系统经济调度的发展

电力系统经济调度的发展可划分为两个阶段:20 世纪 60 年代以前为经典经济调度,60 年代以后为现代经济调度。

水火电联合调度也是最早提出的经济调度问题之一,20 世纪 50 年代初提出定水头水电站的水火电协调方程式,50 年代末期进一步提出了变水头水电站的水火电协调方程式。等微增率、发电输电协调(网损修正)和水火电协调奠定了经济调度的理论与实践的基础,但由于当时受计算工具的限制难以考虑网络上的安全限制,这一时期称为经典经济调度阶段。

现代经济调度最有代表性的是 20 世纪 60 年代初期提出的最优潮流,它有两个概念性发展,即统一考虑经济性与安全性的调度和统一考虑有功功率与无功功率的调度。动态规划在 20 世纪 60 年代初期推动了水火电经济调度的进展,在 60 年代中期较好地解决了机组经济组合的理论与实用问题。70 年代大系统分解协调理论进一步完善了水火电调度理论。80 年代初期采用网络流规划在解决变水头、梯级和抽水蓄能电站的优化调度问题中,显示出很大的优越性。80 年代末电力系统经济调度,可归纳为经济调度模型、短期调度计划、长期运行计划和实时发电控制 4 个方面。经济调度模型将电力系统经济特性和安全特性转化为数学表达式。根据系统发电与输电设备、负荷、来水和燃料情况预测,编制设备检修和资源利用计划,使计划周期内总发电成本降至最低。实时发电控制按秒或分控制各机组出力和联络线功率,考虑系统运行的安全、质量和经济性(包括机组升降出力速度限制)。

电力系统经济调度内容已归入到能量管理系统之中,其应用过程是先建立数据库,再由长期至短期实施计划、调度和控制。

下面仅介绍理论完善的等微增率准则及其在有功功率分配中的应用。

7.2.2　耗量特性

研究有功功率负荷在发电机组间进行经济分配的问题,必须先明确发电机组单位时间内消耗的能源与所发有功功率的关系,即发电机组(或发电厂)单位时间输入能量与输出功率的关系,即称耗量特性,如图7.1所示。图中纵坐标为单位时间内消耗的燃料 F,即每小时多少吨标准煤;或单位时间内消耗的水量 W,即每小时多少立方米水。横坐标则是发电机组(或发电厂)的输出。整个火电厂的耗量特性如图7.1所示,其横坐标为电功率(MW),纵坐标为燃料(t 标准煤/h)。水电厂耗量特性曲线的形状也大致如此,但其输入是水(m³/h)。为便于分析,假定耗量特性连续可导(实际的特性并不都是这样)。耗量特性曲线上某点的纵坐标和横坐标之比,即输入与输出之比称为比耗量 μ。

$$\mu = \frac{F}{P} \tag{7.1}$$

其倒数 $\eta = \frac{P}{F}$ 表示发电厂的效率。耗量特性曲线上某点切线的斜率称为该点的耗量微增率 λ,

$$\lambda = \frac{\mathrm{d}F}{\mathrm{d}P} \tag{7.2}$$

它表示在该点运行时输入增量与输出增量之比。以输出电功率为横坐标的效率曲线和微增率曲线示于图7.2。

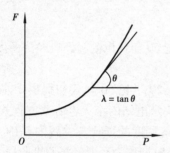

图 7.1　耗量特性曲线

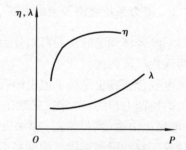

图 7.2　效率曲线和微增率曲线

7.2.3　等微增率准则

电力系统经济运行又称经济调度,属最优化问题,在数学上可表示为在等约束条件

$$h(x,u,d) = 0 \tag{7.3}$$

和不等约束条件

$$g(x,u,d) \leqslant 0 \tag{7.4}$$

限制下,使目标函数

$$F = F(x,u,d) \tag{7.5}$$

达到最小值。式中,x 为状态变量;u 为控制变量;d 为扰动变量。

针对我们讨论的经济功率分布问题,等约束条件就是电力系统的功率平衡方程式,不等约束条件一般是指发电机出力和各节点电压的幅值不超过规定值的上下限等。目标函数则是发电机的耗量最小。

现以并联运行的 n 台机组间的负荷分配为例,说明等微增率准则的基本概念。

已知 n 台机组的耗量特性 $F_1(P_1)$,$F_2(P_2)$,$\cdots$,$F_n(P_n)$ 和总的负荷功率 P_h。假定各台机组燃料消耗量和输出功率都不受限制,要求确定负荷功率在两台机组间的分配,使总的燃料消耗为最小,也就是说,要在满足等式约束

$$P_1 + P_2 + P_3 + \cdots + P_n = P_h \tag{7.6}$$

的条件下,使目标函数

$$F = F_1(P_1) + F_2(P_2) + F_3(P_3) + \cdots + F_n(P_n) \tag{7.7}$$

为最小。

由于耗量特性曲线为下凸曲线,其极值即为最小值。由相关数学推导可知,其极值出现条件为

$$\lambda = \frac{\mathrm{d}F_1}{\mathrm{d}P_1} = \frac{\mathrm{d}F_2}{\mathrm{d}P_2} = \cdots = \frac{\mathrm{d}F_n}{\mathrm{d}P_n} \tag{7.8}$$

该条件表明:按各机组微增率 $\lambda_i = \dfrac{\mathrm{d}F_i}{\mathrm{d}P_i}$ 相等的原则分配发电机出力,能源消耗最小,故称为等微增率准则。

倘若已知发电机的耗量特性的解析式,机组间的最优功率分配就可通过数学的方法求解。

【例 7.1】 已知某火电厂有两台机组,其耗量特性分别为

$$F_1 = 0.01P_1^2 + 1.2P_1 + 20$$
$$F_2 = 0.016P_2^2 + 1.5P_2 + 8$$

每台机组的额定容量均为 100 MW,当按额定容量发电时,耗煤量分别为 $F_1 = 240$ t/h, $F_2 = 318$ t/h。

① 求发电厂负荷为 130 MW 时,两机应如何经济地分配负荷;

② 已知两机组使用煤的价格相等,试比较此时平均分配负荷(即按电能成本)与经济分配负荷的差异;

③ 当一台机组运行时,电厂负荷在什么范围内采用 2 号机组最经济?

解 ①先求两机组的微增率

$$\lambda_1 = \frac{\mathrm{d}F_1}{\mathrm{d}P_1} = 0.02P_1 + 1.2$$

$$\lambda_2 = \frac{\mathrm{d}F_2}{\mathrm{d}P_2} = 0.032P_2 + 1.5$$

根据等微增率准则有 $\lambda_1 = \lambda_2$

$$0.02P_1 + 1.2 = 0.032P_2 + 1.5$$

又发电厂负荷为 130 MW,即

$$P_1 + P_2 = 130$$

联立两方程,解得

$$P_1 = 85.77 \text{ MW} \qquad P_2 = 44.23 \text{ MW}$$

②按等微增率准则经济分配负荷时

$$F_1 = 0.01P_1^2 + 1.2P_1 + 20 = (0.01 \times 85.77^2 + 1.2 \times 85.77 + 20)\text{t/h} = 196.49 \text{ t/h}$$
$$F_2 = 0.016P_2^2 + 1.5P_2 + 8 = (0.016 \times 44.23^2 + 1.5 \times 44.23 + 8)\text{t/h} = 105.65 \text{ t/h}$$

此时,总的耗量为 $\qquad F = F_1 + F_2 = 302.11 \text{ t/h}$

按平均分配负荷时

$$F_1 = 0.01P_1^2 + 1.2P_1 + 20 = (0.01 \times 65^2 + 1.2 \times 65 + 20)\text{t/h} = 140.25 \text{ t/h}$$
$$F_2 = 0.016P_2^2 + 1.5P_2 + 8 = (0.016 \times 65^2 + 1.5 \times 65 + 8)\text{t/h} = 173.1 \text{ t/h}$$

此时,总的耗量为 $F = F_1 + F_2 = 313.35 \text{ t/h}$

显然,按等微增率准则经济分配负荷可节省原材料,其经济性可观。

③两台机组耗量特性的交点,也就是煤耗量相同点,是选择运行方案的转折点,因此求出交点的功率就能得知什么情况下采用 2 号机组更经济。由两条耗量特性建立方程式

$$0.01P^2 + 1.2P + 20 = 0.016P^2 + 1.5P + 8$$

简化成

$$P^2 + 50P - 2\,000 = 0$$

解方程式可得

$$P = 26.23 \text{ MW}$$

由耗量特性可知,2 号机组耗量特性为 0 ~ 26.23 MW,低于 1 号机耗量特性,因此负荷为 0 ~ 26.23 MW 时调用 2 号机组最经济。

等微增率分配准则不仅可用于同一电厂内各机组间的负荷分配,同样可直接应用于系统中只有火电厂或只有水电厂,且不计网络损耗时各电厂间的经济功率分配。

7.3　电力网中的电能损耗

电力系统运行时,会在各元件的电阻及电导中产生有功功率损耗,该损耗在电力系统各环节的分布情况大致如图 7.3 所示,其中百分数为系统各部分有功功率损耗相对于系统总发电功率的百分比。

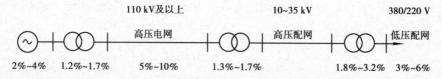

图 7.3　电力系统有功损耗情况

如第 3 章所述,电力系统的有功功率损耗包括变动损耗和固定损耗,其中,变动损耗与传输功率有关,传输功率愈大,有功功率损耗也愈大,该部分损耗约占系统总损耗的 80%;固定损耗与传输功率无关,只与电压有关,约占系统总损耗的 20%。

由此可见,电力系统的功率损耗是很可观的。它相当于有一定数量的发电设备用来抵偿输配电过程中的功率损耗,因而大大增加了发电厂及变电所的设备容量,增加了国家的建设投资。同时,上述有功功率损耗必然伴随着电能损耗,因而使电力系统能源消耗量增加,这就使电力系统的运行费用增大。

电网损耗中的无功功率要影响到电力系统无功功率的供应,这就要求发电机多发无功或在系统中增添无功功率补偿设备。因此,也要多增加投资。同时,无功功率通过线路与变压器,将会使有功功率的输送受到限制;另外,在输送无功时,在电力网中也将引起有功功率损耗的增加。

因此,电力网的功率损耗与电能损耗是电力网运行中一个重要的经济指标。努力降低电力网的功率损耗与电能损耗是电力网设计与运行中的重要任务。

7.3.1　电网的能量损耗和损耗率

在电力网元件中所损失的电量(即电能损耗),一部分是由变动损耗引起的,另一部分是由固定损耗引起的。此外在电力网实际运行中,还有各种不明的损失,例如由于用户电度表有误差使读数偏小,对用户电度表的读数漏抄、错算,带电设备绝缘不良而引起的漏电,以及无表用电和窃电等所损失的电量。

电力网在给定时期(日、月、季、年)内,在所有送电、变电,配电等环节中的全部电能损失,称为线路损耗,简称线损。线损中的一部分,虽然可以通过理论计算来确定或用测量线损的表计来计量,但因负荷的随机性、表计的准确度、对用户电度表的抄录及统计方法等因素的影响,要准确地取得线损电量是很困难的。通常,线损是根据电度表所计量的总供电量和总售电量相减得出的。所谓总供电量,是指发电厂、供电地区或电力网向用户供给的电量,其中包括输、配过程中的线损。所谓总售电量,是指电力网卖给所有用户的电能。

在同一时间内,电力网损失的电量占供电量的百分数,称为电力网的损耗率,简称网损率或线损率。

电力网网损率是国家下达给电力系统的一项重要经济指标,也是衡量供电企业管理水平的一项主要标志。

7.3.2　电能损耗的计算——面积法

在一般情况下,线路中的电流或功率是随时间变化的,因此,计算电能损耗就可用如下的积分式来表示:

$$\Delta A = \int_0^t \Delta P \mathrm{d}t = 3R \times 10^{-3} \int_0^t I^2 \mathrm{d}t = R \times 10^{-3} \int_0^t \left(\frac{S}{U}\right)^2 \mathrm{d}t \tag{7.9}$$

若时间 $t = 24$ h,则 ΔA 为一天的电能损耗;若 $t = 8\,760$ h,则 ΔA 为全年的电能损耗。

由于负荷随时间的变化规律一般不容易用简单的函数式表示,因而也就不可能用式(7.9)来计算线路中的电能损耗。但是,根据式(7.9)表示的意义,可以采用一些近似的方法计算线路中的电能损耗。

本书介绍最简单的面积法与在系统规划中最常用的最大功率损耗时间法。若已知年持续负荷曲线,可采用面积法;若已知负荷性质及最大负荷利用时间,可采用最大功率损耗时间法。下面介绍面积法电能损耗计算。

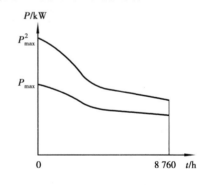

图 7.4　面积法计算电网能耗

如已知年持续负荷曲线(见图 7.4),可以先把负荷的平方曲线绘出来,用网格法近似地求出负荷平方曲线下从 0 到时间 t 内的面积,然后乘以适当的比例,即可得出线路电阻中的电能损耗,用公式表示为

$$\Delta A = R \times 10^{-3} \int_0^{8\,760} \left(\frac{S}{U}\right) \mathrm{d}t = \frac{R \times 10^{-3}}{U^2 \cos^2\varphi} \int_0^{8\,760} P^2 \mathrm{d}t \tag{7.10}$$

在式(7.10)中,$\int_0^t P^2 \mathrm{d}t$ 表示负荷平方曲线下 t 时间内的面积,t 一般等于 8 760 h,$\dfrac{R \times 10^{-3}}{U^2 \cos^2\varphi}$

表示比例系数,电能损耗的解析式为

$$\Delta A = \frac{R \times 10^{-3}}{U^2 \cos^2 \varphi} \sum P_i^2 \Delta t_i \tag{7.11}$$

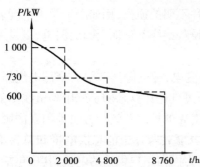

图 7.5　例 7.2 的负荷曲线

【例 7.2】　有一条额定电压为 10 kV,长度为 10 km 的三相架空电力线路,采用 LJ-50 型导线,已知由此线路所供给的用户年持续曲线如图 7.5 所示,有关数据示于图中,$\cos \varphi = 0.85$,试求一年内线路中的电能损耗。

解　由附表Ⅱ.3 中查得 $r_1 = 0.64$ Ω/km,则线路电阻为

$$R = r_1 l = (0.64 \times 10)\Omega = 6.4\ \Omega$$

将负荷曲线画成阶梯形,数据如图 7.5 中虚线所示,则线路在一年中的电能损耗为

$$\Delta A = \frac{R \times 10^{-3}}{U^2 \cos^2 \varphi} \sum P_i^2 \Delta t_i$$

$$= \frac{6.4 \times 10^{-3}}{10^2 \times 0.85^2} \times [\,1\,000^2 \times 2\,000 + 730^2 \times (4\,800 - 2\,000) +$$

$$600^2 \times (8\,760 - 4\,800)\,]\,\mathrm{kW \cdot h}$$

$$= (8.86 \times 10^{-5} \times 4.92 \times 10^9)\,\mathrm{kW \cdot h}$$

$$= 4.4 \times 10^5\ \mathrm{kW \cdot h}$$

上述线路运行时,每年损耗电能 440 000 kW·h。

用户一年取用电能为

$$A = \sum P_i \Delta t_i$$

$$= (1\,000 \times 2\,000 + 730 \times 2\,800 + 600 \times 3\,960)\,\mathrm{kW \cdot h}$$

$$= 6.42 \times 10^6\ \mathrm{kW \cdot h}$$

电能损耗百分数为

$$\Delta A(\%) = \frac{\Delta A}{A} \times 100$$

$$= \frac{4.4 \times 10^5}{6.42 \times 10^6} \times 100$$

$$= 6.9$$

7.3.3　电能损耗的计算——最大功耗时间法

如果知道变电所或用户的负荷曲线和功率因数,就可以用面积法计算电力网的电能损耗,但是这种算法繁琐。实际上,在计算电能损耗时,负荷曲线本身就是预测的,且不能确知功率因数,特别是在电网的设计阶段,所能得到的数据就更为粗略。因此,在工程实际中常采用一种简单的算法,即最大功耗时间法来计算电能损耗。

已知电能损耗的计算式为

$$\Delta A = R \times 10^{-3} \int_{0}^{8\,760} \left(\frac{S}{U}\right)^2 \mathrm{d}t = \frac{R \times 10^{-3}}{U^2} \int_{0}^{8\,760} S^2 \mathrm{d}t \qquad (7.12)$$

上式的意义可用图 7.6 表示,电能损耗 ΔA 为在一定比例下视在功率 S 平方曲线下的面积 S_{abeO},如果 $t = 8\,760$ h,则 ΔA 为线路在一年中的电能损耗。如果用一矩形面积 S_{acdO} 来代替面积 S_{abeO},并令矩形的高等于最大视在功率的平方,则矩形的底以字母 τ 表示,电能损耗计算式可以写为

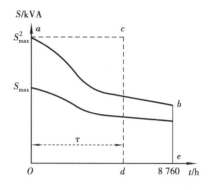

图 7.6 最大功率损耗时间法

$$\Delta A = \frac{R \times 10^{-3}}{U^2} \int_{0}^{8\,760} S^2 \mathrm{d}t = \frac{R \times 10^{-3}}{U^2} S_{max}^2 \tau$$

$$(7.13)$$

其中

$$\tau = \frac{\Delta A}{\dfrac{R \times 10^{-3}}{U^2} S_{max}^2} \qquad (7.14)$$

τ 称为最大功率损耗时间,它的意义是:线路连续以最大功率运行,经过 τ 小时后,线路中所损耗的电能恰好等于线路实际负荷在 t 时间内所损耗的电能。当时间 $t = 8\,760$ h 时,则 τ 称为年最大功率损耗时间。

对于同一用户,根据有功功率负荷曲线,可以得出最大负荷利用小时数 T_{max},根据视在功率平方曲线,可以得出最大功率损耗时间。显然,T_{max} 和 τ 的关系是由负荷曲线的形状和功率因数决定的,对于某一功率因数及有相同的最大负荷利用小时 T_{max} 值的负荷曲线。计算得出的 τ 值大致相等。

通过对一些典型负荷曲线的分析,得到的 T_{max}、$\cos \varphi$ 及 τ 的数值关系列于表 7.1。因此,在不知道负荷曲线时,根据用户的性质,可从表 5.1 中查出 T_{max},再根据 T_{max} 及功率因数,查出 τ 值,即可算出电网全年的电能损耗。

表 7.1 最大负荷利用小时 T_{max} 与最大功率损耗时间 τ 的关系

$T_{max}/(\mathrm{h \cdot y^{-1}})$	$\cos \varphi$				
	0.8	0.85	0.9	0.95	1
	$\tau/(\mathrm{h \cdot y^{-1}})$				
2 000	1 500	1 200	1 000	800	700
2 500	1 700	1 500	1 250	1 100	950
3 000	2 000	1 800	1 600	1 400	1 250
3 500	2 350	2 150	2 000	1 800	1 600
4 000	2 750	2 600	2 400	2 200	2 000
4 500	3 150	3 000	2 900	2 700	2 500
5 000	3 600	3 500	3 400	3 200	3 000
5 500	4 100	4 000	3 950	3 750	3 600
6 000	4 650	4 600	4 500	4 350	4 200

6 500	5 250	5 200	5 100	5 000	4 850
7 000	5 950	5 900	5 800	5 700	5 600
7 500	6 650	6 600	6 550	6 500	6 400
8 000	7 400	7 350	7 350	7 300	7 250

【例7.3】 对于例7.2所述的电力线路,不知负荷曲线,但知道线路一年中输送的电能为 6 420 000 kW·h,已知最大负荷 $P_{max}=1\ 000$ kW,平均功率因数 $\cos\varphi=0.85$,试求一年中线路的电能损耗。

解 求最大负荷利用小时数:

$$T_{max}=\frac{A}{P_{max}}=\frac{6\ 420\ 000}{1\ 000}\ h=6\ 420\ h$$

由 $\cos\varphi=0.85$,$T_{max}=6\ 420$ h,查表7.1得到最大功率损耗时间

$$\tau=5\ 104\ h$$

因此,线路全年的电能损耗为

$$\Delta A=\frac{R\times10^{-3}}{U^2}S_{max}^2\tau=\left(\frac{6.4\times10^{-3}}{10^2\times0.85^2}\times1\ 000^2\times5\ 104\right)kW\cdot h=452\ 119.03\ kW\cdot h$$

比较例7.2和例7.3可知:采用最大功率损耗时间法求取电网全年的电能损耗计算简单,故在系统规划中得到了广泛的运用。但因其误差较大,对于已运行电网的电能损耗计算,不适宜采用此法。

7.4　降低电力网电能损耗的措施

降低功率损耗和电能损耗,将提高整个国民经济的综合效益,特别是能量与动力资源的节省所带来的效益就更大。在大力提倡节约一次能源的今天,降低功率损耗和电能损耗就更加值得重视。

降低电力网损失电量的技术措施,大体上可以分为运行性措施和建设性措施两大类。运行性措施主要是指在运行的电力网中,合理地组织运行方式以降低网络的功率损耗和能量损耗,这类措施不需要增加投资,只要求改进电力网的运行管理,因此应优先予以考虑。建设性措施是指新建电力网时,为提高运行的经济性而采用的措施,以及为降低网损对现有电力网采取的改进措施。这一类措施需要增加投资,因此往往要进行技术经济比较,才能确定合理的方案。下面分别简要地介绍它们中的一些主要技术措施:

7.4.1　合理组织或调整电力网的运行条件

改变电力网的接线及运行方式,可以降低电力网总损耗,主要措施有以下几个方面:

（1）合理确定电力网的运行电压水平

由前面的知识可知,电力网的有功功率损耗计算式为

$$\Delta P = \frac{P^2 + Q^2}{U^2}R = \frac{S^2}{U^2}R \qquad (7.15)$$

由上式可知,在负荷功率 P 不变的条件下,如果电力网的运行电压提高 5%,则电力网中的变动损耗可降低 9.3%。由于 35 kV 以上的电力网的变动损耗一般为电力网总损耗的 80% ~ 85%,所以电力网的总损耗可降低 7.44% ~ 7.91%。

电力网总损耗中的 15% ~ 20% 主要是与电压平方有关的空载损耗,因此当电力网电压提高 5%,而且电力网中变压器的工作分接头没有作相应调整时,变压器的空载损耗将增加为原来的 1.05^2 (即 1.1)倍,故电力网的总损耗要增加 1.5% ~ 2%。综合考虑总损耗中由于电压提高 5% 而降低的部分及增加的部分,即可得到电力网总损耗的降低百分数。

必须指出,在电压水平提高后,负荷所取用的功率会遇有增加。在额定电压附近,电压提高 1%,负荷的有功功率和无功功率将分别增大 1% 和 2%。这将稍微增加网络中的变动损耗。

一般来说,对于变压器的铁耗在网络总损耗中所占比重小于 50% 的电力网,适当提高运行电压都可以降低网损,电压在 35 kV 及以上的电力网基本上属于这种情况。但是,对于变压器铁耗所占比重大于 50% 的电力网,情况则正好相反。大量统计资料表明,在 6 ~ 10 kV 的农村配电网中变压器铁耗在配电网总损耗中所占比重可达 60% ~ 80%,甚至更高。这是因为小容量变压器的空载电流较大,农村电力用户的负荷率又比较低,变压器有许多时间处于轻载状态。对于这类电力网,为了降低功率损耗和能量损耗,宜适当降低运行电压。

无论对于哪一类电力网,为了经济的目的提高或降低运行电压水平时,都应将其限制在电压偏移的允许范围内。当然,更不能影响电力网的安全运行。

(2)组织变压器的经济运行

在一个变电所内装有 $n(n > 2)$ 台容量和型号都相同的变压器时,根据负荷的变化适当改变投入运行的变压器台数,可以减少功率损耗。当变电站总负荷功率为 S 时,并联运行的 k 台变压器的总损耗为

$$\Delta P_k = k\Delta P_0 + k\Delta P_S \left(\frac{S}{kS_N}\right)^2 = k\Delta P_0 + \frac{\Delta P_S}{k}\left(\frac{S}{S_N}\right)^2 \qquad (7.16)$$

式中,ΔP_0 和 ΔP_S 分别为一台变压器的空载损耗和短路损耗;S_N 为一台变压器的额定容量。

由上式可见,铁耗与台数成正比,铜耗则与台数成反比。当变压器处于轻载运行时,绕组损耗所占比重相对减小,铁芯损耗所占的比重相对增大。为了求得最经济的并联运行变压器台数,首先写出负荷功率为 S 时,$k-1$ 台变压器并联运行时的总损耗为

$$\Delta P_{k-1} = (k-1)\Delta P_0 + (k-1)\Delta P_S\left[\frac{S}{(k-1)S_N}\right]^2 = (k-1)\Delta P_0 + \frac{\Delta P_S}{k-1}\left(\frac{S}{S_N}\right)^2$$

$$\qquad (7.17)$$

使 $\Delta P_k = \Delta P_{k-1}$ 的负荷功率即是临界功率,其表达式如下:

$$S_{cr} = S_N\sqrt{k(k-1)\frac{\Delta P_0}{\Delta P_S}} \qquad (7.18)$$

当负荷功率 $S > S_{cr}$ 时,宜投入 k 台变压器并联运行;当 $S < S_{cr}$ 时,在变压器不过负荷的情况下,并联运行的变压器可减少为 $k-1$ 台。这就是变压器的经济运行。

应该指出,对于季节性变化的负荷,使变压器投入的台数符合损耗最小的原则是有经济意义的,也是切实可行的。但对一昼夜内多次大幅度变化的负荷,为了避免断路器因过多地操作而增加检修次数,变压器则不宜完全按照上述方式运行。此外,当变电所仅有两台变压器而需要切除一台时,应有相应的措施以保证供电的可靠性。

(3)在闭式网络中实行功率的经济分布

在图7.7所示的简单环网中,根据前述知识可知其功率分布为

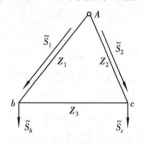

图 7.7 简单环网

$$\tilde{S}_1 = \frac{\tilde{S}_b(\overset{*}{Z}_2 + \overset{*}{Z}_3) + \tilde{S}_c\overset{*}{Z}_2}{\overset{*}{Z}_1 + \overset{*}{Z}_2 + \overset{*}{Z}_3} \tag{7.19}$$

$$\tilde{S}_2 = \frac{\tilde{S}_b\overset{*}{Z}_1 + \tilde{S}_c(\overset{*}{Z}_1 + \overset{*}{Z}_3)}{\overset{*}{Z}_1 + \overset{*}{Z}_2 + \overset{*}{Z}_3} \tag{7.20}$$

上式说明功率在环形网络中是与阻抗成反比分布的。这种没有外施任何调节和控制手段的功率分布称为自然功率分布,自然功率分布常常不能使网络的功率损耗为最小。

现在讨论欲使网络的功率损耗为最小,功率应如何分布。图7.7所示环网的功率损耗为

$$\Delta P_\Sigma = \frac{S_1^2}{U_N^2}R_1 + \frac{S_2^2}{U_N^2}R_2 + \frac{S_3^2}{U_N^2}R_3 \tag{7.21}$$

由此可以解出欲使 ΔP_Σ 最小的 P_1, Q_1 及 P_2, Q_2 分别为

$$\left.\begin{aligned} P_1 &= \frac{P_b(R_2 + R_3) + P_c R_2}{R_1 + R_2 + R_3} \\ Q_1 &= \frac{Q_b(R_2 + R_3) + Q_c R_2}{R_1 + R_2 + R_3} \end{aligned}\right\} \tag{7.22}$$

$$\left.\begin{aligned} P_2 &= \frac{P_b R_1 + P_c(R_1 + R_3)}{R_1 + R_2 + R_3} \\ Q_2 &= \frac{Q_b R_1 + Q_c(R_1 + R_3)}{R_1 + R_2 + R_3} \end{aligned}\right\} \tag{7.23}$$

式(7.22)、式(7.23)表明,功率在环形网络中与电阻成反比分布时,功率损耗为最小。这种功率分布即为经济分布。只有在每段线路的 R/X 都相等的均一网络中,功率的自然分布才与经济分布相符。在一般情况下,这两者是有差别的,各段线路的不均一程度越大,功率损耗的差别就越大。

为了降低网络功率损耗,可以采取一些措施使非均一网络的功率分布接近于经济分布,可采用的办法有:

①选择适当地点作开环运行。为了限制短路电流或满足继电保护动作选择性要求,需将闭式网络开环运行时,开环点的选择尽可能兼顾到使开环后的功率分布更接近于经济分布。

②对环网中比值 R/X 特别小的线路段进行串联电容补偿。

③在环网中增设混合型加压调压变压器,由它产生环路电动势及相应的循环功率,以改善功率分布。

④在两端供电网络中,调整两端电源电压,改变循环功率的大小,可使功率分布等于或接近于功率损耗最小的分布。

当然,不管采用哪一种措施,都必须对其经济效益以及运行时可能产生的问题作全面的考虑。

(4)电力网升压改造,简化电压等级,减少变电层次

对于负荷增长快、运行时间长、能耗很大的电力网,经过技术经济论证,合理的可以升高一级电压,进行升压改造。如 35 kV 线路升压改造为 110 kV 等,就可以明显地提高输送能力,降低能耗。

对于电压等级较多的电力网,简化电压等级、减少变电层次也能明显降低能耗。如采用 110 kV,10 kV,0.4 kV 三级电压等级或采用 110 kV,35 kV, 0.4 kV 三级电压等级配电等。

(5)改造电力网的迂回卡脖现象,采取高压深入大城市负荷中心的供电方式

电力网在发展中,负荷一般逐年增长,供电区域逐年增大,这有可能形成迂回倒送电现象。有的电网在延伸时,可能形成首端导线截面小于末端导线截面的卡脖现象。改造迂回倒送及卡脖等不合理现象,可明显降低电网能耗,同时,可采用较高电压等级深入大城市负荷中心,以提升电压水平降低网损。

7.4.2　提高负荷的功率因数,减少线路传输的无功功率

实现无功功率的就地平衡,不仅可改善电压质量。对提高电网运行的经济性也有重大作用。在图 7.8 所示的简单网络中,线路的有功功率损耗为

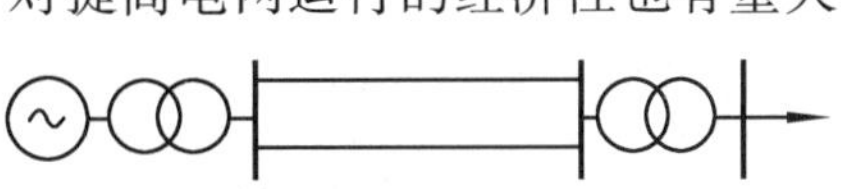

$$\Delta P = \frac{S^2}{U^2}R = \frac{P^2}{U^2\cos^2\varphi}R \qquad (7.24)$$

图 7.8　简单电力系统

如果将功率因数由原来的 $\cos\varphi_1$ 提高到 $\cos\varphi_2$,则线路中的功率损耗可降低

$$\delta_P(\%) = \left[1 - \left(\frac{\cos\varphi_1}{\cos\varphi_2}\right)^2\right] \times 100 \qquad (7.25)$$

当功率因数由 0.75 提高到 0.9 时,线路中的功率损耗可减少 28%。

提高功率因数的主要措施有以下两种:

(1)合理选择异步电机的额定容量

许多工业企业都大量地使用异步电动机。因此合理地选择异步电动机的容量对提高电力网的功率因数是至关重要的。异步电动机所需的无功功率可用下式表示,即

$$Q = Q_0 + (Q_N - Q_0)\left(\frac{P}{P_N}\right)^2 \qquad (7.26)$$

式中　Q_0——异步电动机空载运行时所需的无功功率;

　　　P_N、Q_N——额定负载下运行时的有功功率和无功功率;

　　　P——电动机的实际机械负荷。

上式中的第一项是电动机的励磁功率,它与负荷无关,其数值约为 Q 的 60% ~70%;第二项是绕组漏抗中的损耗,与负荷率的平方成正比,当负荷率降低时,电动机所需的无功功率大部分维持不变,只有小部分按负荷率的平方而减小。因此,负荷率越小,功率因数就越低。如额定功率因数为 0.85 的电动机,$Q_0 = 0.65p_0$,负荷率为 0.5 时,该电动机的功率因数将下降到 0.74。所以,电动机运行时的负荷率不应太小,即所选择的电动机容量只能略大于它所带动的机械负荷,这样才能保证电动机在额定功率因数附近运行。在技术条件许可的情况下,采用同

步电动机代替异步电动机,可减少电网的无功负荷。

(2)增设并联无功补偿装置

为了减小和限制无功功率在电力网中的流动,在用户处或靠近用户的变电所中可装设无功功率补偿装置,如静电电容器、同步调相机或静止补偿器等。装设补偿装置后,使无功功率基本上做到就地平衡,减小无功功率在电力网中的传送,这也是提高功率因数、降低电能损耗的有效措施。

此外,调整用户的负荷曲线,减小高峰负荷和低谷负荷的差值,提高最小负荷率,使负荷曲线尽可能平坦,也可以降低能量损耗。

7.5 电力线路导线截面积的选择

为了传输和分配电能,在电力系统中采用了大量的电力线路。当导线采用较小截面时,有色金属耗量减小,可使投资降低。当导线采用较大截面时,单位长度电阻减小,有功损耗、电压损耗、电能损耗降低,可使运行费用降低。为了降低网损、提高电力系统运行的经济性,就必须合理地选择导线截面。由于架空线路相对电缆线路经济,电力线路的绝大多数皆采用架空线路,故本节分析架空线路导线截面的选择方法以保证系统运行的经济性。

7.5.1 导线截面选择的三个必要条件

导线截面选择必须认真执行国家的技术经济政策,做到保障人身安全、供电可靠、技术先进和经济合理。在技术上,截面选择必须满足以下 3 个必要条件:

(1)机械强度条件

导线在长期运行的过程中必然会受到各种外力的作用,如线间张力、导线自重、风力及覆冰冰重等。为保证导线运行的安全可靠性,就必须保证导线具有一定的机械强度。规程规定:为保证电力线路的机械强度,导线的截面不应小于表 7.2 中所列数值。

表 7.2　导线最小截面(mm^2)

导线类型	通过居民区	通过非居民区
铝绞线和铝合金线	35	25
钢芯铝绞线	25	16
铜线	16	16

(2)发热条件

当导线流通电流时,因电阻的作用,导体会发热。为防止导线因运行过热而烧毁或老化加速,保证导线长期安全可靠运行,还必须满足发热温升条件,即通过导线的最大持续负荷电流必须小于导线允许的长期持续安全电流。规定并取导线周围环境温度为 25 ℃时的长期持续安全电流如表 7.3 所示。

表 7.3　导线允许的长期持续安全电流　　　　　A

截面积/mm²	35	50	70	95	120	150	185	240	300	400	500
LJ	170	215	265	325	375	440	500	610	680	830	980
LGJ	170	220	275	335	380	445	515	610	700	800	
LJGQ							510	610	710	845	966

（3）电晕条件

在较高电压等级的架空线路周围,电场强度较大,易诱发局部电晕或全面电晕,导致电能损耗增加以及设备氧化、通信干扰等问题。为防止电晕,应适当减小周围空气介质的电场强度,增大导线截面。当电压等级低于 60 kV 时,因运行电压低、周围电场强度较小而不会产生全面电晕现象;当电压等级高于或等于 110 kV 时,由电晕条件要求的最小导线截面如表 7.4 所示。

表 7.4　电晕条件要求的最小导线截面

额定电压/kV	110	220	330
最小导线截面	LGJ-70	LGJ-300	LGJ-2×240

7.5.2　导线截面选择方法——经济电流密度法

考虑导线截面选择的经济性,主要是考虑建设线路的投资和线路建成后以电能损耗为主的年运行费用。为确保导线选择的经济性,应按照经济电流密度选择导线。综合考虑国家总的利益原则(投资、运行费用、投资回收率、折旧率)后,单位截面导线对应的最经济的电流大小,就称为经济电流密度,其大小与导体材料、线路的利用系数以及投资大小相关。应用中按导线材料、最大负荷利用小时数及额定电压取定,见表 7.5。按经济电流密度选择的截面即为经济截面,即

$$S_J = \frac{I_{gmax}}{J} \tag{7.27}$$

式中　S_J——经济截面;

　　　J——经济电流密度;

　　　I_{gmax}——导线正常运行时的最大工作电流。

表 7.5　软导线经济电流密度

T_{max}/h	2 000	3 000	4 000	5 000	6 000	7 000
10 kV 及以下 LJ 导线	1.44	1.18	1.00	0.86	0.76	0.66
10 kV 及以下 LGJ 导线	1.70	1.38	1.18	1.00	0.88	0.78
35 kV 及以上 LGJ 导线	1.86	1.50	1.26	1.08	0.94	0.84

按经济电流密度计算出导线截面后,应选定与计算经济截面最接近的标称截面,然后再按照 3 个必要条件进行校验。对于电压等级小于或等于 35 kV 的配电线路,为满足用户对电压

等级的要求,还应校验电压损耗。

【例7.4】 某35 kV 架空线路,采用双回钢芯铝绞线架设,线路长15 km,末端最大负荷为 16 MW,平均功率因数为0.9,$T_{max} = 2\,800$ h,正常情况下允许最大电压损耗为5%。试选择导线截面。

解 按经济电流密度选择导线截面,按3个必要条件及允许电压损耗校验导线截面。

最大工作电流:$I_{gmax} = \dfrac{\dfrac{P}{2}}{\sqrt{3}\,U_N\cos\varphi} = \dfrac{8\times10^3}{\sqrt{3}\times35\times0.9}$ A $= 146.63$ A

由 $T_{max} = 2\,800$ h,查表7.5得经济电流密度 $J = 1.65$ A/mm^2。

计算经济截面:$S_J = \dfrac{I_{gmax}}{J} = \dfrac{146.63}{1.65}$ mm$^2 = 88.87$ mm^2

选择最接近的截面:LGJ-95 型导线,其参数是 $r_1 + jx_1 = 0.332 + j0.4$ Ω/km,长期持续安全电流为 335 A。

校验 ①机械强度:$S = 95$ mm$^2 > S_Y = 25$ mm^2,满足要求。

②发热温度:因双回线路在运行中允许单回运行,此时,线路流通电流增大,发热加剧,为最恶劣运行情况。在发热温度校验中应考虑该运行方式。

$$I_{max} = 2\times146.63 \text{ A} = 293.26 \text{ A} < I_Y = 335 \text{ A}$$

满足要求。

③电晕条件:由于线路为35 kV,故不必验算电晕条件。

④电压损耗:$\Delta U = \dfrac{Pr_1 + Qx_1}{U}L = \left(\dfrac{16\times0.332 + 7.75\times0.4}{35}\times\dfrac{15}{2}\right)$ kV $= 1.80$ kV

$$U\% = \dfrac{\Delta U}{U}\times100 = \dfrac{1.80}{35}\times100 = 5.15 > 5$$

不满足要求,应增大导线截面。改选 LGJ-120 型导线,其参数是 $r_1 + jx_1 = 0.263 + j0.421$ Ω/km,长期持续安全电流为 380 A。

校验 因已对 *LGJ*-95 就机械强度、发热温度和电晕校验合格,只需计算电压损耗。

电压损耗:$\Delta U = \dfrac{Pr_1 + Qx_1}{U}L = \left(\dfrac{16\times0.263 + 7.75\times0.421}{35}\times\dfrac{15}{2}\right)$ kV $= 1.60$ kV

$$\Delta U\% = \dfrac{\Delta U}{U}\times100 = \dfrac{1.60}{35}\times100 = 4.57 < 5$$

满足要求。

因此,所选 LGJ-120 型架空导线符合要求。

习　题

1. 填空题

(1)各发电机组之间有功负荷的经济分配采用_____准则。

(2)电力系统的有功功率损耗包括_____损耗和_____损耗。其中,_____损耗所占比例较大,与_____有关,而_____损耗所占比例较小,仅与_____有关。

(3)导线截面积选择必须满足的三个必要条件为_____条件、_____条件和_____条件。

(4)当变电站的总负荷功率一定时,铁耗与并联运行的变压器台数成____比,铜耗则与并联运行的变压器台数成____比。

(5)环形网络中的功率分布在没有外施任何调节和控制手段时称为_____功率分布,其与_____成反比分布;当与_____成反比分布时可使功率损耗最小,此时的功率分布即为经济分布。

(6)导线截面积选择的发热条件是指_____。

(7)综合考虑国家总的利益原则后,单位截面导线对应的最经济的电流大小,称为_____。

2. 选择题

(1)对于电力网运行电压水平的确定,下列说法正确的是( )。

①对于 35 kV 及以上的电力网,应适当提高运行电压以降低网损

②对于农村低压配电网,为降低铁耗,应适当降低运行电压

③对于 35kV 及以上的电力网,为降低铁耗,应适当降低运行电压

④对于农村低压配电网,应适当提高运行电压以降低网损

A.①②   B.②③   C.③④   D.①④

(2)对于电压等级较低的配电线路导线截面积选择,不需要校验的条件是( )。

A. 机械强度条件   B. 发热条件   C. 电晕条件   D. 电压损耗

(3)关于组织变压器的经济运行,下列说法正确的是( )。

A. 当负荷功率小于临界功率时,为降低铜耗,应减少并联运行的变压器台数

B. 当负荷功率小于临界功率时,为降低铁耗,应减少并联运行的变压器台数

C. 当负荷功率大于临界功率时,为降低铜耗,应减少并联运行的变压器台数

D. 当负荷功率大于临界功率时,为降低铁耗,应减少并联运行的变压器台数

3. 简答题

(1)简述线损、总供电量、总售电量的概念。

(2)什么是最大功率损耗时间?它和最大负荷利用小时数有什么不同?

(3)降低电力网电能损耗的措施有哪些?

(4)结合公式说明适当提高电力系统的运行电压有哪些好处。

(5)为什么应适当降低农村低压配电网的运行电压?

(6)在负荷水平较低时,减少并联运行的变压器台数有哪些好处?

(7)为使非均一环网的功率分布接近经济分布,可采取哪些措施?

(8)试说明用经济电流密度法选择导线截面积的步骤。

4. 计算题

(1)已知某火电厂有两台机组,其耗量特性分别为 $F_1 = 0.004P_1 + 0.3P_1 + 4$ t/h,$F_2 = 0.008P_2 + 0.4P_2 + 2$ t/h。每台机组的额定容量均为 300 MW。求发电厂负荷为 500 MW 时,两机组应如何经济地分配负荷。

(2)某电力网年持续负荷曲线如图 7.9 所示,已知 $U_N = 10$ kV,$R = 10$ Ω,有关数据示于图中,$\cos\varphi = 0.8$,试求一年内线路中的电能损耗及能耗百分数。

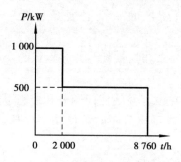

图 7.9

（3）什么是最大负荷利用小时数 $T_{\max}$ 与最大功率损耗时间 τ？它们各代表什么意义？

（4）110 kV 输电线路长 120 km，$r_1 + jx_1 = (0.17 + j0.42)\,\Omega/\text{km}$，$b_1 = 2.82 \times 10^{-6}\,\text{S/km}$。线路末端最大负荷为 $(32 + j22)\,\text{MVA}$，$T_{\max} = 4\,500\,\text{h}$，求线路全年电能损耗。

（5）若例题 7.3 中负荷的功率因数提高到 0.92，电价为 0.50 元/kW·h，求全年因降低电能损耗而节约的费用。

（6）某 110 kV 的架空线路，采用钢芯铝绞线，输送最大功率为 30 MW，$T_{\max} = 4\,500\,\text{h}$，$\cos\varphi = 0.85$，试按经济电流密度选择导线截面。

第 **8** 章

电力系统短路的基本知识

☞ **知识能力目标**

了解电力系统短路的种类和危害以及进行短路分析的目的和作用;掌握短路电流计算步骤,能计算转移阻抗、短路总阻抗。

◀》 **重点、难点**

- 短路的类型、发生的原因以及危害;
- 网络化简;
- 转移阻抗、短路总阻抗。

电力系统在运行中会因为各种不同的原因而发生各种不同类型的故障,对电力系统危害较严重的有短路、断路及各种复杂故障。由于短路故障是电力系统中经常发生、危害最严重的故障,所以本书主要分析短路故障。

8.1 短路的一般概念

8.1.1 短路的类型、原因及危害

所谓短路,是指电力系统正常运行情况以外的一切相与相、相与地之间的非正常连接。电力系统短路故障的基本类型有:三相短路、两相短路、单相接地、两相短路接地。各种短路故障类型如表 8.1 所示。

在电力系统中发生三相短路时,由于短路回路三相阻抗相等,因而三相电压和电流仍像正常运行时一样保持三相对称,只是电压、电流值与正常运行时不同。三相短路以外的短路故障类型,各相的电压和电流不仅数值不同,而且相位差也不再彼此相差 120°电角度。因此三相短路亦称为对称短路,而其他类型的短路则称为不对称短路。在电机和变压器绕组中可能发生的匝间短路也属于不对称短路之列。

表 8.1　各种短路的示意图及代表符号

短路种类		示意图	代表符号	发生的几率约/%
对称短路	三相短路		$f^{(3)}$	5
不对称短路	两相短路		$f^{(2)}$	10
	单相短路接地		$f^{(1)}$	65
	两相短路接地		$f^{(1.1)}$	20

上述各种短路故障是指同时在同一地点发生的。这种只在一处发生的故障称为简单故障。同时在系统的两处或多处发生的故障称为复杂故障(简称复故障),例如一处发生两相短路的同时在另一处发生单相接地等。

电力系统发生短路的主要原因有:

①电气设备的相间绝缘或相对地绝缘被破坏。由于绝缘老化、遭受雷击、设备容量不足而长期过载、受外力的破坏等原因,使电气设备的绝缘子串被击穿或短接;

②运行人员误操作。如带地线合闸、带负荷拉刀闸;

③架空线路因大风或覆冰引起的断线或倒杆;

④鸟、鼠等动物的危害等也是造成短路故障的原因。

在 110 kV 及以上电压等级,中性点直接接地的电力网中以单相接地发生的几率最大,占全部故障的 75% 以上。三相短路的几率最低。

在电力系统的所有元件中,架空线路是最易发生短路故障的,尽管其相间距离和相对地距离较大。这是由于线路长,而运行环境又较差的缘故。电力系统在发生短路时,短路处可能是导体间或导体与地间的直接连接,也可能是通过电弧电阻连接。前者称为金属性短路,后者称为非金属性短路。

短路故障对电力系统的安全运行有十分严重的威胁,主要表现在:

①电力系统发生短路故障时,故障处的短路电流可达到额定电流的几倍至几十倍,在 6～10 kV 容量的电力网中,短路电流可达几十至几百千安。当巨大的短路电流流过导体时,将使导体严重过热,从而使绝缘损坏甚至可能使导体熔化,或者由于短路电流产生的电动力使设备变形或损坏。发生短路时往往还会产生电弧,从而可能烧毁设备并可能引起火灾。

②短路故障后往往会使系统中的潮流发生突变,这可能会引起系统中的某些部分发生振荡,破坏系统并联运行的稳定性,甚至引起系统的全面瓦解。

③电力系统在发生不对称接地短路故障时,将会产生零序和负序电流,造成对邻近的通信线路和电子装置的干扰,还会使发电机振动和局部过热。在某些情况下还会引起铁磁谐振或

工频电压升高。

8.1.2　短路计算和分析的目的

考虑到短路故障对电力系统运行的严重危害性,为了保证系统的正常运行,在设计和运行中应使电力系统能克服短路故障造成的危害。为此,要进行一系列的短路电流计算,为选择电力系统的接线方式和电气设备、选择和整定继电保护装置等准备必要的技术数据。事实上,短路分析和计算一直是电力系统计算的基本问题之一,由于短路计算对电力系统的设计、制造、安装、调试、运行和维护等方面都有影响,为此必须了解短路电流产生和变化的基本规律,掌握短路分析和计算的基本方法。

在工程实际中,短路计算的目的主要如下:

（1）选择电气设备

电气设备在运行中必须满足动稳定和热稳定性的要求,而设备的动稳定和热稳定性校验则是以短路计算结果为依据的。

（2）选择合适的电气主接线方案

在设计电气主接线时,有时可能由于短路电流太大而需选择贵重的电气设备,使投资较大,技术经济性不好,此时就需采取限制短路电流的措施或其他方法选择可靠而经济的主接线方案。

（3）为继电保护的整定计算提供依据

在继电保护装置的设计中,常需多种运行方式下的短路电流值作为整定计算和灵敏度校验的依据。

（4）其他方面

电力系统中性点接地方式的选择,变压器接地点的位置和台数,对邻近的通信系统是否会产生较大的干扰,接地装置的跨步电压、接触电压的计算等都需以多种运行方式下的短路电流值为依据。

8.2　短路电流的计算步骤

实际电力系统的结构是十分庞大而复杂的,要对实际系统在各种情况下发生三相对称短路时的电流进行精确的计算,即使是借助电子计算机也将面临很大的困难。同时,实际工程中并不需要十分精确的计算结果,却要求计算方法实用、简单,计算结果只要能满足工程允许误差即可。因此,短路电流的计算是在一定假设条件下的近似计算。

8.2.1　短路电流计算的假设条件

在复杂电力系统短路电流的实际计算中,除了将同步电机看成理想电机,三相系统完全对称,略去元件的电容及在高压系统中略去元件的电阻等之外,还将假定:

①不考虑短路期间各发电机之间的摇摆、振荡现象,认为所有发电机电动势的相位均相同;

②不考虑磁路的饱和,认为短路回路各元件的电抗为常数;

③用次暂态电抗 x_d'' 和次暂态电动势 E_q'' 来代表发电机的等值电路,若将短路前发电机运行状态看做空载,则 E_q'' 的标幺值就取为1;

④略去变压器励磁支路对短路电流的影响,并将其变比取为平均额定电压之比。

⑤负荷对短路电流的影响只作近似的考虑或略去不计(短路点附近有大型同步或异步电机时除外)。

工程实践表明,在这些假定下所算出的短路电流的起始值与实际值相比误差不超过 $\pm 5\%$,在发电机之间不发生剧烈的振荡时,短路后任意时刻短路点的电流与实际值相比最大误差不超过 $\pm 10\%$ 。这样的误差对于短路电流计算的目的而言在工程上是允许的。

8.2.2 短路电流的计算步骤

以图 8.1(a)所示网络为例,简要说明短路电流计算的基本方法和步骤。

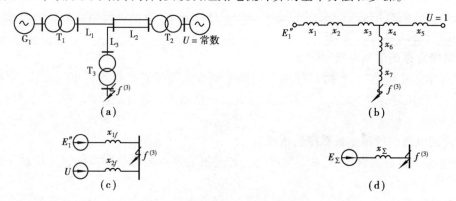

图 8.1 短路电流计算步骤

(a)接线图 (b)等值电路图 (c)多个有源支路的星形电路 (d)一个等值电源支路

1)制订等效网络

如同计算电力系统正常运行情况的潮流分布一样,在计算一般复杂系统的短路电流时,首先要确定计算短路电流用的系统等效网络,一般采用标幺制进行,将各元件参数归算为统一基值下的标幺值,并将网络中各元件参数按顺序编号。

在前面的简化假定下,短路电流计算用的等效网络要比潮流计算用的等效网络简单得多。因为略去了元件的电阻、电容,又不考虑变压器励磁支路的影响,故所用的等效网络中将只有电抗,如图 8.1(b)所示。

2)等效网络的化简

网络化简的目的是求取短路回路总电抗和转移电抗,采取的方法为在电工学中学习过的网络化简和网络变换的方法,最基本的有阻抗的串并联、Y-△变换等,还应当注意利用网络的接线特点(如对称性等)来简化和归并网络。最终将网络中除电源点与短路点以外的所有中间节点全部消去,成为如图 8.1(c)、(d)所示的简单网络。

图 8.1(c)中 x_{1f},x_{2f} 称为各电源点到短路点的转移电抗。对于有 m 个电源点的任意网络转移电抗的定义为:电源 $i(i=1,2,\cdots,m)$ 对短路点 f 的转移电抗等于电动势 E_i 与由 E_i 单独作用在 f 点产生的电流之比,即

$$x_{if} = E_i/I_{if} \tag{8.1}$$

图 8.1(d) 中 x_Σ 称为短路点的输入电抗,它是从电源点与短路点看进去的网络的等值电抗,数值上等于各电源点对短路点的转移电抗的并联值,即

$$x_\Sigma = E_\Sigma / I_f \tag{8.2}$$

$$x_\Sigma = \cfrac{1}{\cfrac{1}{x_{1f}} + \cfrac{1}{x_{2f}} + \cdots + \cfrac{1}{x_{mf}}} \tag{8.3}$$

3)计算指定时刻短路点发生某种短路时的短路电流有效值这包含冲击电流和短路全电流。

4)计算网络中各支路的短路电流和各母线的电压

【例 8.1】　图 8.1(a) 各元件参数分别为:

发电机 G_1: $P_N = 100$ MW, $U_N = 13.8$ kV, $\cos \varphi_N = 0.85$, $E''_q = 1$, $x''_d = 0.183$

变压器 T_1: $S_N = 120$ MV·A, 13.8/242 kV, $u_k\% = 13.5$

线　路 L_1: 50 km, $x_0 = 0.4$ Ω/km

线　路 L_2: 90 km, $x_0 = 0.4$ Ω/km

变压器 T_2: $S_N = 315$ MV·A, 220/121 kV, $u_k\% = 10.5$

线　路 L_3: 20 km, $x_1 = 0.4$ Ω/km

变压器 T_3: $S_N = 20$ MVA, 220/38.5 kV, $u_k\% = 10.5$

试求:发电机 G_1 和等值系统分别对短路点 f 的转移电抗及 f 点的输入电抗。

解　① 取 $S_B = 100$ MV·A, $U_B = U_{av}$ 计算各元件标幺值,建立图 8.1(b)所示等值网络。

发电机 G_1: $x_1 = x_{G1} = x''_d \dfrac{S_B}{P_N / \cos \varphi_N} = 0.183 \times \dfrac{100}{100/0.85} = 0.156$

变压器 T_1: $x_2 = x_{T1} = \dfrac{u_k\%}{100} \times \dfrac{S_B}{S_N} = \dfrac{13.5}{100} \times \dfrac{100}{120} = 0.113$

线　路 L_1: $x_3 = x_{L1} = 50 \times 0.4 \times \dfrac{S_B}{U_B^2} = 50 \times 0.4 \times \dfrac{100}{230^2} = 0.038$

线　路 L_2: $x_4 = \dfrac{1}{2} x_{L2} = \dfrac{1}{2} \times 90 \times 0.4 \times \dfrac{S_B}{U_B^2} = \dfrac{1}{2} \times 90 \times 0.4 \times \dfrac{100}{230^2} = 0.034$

变压器 T_2: $x_5 = x_{T2} = \dfrac{u_k\%}{100} \times \dfrac{S_B}{S_N} = \dfrac{10.5}{100} \times \dfrac{100}{315} = 0.033$

线　路 L_3: $x_6 = x_{L3} = 20 \times 0.4 \times \dfrac{S_B}{U_B^2} = 20 \times 0.4 \times \dfrac{100}{230^2} = 0.015$

变压器 T_3: $x_7 = x_{T3} = \dfrac{u_k\%}{100} \times \dfrac{S_B}{S_N} = \dfrac{10.5}{100} \times \dfrac{100}{20} = 0.525$

② 对图 8.1(b)进行网络等值化简

$$x_8 = x_1 + x_2 + x_3 = 0.156 + 0.113 + 0.038 = 0.307$$

$$x_9 = x_4 + x_5 = 0.034 + 0.033 = 0.067$$

$$x_{10} = x_6 + x_7 = 0.015 + 0.525 = 0.54$$

标入图 8.2(a)中,进行 Y-△ 变换可得转移电抗,如图 8.2(b)所示

$$x_{1f} = x_8 + x_{10} + \dfrac{x_8 x_{10}}{x_9} = 0.307 + 0.54 + \dfrac{0.307 \times 0.54}{0.067} = 3.32$$

$$x_{2f} = x_9 + x_{10} + \frac{x_9 x_{10}}{x_8} = 0.067 + 0.54 + \frac{0.067 \times 0.54}{0.307} = 0.724$$

于是得短路点的输入电抗,如图 8.2(c)所示

$$x_{\Sigma} = \frac{1}{\frac{1}{x_{1f}} + \frac{1}{x_{2f}}} = \frac{1}{\frac{1}{3.32} + \frac{1}{0.724}} = 0.595$$

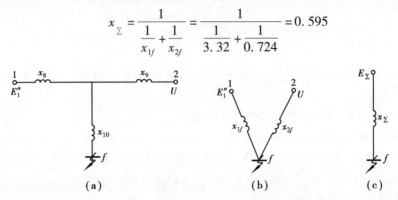

图 8.2   等值网络的化简

8.3   等值系统的估算

实际电力系统中针对某一特定目的进行短路电流计算时,常常只需计算发生短路后系统中某一部分的电流、电压分布。例如,图 8.3 所示的系统中,为了设计变电所而准备短路电流数据时,只需计算变电所高、低压母线等处发生短路时的短路电流。此时,除距变电所不远的发电厂在制订等值网络时应详细计及外,电力系统中离变电所较远的其他部分可只粗略地看作一个等值电源,这一等值电源就是等值系统。

在计算短路电流时,对于这种等值系统,并不需要了解其内部接线方式而只需知道其等值电动势和等值电抗就行了。通常还认为其等值电动势就等于该电压等级的平均额定电压,即 $E = U_{av}$,那么它的标幺值为 1,并且这一电动势在所讨论的短路点发生短路时其大小不变。而系统等值电抗可按下面的方法确定。

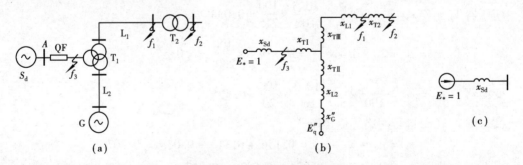

图 8.3   等值系统的估算

设在图 8.3 中的 A 母线发生短路时等值系统供给的短路电流为 I''_d,等值系统的短路容量为 S_d,则等值系统等值电抗的有名值为

$$X_{Sd} = \frac{U_{av}}{\sqrt{3}I_d} = \frac{U_{av}^2}{S_d}$$

若以 S_B 为基准容量，$U_B = U_{av}$ 时，等值电抗的标幺值为

$$X_{Sd*} = \frac{\dfrac{U_{av}^2}{S_d}}{\dfrac{U_{av}^2}{S_B}} = \frac{S_B}{S_d}$$

一般情况下，等值系统的短路容量可由电力系统的管理部门提供。当无法得到 S_d 值时，可由 A 母线上装设的断路器的铭牌值中推断其大概值。例如，对于图 8.3 中，查到断路器 QF 的铭牌短路容量为 S_{Ad}，可认为在 f_3 点发生三相短路的短路容量等于断路器 QF 的铭牌短路容量 S_{Ad}，那么等值系统的等值电抗可作如下估算：

$$X = \frac{U_{av}^2}{S_{Ad}} \quad 或 \quad X_* = \frac{S_B}{S_{Ad}}$$

显然，由上式算出的电抗值较等值系统的实际电抗值要小些，因为断路器的短路容量一般是略大于等值系统实际短路容量的。故这样算出的短路电流比实际值要偏大些。

习　题

1. 填空题

（1）短路的定义：＿＿＿＿＿＿＿＿＿＿＿＿＿＿＿＿＿＿＿＿＿＿＿＿。

（2）短路种类有＿＿＿＿＿＿、＿＿＿＿＿＿、＿＿＿＿＿和＿＿＿＿＿＿。

（3）各种短路类型中，发生几率最高的是＿＿＿＿＿＿＿＿。

（4）何为简单故障？＿＿＿＿＿＿＿＿＿＿＿＿＿＿＿＿＿＿＿＿。

（5）何为复杂故障？＿＿＿＿＿＿＿＿＿＿＿＿＿＿＿＿＿＿＿＿。

（6）短路对电力系统的威胁主要表现在＿＿＿＿＿＿、＿＿＿＿和＿＿＿＿＿。

（7）短路电流计算的目的主要是＿＿＿＿＿＿＿＿、＿＿＿＿＿＿＿＿和＿＿＿＿＿＿＿＿。

2. 选择题

（1）短路电流计算中，电路元件的参数采用（　　　）。

A. 基准值　　B. 标幺值　　C. 额定值　　D. 有名值

（2）各种短路故障类型中，危害最大的是（　　　）。

A. 三相短路　　B. 两相短路　　C. 两相短路接地　　D. 单相接地

（3）各种短路故障类型中，发生概率最大的是（　　　）。

A. 三相短路　　B. 两相短路　　C. 两相短路接地　　D. 单相接地

（4）各种短路故障类型中，发生概率最小的是（　　　）。

A. 三相短路　　B. 两相短路　　C. 两相短路接地　　D. 单相接地

（5）短路计算时，以下那些假设条件使短路电流计算结果偏大，趋于保守（　　　）。

①认为所有发电机电动势相位相同

②不计及各元件的电阻,只计及电抗

③变压器的变比取平均额定电压之比

④认为短路前发电机处于空载运行状态

A.①②③　　　B.②③④　　　C.①②④　　　D.①③④

3. 问答题

(1)短路发生的原因主要有哪些?

(2)短路电流计算的步骤是怎样的?

(3)何为转移电抗? 何为输入电抗? 它们分别是如何得到的?

4. 计算题

(1)在图 8.4 的网络中,A,B 为电源点,f 为短路点,已知各支路电抗的标幺值,试求各电源点对短路点的转移电抗。

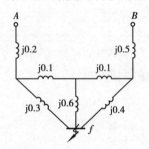

图 8.4　　　　　　　　　　　　　　　　　　　图 8.5

(2)如图 8.5 所示电力系统中,已知:G_1、G_2 为无限大容量电源;$L_1 = 44$ km;$L_2 = 34$ km;单位电抗均为 0.4 Ω/km;T_1,T_2 同型号:$S_N = 5.0$ MVA;短路电压为:$u_{k12}\% = 10.5$,$u_{k13}\% = 17$,$u_{k23}\% = 6$。取 $U_B = U_{av}$,$S_B = 100$ MVA,用标幺值计算,当 10.5 kV 母线发生三相短路时,

①各电源点对短路点的转移电抗;

②短路点的短路容量 S_d。

第 **9** 章
电力系统三相短路

☞ **知识能力目标**

了解无穷大电源的特点,能进行无穷大电源和有限容量电源供电的电力系统三相短路电流分析和计算;能进行电力系统三相短路电流的实用计算。

📣 **重点、难点**

- 短路电流周期分量有效值、冲击电流、短路全电流最大有效值;
- 次暂态电流、暂态电流、稳态短路电流;
- 起始次暂态电流、任意时刻三相短路电流。

9.1 由无限大功率电源供电的三相短路分析

电力系统各种短路故障的统计结果表明,系统发生三相短路故障的几率是很小的,但这并不说明三相短路无关紧要,恰恰相反,三相短路对电力系统的危害最严重,必须予以足够的重视。电力网在设计及运行阶段需考虑在最严重的故障情况下工作的可能性,此时,三相短路起着决定性的作用。另外,研究三相短路之所以重要,还由于在分析计算不对称短路时,是利用对称分量法将不对称短路分解为三相对称的形式来分析的。

所谓无限大功率电源,是指无论该电源外部发生何种变化,其频率 f、电压 U 都保持恒定。从电路理论上讲无限大功率电源也就是恒压源,其内阻抗 $Z_s = 0$,电源容量 $S_s = \infty$。

任何实际电力系统的电源容量都是有限的。但在电源的容量足够大时,其等值的电源内阻抗就很小。这时若外电路中的元件如变压器、输电线路等的总阻抗比电源内阻抗大得多,则当外电路中的电流变动时,供电系统的电源母线电压的变动就很小。在实际计算中就可近似地认为此电源是无限大功率电源。

在为电气设备的选择提供依据的短路电流计算中,若系统阻抗(即等值电源的内阻抗)不超过短路回路总阻抗的 3% ~ 10% 时,即可将电源看做是无限大功率电源。当然,这样算出的短路电流值比实际的要大些,但一般不会影响到所选用的电气设备的形式。此外,在这种假定下算出的短路电流是载流装置中可能通过的最大电流,因此,在估算装置通过最大短路电流值或缺乏必要的系统数据时,都可认为供电回路是由无限大容量电源供电的。

引入无限大功率电源的概念后,在分析电力系统中发生三相突然短路的暂态过程时,可以忽略电源内部的暂态过程,使分析得到简化,从而推导出工程上适用的短路电流计算公式。

9.1.1 短路电流的暂态变化过程

图9.1(a)表示由无限大功率电源供电的电路发生短路的情况。由于三相电路是对称的,因此我们可以只讨论其中的一相(a 相),其等效电路如图9.1(b)所示,由此可以看出,短路电流的计算方法与《电工基础》中讨论的 R-L 电路的过渡过程是一样的。

在图9.1(b)中,$R + jωL$ 为短路点至电源母线的阻抗,$R' + jωL'$ 是短路点到负荷回路的等值阻抗。

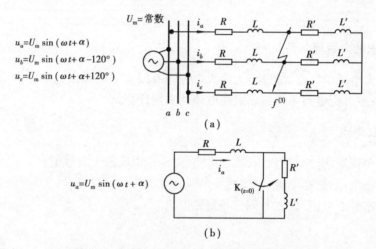

图9.1 无限大容量系统中对称短路的等值图
(a)由无限大功率电源供电的三相短路电路;(b)单相电路

正常运行时,a 相电流的表达式为

$$i_{a[0]} = I_{m[0]} \sin(ωt + α - φ_{[0]})$$ (9.1)

式中 $I_{m[0]}$——正常运行时回路电流的幅值,$I_{m[0]} = \dfrac{U_m}{\sqrt{(R+R')^2 + (ωL + ωL')^2}}$;

$φ_{[0]}$——正常运行时回路的阻抗角,$φ_{[0]} = \arctan \dfrac{ω(L + L')}{R + R'}$;

$α$——短路瞬间电源电压的相位角,简称电压合闸相角。

设三相短路在 $t = 0(s)$ 时发生,短路发生以后,由于回路阻抗减少,电流就要相应地增大。根据电路理论,短路发生后短路点左边回路的电压平衡方程为

$$R i_{fa} + L \frac{d i_{fa}}{dt} = U_m \sin(ωt + α)$$ (9.2)

由于电感回路中电流不能突变,于是短路前后瞬间电流相等,根据这一条件求解上面的微分方程式,可得短路电流瞬时值的表达式为

126

$$i_{fa} = I_m \sin(\omega t + \alpha - \varphi) + [I_{m[0]} \sin(\alpha - \varphi_{[0]}) - I_m \sin(\alpha - \varphi)] e^{-\frac{t}{T_a}}$$
$$= i'_{fa} + i''_{fa} \tag{9.3}$$

式中　I_m——短路电流周期分量的幅值,$I_m = \dfrac{U_m}{\sqrt{R^2 + (\omega L)^2}}$;

　　　φ——短路回路的阻抗角,$\varphi = \arctan \dfrac{\omega L}{R}$;

　　　T_a——短路回路的衰减时间常数,$T_a = \dfrac{L}{R}$。

由式(9.3)可以看出,短路电流中包含两个分量;第一个分量 i'_{fa} 是一个幅值不变的正弦稳态分量,一般称为短路电流的周期分量,其值取决于短路回路的阻抗和电源电压。另一个分量 i''_{fa} 是按指数规律衰减的暂态分量,这一分量又称为非周期分量或直流分量。它是由于电阻—电感回路的换路定律而出现的,其衰减速度取决于短路回路的衰减时间常数。

a 相短路电流的变化情况如图 9.2 所示。至于 b、c 两相的电流,可用 $(\alpha - 120°)$ 和 $(\alpha + 120°)$ 代替式(9.3)中的 α 角而得到。

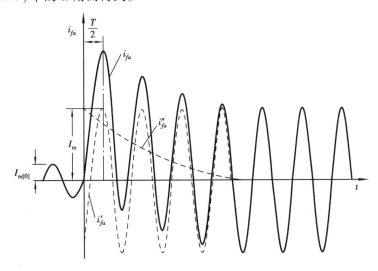

图 9.2　无限大容量系统短路电流的变化情况

由此可知,发生三相对称短路时,短路电流周期分量三相对称,但非周期分量则三相都不相同,因为各相的合闸相角并不相同。

9.1.2　短路冲击电流和短路全电流最大有效值

(1)短路冲击电流

由式(9.3)和图 9.2 可以看出,短路电流的最大值并不是周期分量电流的幅值,而是与短路电流非周期分量的大小有关,而且短路电流也并不是短路瞬间最大,而是要经过一段时间后才能达到最大值。短路电流最大值及其达到的时间都与短路瞬间合闸相角 α 有关。由短路电流引起的电动力的大小与短路电流瞬时值有关,因而在校验电气设备的动稳定时必须估算出短路电流的最大瞬时值。我们把短路电流可能的最大瞬时值称为短路冲击电流,记为 i_{im}。

观察如图9.2所示波形及分析式(9.3),不难发现在纯感性回路中,冲击电流出现的条件是:$I_{m[0]} = 0, \alpha = 0$;出现的时刻在短路后半周波,即 $t = \dfrac{T}{2} = 0.01$ s 时刻,将这些条件代入式(9.3),得冲击电流为

$$i_{ch} = I_m + I_m e^{-\frac{0.01}{T_a}} = (1 + e^{-\frac{0.01}{T_a}})I_m = k_{ch}I_m \qquad (9.4)$$

式中 k_{ch}——冲击系数,$k_{ch} = 1 + e^{-\frac{0.01}{T_a}}$,它表示冲击电流为短路电流周期分量幅值的倍数。

k_{ch} 的大小与短路回路的衰减时间常数 T_a 有关,当 T_a 的变化范围为 $0 \sim \infty$ 时,k_{ch} 的变化范围为 $1 \sim 2$。在电力系统实用计算中,我国目前对 k_{ch} 的推荐值如表9.1所示。

表9.1 冲击系数 k_{ch} 的推荐值

短路发生点	k_{ch} 推荐值
发电机机端	1.90
发电厂高压侧母线或发电机电压出线电抗器后	1.85
远离发电厂的地点	1.80

(2)短路全电流最大有效值

在选择电气设备时,要用短路全电流最大有效值来校验电气设备所应具有的开断电流的能力。在选择断路器时,必须使断路器的额定开断电流大于开断瞬间的短路电流有效值。

在暂态过程中,短路电流是不断衰减的,因此不同周期的有效值不相同。任意时刻 t 的短路全电流有效值为

$$I_t = \sqrt{I_{pt}^2 + I_{at}^2} \qquad (9.5)$$

式中 I_{pt}——短路电流周期分量在以 t 时刻为中心的周期内的有效值。

I_{at}——短路电流非周期分量在以 t 时刻为中心的周期内的有效值,其瞬时值表达式为

$$i_{at} = I_m e^{-\frac{t}{T_a}} = \sqrt{2} I_{pt} e^{-\frac{t}{T_a}} \qquad (9.6)$$

那么将式(9.6)代入式(9.5)有

$$I_t = I_{pt} \sqrt{1 + 2\left(e^{-\frac{t}{T_a}}\right)^2}$$

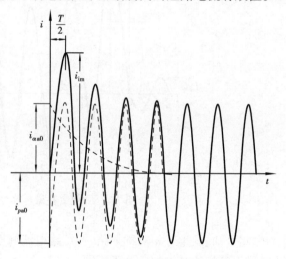

图9.3 非周期分量最大时短路电流波形

从图9.3可看出,在 $t = 0.01$ s 时,即第一周期的短路全电流有效值为短路全电流最大有效值,为

$$I_{ch} = I_p \sqrt{1 + 2(k_{ch} - 1)^2} \qquad (9.7)$$

式中 I_p——短路电流周期分量的有效值。

由式(9.7)可见,当周期分量有效值一定时,I_{im} 的值随冲击系数 k_{ch} 而变化。在近似计算中,当 $k_{ch} = 1.90$ 时:$I_{ch} = 1.62 I_p$;当 $k_{ch} = 1.85$ 时:$I_{ch} = 1.56 I_p$;当 $k_{ch} = 1.80$ 时:$I_{ch} = 1.52 I_p$。

9.1.3　短路容量

短路故障对电力系统的安全运行有很大的威胁。为了保证电力系统的安全运行,在发生短路后必须通过断路器将故障部分迅速切除。这就要求断路器有切除短路电流的能力,从而引出"短路容量"的概念。

电力系统中某一点的短路容量定义为在该点发生对称三相短路时短路电流周期分量的有效值与该点额定线电压之积的 $\sqrt{3}$ 倍。

$$S_t = \sqrt{3} \, U_N I_t \tag{9.8}$$

而断路器的断路容量(或称遮断容量)与上式类似,只是式中的 I_t 表示能够可靠切断的短路电流周期分量的有效值。之所以这样定义短路容量,是由于一方面断路器要可靠地切断短路电流,另一方面在断路器断开过程中当电流过零时,断路器触头应能经受得住额定电压值。显然,短路容量的大小实际上反映了与短路点相连接的电源容量的大小及电气距离的远近(即短路回路的阻抗的大小)。电源容量愈大,电气距离愈近,短路容量就愈大,反之就愈小。目前世界上大电力系统的短路容量可达 50 000 MV·A,也就是在 500 kV 电压等级的母线发生三相短路时短路电流接近 60 kA。

由式(9.8)对短路容量的定义可知,它与时间是无关的,因为短路电流周期分量的有效值与时间无关。但在有些工程手册中,是用短路电流全电流的有效值来定义短路容量的。因为短路全电流的有效值中包含随时间变化的非周期分量,所以短路容量应同时标出时间,例如 $S_t(t = 0.2 \text{ s})$,是表示短路发生后 0.2 s 时的短路容量。这样定义短路容量在工程中的意义有以下几方面:

①对于发电机直接供电的网络,短路电流周期分量的有效值也可能是随时间变化的(详见下一节);

②短路电流的非周期分量也要经过断路器;

③从短路发生到断路器分闸是需要一定的时间的。

【例9.1】　某无限大容量电力系统通过两条 100 km 长的 110 kV 架空线路并列向变电所供电,接线如图 9.4 所示。试分别计算下列两种情况下的短路电流周期分量的有效值,短路冲击电流及各短路点的短路容量。①在其中一条线路的中间发生三相对称短路;②变电所低压侧发生三相对称短路。

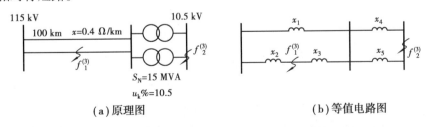

(a)原理图　　　　　　　　　　　　(b)等值电路图

图9.4　例9.1图

解　取 $S_B = 15 \text{ MV·A}$, $U_B = U_{av}$,计算各元件参数,作出等值网络如图 9.4(b)

线路　　　　　　　　　$x_1 = 100 \times 0.4 \times \dfrac{15}{115^2} = 0.045$

$$x_2 = x_3 = \frac{1}{2} \times 100 \times 0.4 \times \frac{15}{115^2} = 0.023$$

变压器
$$x_4 = x_5 = \frac{u_k\%}{100} \cdot \frac{S_B}{S_N} = \frac{10.5}{100} \times \frac{15}{15} = 0.105$$

①当 f_1 点短路时,短路点对电源的电抗为

$$x_{\Sigma f_1} = (x_1 + x_3) /\!/ x_2 = \frac{(x_1 + x_3) x_2}{(x_1 + x_3) + x_2} = \frac{(0.045 + 0.023) \times 0.023}{(0.045 + 0.023) + 0.023} = 0.017$$

短路电流周期分量的有效值 $I_{p1} = \dfrac{1}{x_{\Sigma f_1}} = \dfrac{1}{0.017} = 58.8$

此时冲击系数 $k_{ch} = 1.80$,短路冲击电流

$$i_{ch1} = k_{ch} I_{m1} = \sqrt{2} k_{ch} I_{p1} = \sqrt{2} \times 1.8 \times 58.8 = 149.74$$

短路容量
$$S_{t1} = I_{p1} = 58.8$$

②当 f_2 点短路时

$$x_{\Sigma f_2} = \frac{1}{2} x_1 + \frac{1}{2} x_4 = 0.022\,5 + 0.5 \times 0.105 = 0.075$$

短路电流周期分量的有效值 $I_{p2} = \dfrac{1}{x_{\Sigma f_2}} = \dfrac{1}{0.075} = 13.33$

此时冲击系数 $k_{ch} = 1.80$,短路冲击电流

$$i_{ch2} = k_{ch} I_{m2} = \sqrt{2} k_{ch} I_{p2} = \sqrt{2} \times 1.8 \times 13.33 = 33.93$$

短路容量
$$S_{t2} = I_{p2} = 13.33$$

以上是以标幺值计算的数据,乘以相应基值便可方便地得到其相应的有效值,见表 9.2。

表 9.2 短路电流计算结果表

	f_1 点		f_2 点	
	标幺值	有名值	标幺值	有名值
短路电流周期分量的有效值	58.8	4.42 kA	13.33	10.99 kA
短路冲击电流	149.74	11.276 kA	33.93	27.98 kA
短路容量	58.8	882 MVA	13.33	200 MVA

9.2 有限容量电源供电系统的三相短路

当短路点发生在机端或发电机附近,以及虽距发电机较远但容量有限的网络中时,计算短路电流不能按上节中无限大容量电源来考虑,而必须考虑到突然短路时发电机内部的电磁暂态过程,才能得出正确的计算结果。

9.2.1 突然短路后定子绕组电抗的变化

发电机在正常稳态运行时,电枢磁场是一个幅值恒定的旋转磁场,它与转子相对静止,不

会在励磁绕组和阻尼绕组中感应电动势和电流。但在突然短路后,定子电流及相应的电枢磁场都发生了改变,并影响到励磁绕组和阻尼绕组,于是励磁绕组和阻尼绕组为了保持磁链守恒,内部的电磁量发生了相应的变化。这种定、转子绕组之间的相互影响,使短路过程中定子绕组的电抗也随之改变。

（1）**次暂态电抗** x_d''

为了分析问题简单起见,假设在突然短路发生前,发电机空载运行,励磁绕组和阻尼绕组仅交链励磁磁通 ϕ_0。发生突然短路时,电枢绕组这一电感回路电流不能突变,因而电枢绕组中就会有周期分量和非周期分量电流产生,对应产生直轴电枢反应磁通 ϕ_{ad}。ϕ_{ad} 欲穿过励磁绕组和阻尼绕组,由于电感线圈交链的磁通是不能突变的,则会在励磁绕组和阻尼绕组中产生感应电动势和电流,以产生相应的磁通抵制 ϕ_{ad} 穿过,从而保持原来的磁通不变。这相当于 ϕ_{ad} 被挤出,只能从阻尼绕组和励磁绕组外侧的漏磁路径通过,如图9.5（a）所示。

由于此时 ϕ_{ad} 所经磁路的磁阻比稳态时所经磁路的磁阻大得多,因此相对应的直轴次暂态电抗 x_d'' 比直轴同步电抗 x_d 小得多。

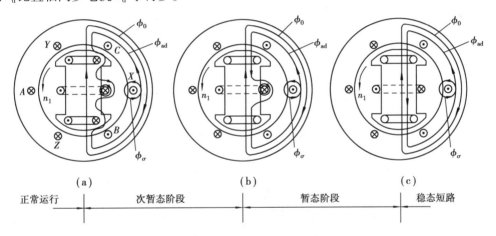

图9.5　发电机突然短路的暂态过程
（a）次暂态时的磁通情况;（b）暂态时的磁通情况;（c）稳态短路时的磁通情况

（2）**暂态电抗** x_d'

由于同步发电机的各个绕组都有电阻存在,因此阻尼绕组和励磁绕组中因电枢磁场变化而引起的感应电流分量都要随时间最后衰减为零。在衰减过程中,由于阻尼绕组匝数少,电感小,感应电流很快衰减到零。而励磁绕组因匝数多,电感较大,感应电流衰减较慢。可以近似认为阻尼绕组电流分量衰减完后,励磁绕组电流分量才开始衰减。此时,电枢反应磁通 ϕ_{ad} 可穿过阻尼绕组,但仍被排挤在励磁绕组外侧的漏磁路径上,发电机的短路次暂态阶段结束,进入暂态阶段。

在发电机的暂态过程中,如图9.5（b）所示,电枢反应磁通 ϕ_{ad} 经过的磁路磁阻明显比次暂态时小,因此相对应的直轴暂态电抗 $x_d' > x_d''$。此时定子绕组中的短路电流也随之衰减,但依然很大。

当励磁绕组中感应电流分量衰减为零而只有励磁电流存在时,电枢反应磁通 ϕ_{ad} 既可穿过阻尼绕组又可穿过励磁绕组,如图9.5（c）所示,发电机进入稳态短路状态,过渡过程结束。这时发电机的电抗就是稳态运行的直轴同步电抗 x_d,突然短路电流也衰减到稳态短路电流值。

9.2.2 突然三相短路电流的衰减

发电机发生突然三相短路,与无穷大容量系统一样,短路电流中含有周期分量和非周期分量。但由于发电机的电动势和电抗在短路的暂态过程中要发生变化,因此,由它们所决定的短路电流周期分量的幅值也随之变化,这是与无穷大容量系统相区别的地方。

为了便于理解,将发电机突然短路后次暂态、暂态、稳态短路 3 个阶段中的各物理量列于表 9.3 中,并加以说明。

表 9.3 同步发电机突然短路后各物理量及其变化

		次暂态阶段	暂态阶段	稳态短路
电 抗		x_d''	x_d'	x_d
电动势		次暂态电动势 E_q'' $$\dot{E}_q'' = \dot{U}_N + j\dot{I}_N x_d''$$	暂态电动势 E_q' $$\dot{E}_q' = \dot{U}_N + j\dot{I}_N x_d'$$	E_∞ 稳态同步电动势
短路电流(波形如图 9.6 所示)	周期分量有效值	次暂态电流 I_p'' $$I_p'' = \frac{E_q''}{x_d''}$$ 随阻尼绕组而衰减	暂态电流 I_p' $$I_p' = \frac{E_q'}{x_d'}$$ 随励磁绕组而衰减	稳态短路电流 I_∞ $$I_p = \frac{E_\infty}{x_d}$$
	非周期分量	由于定子绕组短路前后瞬间电流不能突变而产生,在短路后又由于定子绕组的电阻消耗能量而逐渐衰减,非周期分量电流衰减完毕后,短路电流中只剩下周期分量电流。 非周期分量电流 i_a 的最大值为次暂态电流的幅值,即 $I_{am} = \sqrt{2}I_p''$。		
	冲击电流	在最恶劣的条件下发生短路,短路后半个周波时刻($t = 0.01$ s 时)出现的最大电流值称为冲击电流 i_{ch}: $$i_{ch} = k_{ch}\sqrt{2}I_p''$$ 冲击系数 k_{ch} 的取值见表 9.1。		

注:表 9.4 列出了同步发电机电抗及电动势的平均参考值。

表 9.4 同步发电机的电动势和电抗的平均值

发电机类型	x_d''	x_d'	x_d	E_q''	E_q'
汽轮发电机	0.125	0.25	1.62	1.08	
水轮发电机(有阻尼绕组)	0.2	0.37	1.15	1.13	
水轮发电机(无阻尼绕组)		0.27	1.15		1.18

注:表中的数值均为以额定容量为基准值的标幺值。

【例 9.2】 某汽轮发电机参数:$P_N = 12$ MW,$U_N = 10.5$ kV,$x_d'' = 0.125$,$\cos \varphi_N = 0.8$。发电机短路前工作在额定状态,求短路点在机端时的 I_p'',i_{ch}。

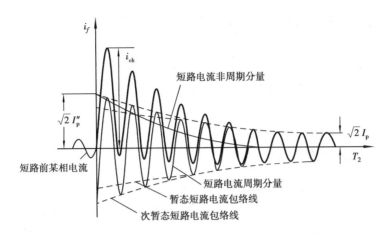

图 9.6　突然短路电流的衰减

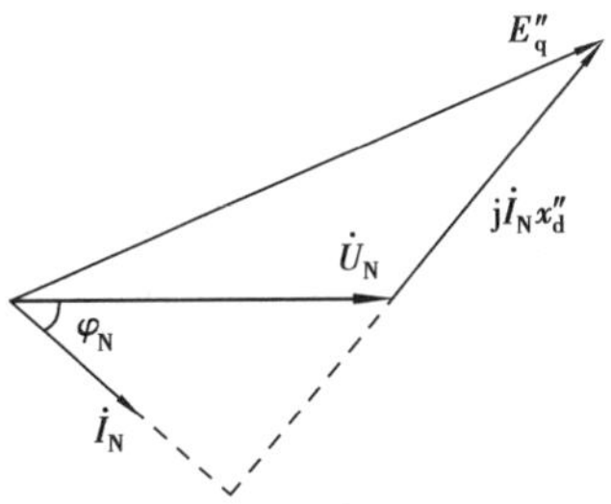

　　解　发电机工作在额定状态,电流、电压的标幺值均为 1,作相量图如图 9.7 所示,可计算次暂态电动势 E''_q

$$E''_q = \sqrt{(U_N \sin \varphi_N + I_N x''_d)^2 + (U_N \cos \varphi)^2}$$
$$= \sqrt{(0.6 + 0.125)^2 + 0.8^2}$$
$$= 1.08$$

图 9.7　计算 E''_q 的相量图

于是　　　　　　$$I''_{p*} = \frac{E''_q}{x''_d} = \frac{1.08}{0.125} = 8.64$$

有名值　　$$I''_p = 8.64 \times \frac{12}{\sqrt{3} \times 10.5 \times 0.8} \text{ kA} = 7.123 \text{ kA}$$

短路点在发电机机端,查表 9.1,冲击系数取 $k_{ch} = 1.9$,得

标幺值　　　　　　$$i_{ch*} = k_{ch} \sqrt{2} I''_{p*} = 1.9 \times \sqrt{2} \times 8.64 = 23.2$$

有名值　　　　　　$$i_{ch} = 23.2 \times \frac{12}{\sqrt{3} \times 10.5 \times 0.8} \text{ kA} = 19.14 \text{ kA}$$

次暂态电势 E''_q 的计算结果与查表 9.4 所得值是相等的,以后可直接根据经验数据计算。

9.3　三相短路电流的实用计算

　　根据选择与校验电气设备和载流导体的需要,要求计算三相短路时的次暂态电流、冲击电流及短路后某一时刻的短路电流周期分量,下面讲述在工程实用中的计算方法。

9.3.1　起始次暂态电流

起始次暂态电流 I'' 就是短路电流周期分量的初值。计算步骤如下:

1)系统元件参数计算

取 S_B,$U_B = U_{av}$,计算网络中各元件标幺值参数,网络中各元件参数均用次暂态参数。

2)对电动势、电压、负荷化简

工程实际计算中,通常取各发电机次暂态电动势 $E''_q = 1$,或取短路点正常运行电压 $U'' = 1$,

略去非短路点的负荷,只计短路点大容量电动机的反馈电流。

3)网络化简

作三相短路时的等值网络,并进行网络化简。

4)短路点起始次暂态电流的计算

$$I''_p = \frac{E''}{x''_\Sigma} = \frac{1}{x''_\Sigma} \tag{9.9}$$

9.3.2 任意时刻三相短路电流的计算

由于短路电流的周期分量有效值是随时间变化的,其变化规律受到许多因素的影响,这些因素包括:①发电机的各种电抗和时间常数以及短路前的运行状态;②决定强励效果的励磁系统参数;③故障点离机端的距离等。因此,不同时刻短路电流的计算是比较复杂的。

(1)运算曲线

在工程计算中,常利用运算曲线来确定短路后任意指定时刻短路电流的周期分量,也称运算曲线法。运算曲线表示了短路过程中,不同时刻的短路电流周期分量与短路回路计算电抗之间的函数关系。即 I_{pt} 与计算电抗 x_{js} 和时间的函数关系为

$$I_{pt} = f(t, x_{js}) \tag{9.10}$$

式中 I_{pt} ——对应于 t 时刻发电机容量下的三相短路电流周期分量的标幺值;

x_{js} ——计算电抗的标幺值,为归算到发电机容量的转移电抗。

附录Ⅲ.1～Ⅲ.9 的曲线表示了上述的函数关系,根据计算电抗 x_{js} 值可以查出不同时刻的短路电流标幺值。这种方法十分简便,在大多数情况下计算结果也相当准确,所以得到广泛应用。

运算曲线按汽轮发电机和水轮发电机两种类型分别制作。由于我国制造和使用的发电机组型号繁多,为使曲线具有通用性,制作时采用了概率统计方法。选取多种不同型号不同容量的样机,并考虑了发电机自动调节励磁装置的作用,分别解出各种样机在给定计算电抗和时间下的短路电流,取其算术平均值,用以绘制运算曲线。

运算曲线只作到 $x_{js} = 3.45$ 为止。当 $x_{js} > 3.45$ 时,可近似认为短路点离电源点的距离相当远,电源可认为是"无穷大"系统,因而短路电流周期分量已不随时间变化,计算式为

$$I_* = \frac{1}{X_{sf}} \tag{9.11}$$

式中 X_{sf} ——无穷大系统到短路点的转移电抗。

(2)应用运算曲线计算短路电流的步骤和方法

1)绘制等值网络

首先选取基准功率 S_B 和基准电压 $U_B = U_{av}$。然后取发电机电抗为 x''_d,无限大容量电源的电抗为零,由于运算曲线制作时已计入负荷的影响,等值网络中可以略去负荷。然后进行网络参数计算,并作出电力系统的等值网络。

2)进行网络变换,求转移电抗

实际电力系统中发电机台数很多,如果每一台发电机都作为一个电源计算,计算量太大,也无此必要。通常将短路电流变化规律大致相同的发电机合并成等值机,以减少计算工作量。求出各等值机对故障点的转移电抗以及无限大容量电源对故障点的转移电抗,消去除等值机

电源点(含无限大容量电源)和故障点以外的所有中间节点,各电源与故障点的直接联系电抗即为它们之间的转移电抗。

(3)求出各等值发电机对故障点的计算电抗

将求出的转移电抗按相应等值发电机的容量进行归算,便得到各等值机对故障点的计算电抗。用 x_{if} 表示转移电抗标幺值,用 x_{js} 表示计算电抗标幺值,则

$$x_{js} = x_{if} \frac{S_i}{S_B} \tag{9.12}$$

式中　S_i——等值机的额定容量。

4)由计算电抗根据适当的运算曲线找出指定时刻 t 各等值机提供的短路电流周期分量标幺值

如果网络中有无限大容量电源,则由它供给的三相短路电流是不衰减的,其周期分量有效值的标幺值可直接按式(9.9)算出。

5)计算短路电流周期分量的有名值

将各等值机和无限大容量电源提供的短路电流周期分量标幺值,乘以各自的基准值,得它们的有名值,再求和便是故障点周期分量电流有效值。

【例9.3】　某电力系统如图9.8所示,水轮发电机 G_1、G_2 有阻尼绕组,有自动励磁调节装置,其他参数均标注于图中。试求:f 点发生三相短路时流过 QF_1 的 I''_p、I_∞ 和 i_{ch}。

解　①取基准功率 $S_B = 100$ MV·A,基准电压 $U_B = U_{av}$。

②计算各元件电抗标幺值,作出等值电路如图9.9所示。

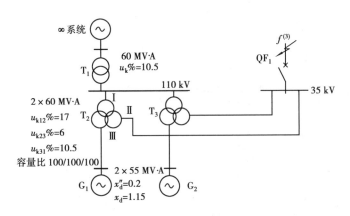

图9.8　例9.3网络

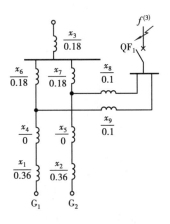

图9.9　等值电路图

发电机 G_1、G_2 的电抗为

$$x_1 = x_2 = x''_d \frac{S_B}{S_N} = 0.2 \times \frac{100}{55} = 0.36$$

变压器 T_1 的电抗为

$$x_3 = \frac{u_k\%}{100} \frac{S_B}{S_N} = \frac{10.5}{100} \times \frac{100}{60} = 0.18$$

变压器 T_2、T_3 的电抗为

$$x_4 = x_5 = \frac{1}{2}(u_{k31}\% + u_{k23}\% - u_{k12}\%) \times \frac{1}{100} \times \frac{S_B}{S_N}$$

135

$$= \frac{1}{2}(10.5 + 6 - 17) \times \frac{1}{100} \times \frac{100}{60} \approx 0$$

$$x_6 = x_7 = \frac{1}{2}(u_{k12}\% + u_{k31}\% - u_{k23}\%) \times \frac{1}{100} \times \frac{S_B}{S_N}$$

$$= \frac{1}{2}(17 + 10.5 - 6) \times \frac{1}{100} \times \frac{100}{60} \approx 0.18$$

$$x_8 = x_9 = \frac{1}{2}(u_{k12}\% + u_{k23}\% - u_{k31}\%) \times \frac{1}{100} \times \frac{S_B}{S_N}$$

$$= \frac{1}{2}(17 + 6 - 10.5) \times \frac{1}{100} \times \frac{100}{60} \approx 0.1$$

③网络化简。$x_4 = x_5 \approx 0$，可略去不计。因为 G_1、G_2 是相同的发电机，符合合并条件，且 T_1、T_2 相同，网络对称，故可将 A、B 两点合并成一点，从而将网络简化成如图 9.10 所示的电路图，且

$$x_{10} = x_1 /\!/ x_2 = \frac{0.36}{2} = 0.18$$

$$x_{11} = x_6 /\!/ x_7 = \frac{0.18}{2} = 0.09$$

$$x_{12} = x_8 /\!/ x_9 = \frac{0.1}{2} = 0.05$$

进一步简化得到如图 9.11 所示的电路图

$$x_{13} = x_3 + x_{11} = 0.18 + 0.09 = 0.27$$

因为无限大容量电源与发电机 $G_{1,2}$ 不能合并，所以要用 Y-△ 变换，得转移电抗，即

$$x_{14} = 0.27 + 0.05 + \frac{0.27 \times 0.05}{0.18} = 0.4$$

$$x_{15} = 0.18 + 0.05 + \frac{0.18 \times 0.05}{0.27} = 0.26$$

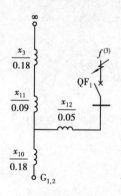 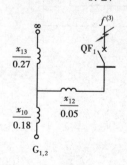 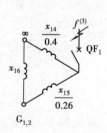

图 9.10　简化电路图　　　　　图 9.11　简化电路图　　　　图 9.12　Y-△ 变换电路图

从化简后的网络图看出，有两个等值电源向短路点提供短路电流。水轮发电机 $G_{1,2}$ 提供的短路电流，因为发电机有自动调节励磁装置，需要查"运算曲线"。已知

$$S_{N\Sigma} = 2 \times 55 = 110 \text{ MV} \cdot \text{A}$$

将 x_{15} 归算成以等值电源容量 110 MV·A 为基准的计算电抗标幺值，得

$$x_{js} = x_{15} \frac{S_{N\Sigma}}{S_B} = 0.26 \times \frac{110}{100} = 0.286$$

查水轮发电机运算曲线,由 $G_{1,2}$ 提供的短路电流为

$$I''_{G_{1,2*}} = 3.9$$

$$I''_{G_{1,2(4s)*}} = 3.05$$

化成有名值得

$$I''_{G_{1,2}} = 3.9 \times \frac{110}{\sqrt{3} \times 37} \text{ kA} = 6.69 \text{ kA}$$

$$I''_{G_{1,2(4s)}} = 3.05 \times \frac{110}{\sqrt{3} \times 37} \text{ kA} = 5.24 \text{ kA}$$

由"无穷大电源"提供的短路电流为

标幺值

$$I''_{\infty*} = I_{\infty(4s)*} = \frac{1}{x_{14}} = \frac{1}{0.4} = 2.5$$

有名值

$$I''_{\infty} = I_{\infty(4s)} = 2.5 \times \frac{100}{\sqrt{3} \times 37} \text{ kA} = 3.9 \text{ kA}$$

所以流过 QF_1 的短路电流为

$$I'' = 6.69 \text{ kA} + 3.9 \text{ kA} = 10.59 \text{ kA}$$

$$I_{\infty} = 5.24 \text{ kA} + 3.9 \text{ kA} = 9.14 \text{ kA}$$

$$i_{ch} = \sqrt{2} \times 1.8 \times 10.59 \text{ kA} = 26.96 \text{ kA}$$

用运算曲线法,根据已求出的 x_{js},可以求得任意 t 时刻的短路电流,这是运算曲线的最大好处。当然,运算曲线法也存在误差,因为所有的曲线都是用发电机的典型平均参数作出来的。不过在工程中,这个误差是完全允许的。当短路时间 $t > 4$ s 时,短路电流一般趋于稳态,故 $t > 4$ s 时可查 $t = 4$ s 的曲线。

习　题

1. 填空题

(1)电力系统各种短路故障类型中,＿＿＿＿＿＿＿＿短路的后果最严重。

(2)无限大功率电源供电系统发生三相短路时,某一相出现冲击电流的两个条件是＿＿＿＿＿＿＿＿＿＿＿＿和＿＿＿＿＿＿＿＿＿＿＿＿＿＿＿＿＿。

(3)短路电流的周期分量又可称为＿＿＿＿＿分量或＿＿＿＿＿分量,非周期分量又可称为＿＿＿＿＿分量或＿＿＿＿＿分量。

(4)无限大功率电源供电系统发生三相短路时,最多只有一相出现冲击电流的原因是电源各相电压的＿＿＿＿＿＿不同,造成＿＿＿＿＿＿＿＿＿＿＿＿不同。

(5)短路电流可能出现的最大瞬时值称为＿＿＿＿＿电流。

(6)断路器的遮断容量应＿＿＿＿＿(填"大于"或"小于")短路点的短路容量。

(7)发电机机端发生三相短路后,在考虑阻尼绕组作用的情况下,会经历＿＿＿＿＿阶段、＿＿＿＿＿阶段和＿＿＿＿＿阶段,这三个阶段各自对应的发电机电抗大小关系为 x''_d ＿＿＿ x'_d

____X_d(填">"或"<")。

(8)在实际工程中,常需要计算短路发生后任意时刻的短路电流,此时需要用到_____法。

(9)在利用运算曲线法计算短路电流时,需将转移电抗进行容量归算,转换为_____电抗。

2. 选择题

(1)关于短路电流的周期分量和非周期分量,下列说法正确的是(   )。

①无限大功率电源供电系统发生三相短路时,周期分量和非周期分量都不发生衰减

②无限大功率电源供电系统发生三相短路时,非周期分量随时间不断衰减,周期分量的幅值保持不变

③有限大功率电源供电系统发生三相短路时,周期分量和非周期分量都会逐渐衰减到零

④有限大功率电源供电系统发生三相短路时,非周期分量随时间不断衰减,周期分量的幅值经过一定时间的衰减以后达到一个稳定值

A.①③   B.①④   C.②③   D.②④

(2)冲击电流是指最恶劣条件下短路发生后哪一瞬间的值(   )。

A.0.01 s   B.0.02 s   C.0.1 s   D.0 s

(3)如果发电厂高压母线发生三相短路,计算冲击电流时,冲击系数应取(   )。

A.1.80   B.1.85   C.1.90   D.1.95

(4)在校验设备动稳定时,要用到(   )。

A.短路冲击电流   B.短路全电流最大有效值

C.短路电流周期分量有效值   D.短路电流非周期分量起始值

(5)在校验开关设备具有的开断电流的能力时,要用到(   )。

A.短路冲击电流   B.短路全电流最大有效值

C.短路电流周期分量有效值   D.短路电流非周期分量起始值

3. 简答题

(1)无限大功率电源有什么特点?短路计算时,什么情况下可以将等值电源看作无限大功率电源?

(2)电力系统中某一点的短路容量是如何定义的?该物理量有何意义?

(3)起始次暂态电流的计算步骤是怎样的?

(4)利用运算曲线法计算短路电流的步骤和方法是怎样的?起始次暂态电流和稳态短路电流可以用运算曲线法来计算吗?

4. 计算题

(1)如图9.13所示的无穷大功率电源系统,取$S_B = 100$ MV·A,$U_B = U_{av}$,求f点发生三相短路时的冲击电流是多少?短路功率是多少?

(2)如图9.14所示系统,发电机G_1,G_2均装有自动励磁调节装置,其他参数均标注于图中。试求f点发生三相短路时的I''_p和i_{im}。

(3)如图9.15所示系统,f点发生三相短路,试求$t = 0$ s、$t = 0.6$ s时的短路电流周期分量。

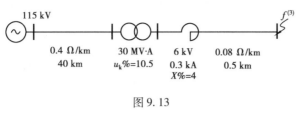

图 9. 13

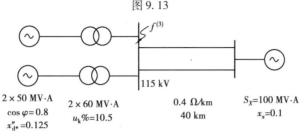

图 9. 14

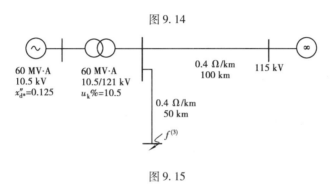

图 9. 15

第10章
电力系统不对称短路

☞ **知识能力目标**

理解对称分量法的原理及其在不对称故障分析中的应用；理解各种元件的零序、负序阻抗的概念；能构成正序、负序、零序网络；能利用对称分量法进行简单不对称短路故障的分析。

📣 **重点、难点**

- 序阻抗；
- 零序网络；
- 边界条件。

10.1 对称分量法

前面已讲过，在电力系统分析中，除了三相短路之外，还有不对称短路，例如单相短路、两相短路、两相短路接地等。为了保证电力系统中各种电气设备的安全运行，必须进行各种不对称故障分析和计算，以便正确地选择电气设备、确定网络接线方案、确定运行方式、选择自动化装置、选择继电保护装置以及为整定其参数提供依据。

分析三相短路时，由于三相电路是对称的，短路电流的周期分量也是对称的，因此只需分析其中的一相就可以了。但是系统发生不对称短路时，电路的对称性遭到破坏，网络中出现了三相不对称的电流和电压，对称电路变成了不对称电路，直接求解这种不对称的电路是相当复杂的，这类不对称问题通常采用"对称分量法"来解决。对称分量法分析不对称问题的思路步骤是：①确定不对称系统的已知条件；②将1组三相不对称的正弦量分解为3组（即正序、负序和零序）互相独立的三相对称分量；③再对各对称分量求解；④将上述求解结果叠加得出结论。由于三相对称，只需分析其中一相的问题，就可推出其他两相的结论。

设 $\dot{i}_a$、$\dot{i}_b$、$\dot{i}_c$ 为三相不对称电流，它与 a 相的三序分量 $\dot{i}_{a+}$、$\dot{i}_{a-}$、$\dot{i}_{a0}$ 的关系为

$$\begin{cases} \dot{I}_{a+} = \dfrac{1}{3}(\dot{I}_a + a\dot{I}_b + a^2\dot{I}_c) \\[2mm] \dot{I}_{a-} = \dfrac{1}{3}(\dot{I}_a + a^2\dot{I}_b + a\dot{I}_c) \\[2mm] \dot{I}_{a0} = \dfrac{1}{3}(\dot{I}_a + \dot{I}_b + \dot{I}_c) \end{cases} \tag{10.1}$$

$$\begin{cases} \dot{I}_a = \dot{I}_{a+} + \dot{I}_{a-} + \dot{I}_{a0} \\[2mm] \dot{I}_b = a^2\dot{I}_{a+} + a\dot{I}_{a-} + \dot{I}_{a0} \\[2mm] \dot{I}_c = a\dot{I}_{a+} + a^2\dot{I}_{a-} + \dot{I}_{a0} \end{cases} \tag{10.2}$$

对称分量法常采用这两套可逆的计算公式,公式中引入复数运算符号 a,其值为方程组 $\begin{cases} a^2 + a + 1 = 0 \\ a^3 = 1 \end{cases}$ 的复数解,即 $a = \mathrm{e}^{\mathrm{j}120^\circ} = 1\angle 120^\circ$。

上式是以三相电流为例写出的公式,对于电压同样适用。于是可以用对称分量法方便地求出不对称短路故障的各项解答。

10.2　电力系统各元件的序电抗

有了对称分量法之后,对于任何不对称短路引起的系统电流和电压的不对称,都可用对称分量法将其分解成 3 个对称组,然后按对称故障分析方法分析其中一相的情况,其他两相的三序分量可由式(10.1),式(10.2)推出,再将各相三序分量相加,就可得到分析结果。这样,从计算原理上来说,对称故障和不对称故障的分析方法就是一样的了。

但应注意,电力系统中的元件对于不同序分量所呈现出的电抗是不同的。因此,在应用对称分量法分析不对称故障之前必须先确定各元件的序电抗。

在前面几章中讨论了电力系统在正常运行情况下和对称短路条件下各元件的电抗,这些电抗实际上就是它们的正序电抗。因此下面只讨论它们的负序和零序电抗。

10.2.1　同步发电机的序电抗

(1)负序电抗 x_-

负序电流流过定子绕组时遇到的电抗即为负序电抗。三相负序电流流过定子绕组时,除产生负序漏磁场外,还产生反向旋转的负序电枢磁场。

负序漏磁场与正序电流流过定子绕组时产生的漏磁场完全一样,因而漏电抗也完全一样,即 $x_{\sigma-} = x_{\sigma+} = x_\sigma$。

负序电枢磁场的旋转速度也为同步转速,但其转向与转子的转向相反,它以两倍同步转速切割转子上的励磁绕组和阻尼绕组,而感应出两倍频率的电动势和电流。励磁绕组和阻尼绕组的感应电流会建立反磁动势,将负序磁通排斥到励磁绕组和阻尼绕组的漏磁路径上,故负序磁场所遇到的磁阻增大。在凸极机中,交轴磁路与直轴磁路不同,负序磁场与交轴重合时为交

轴负序电抗 $x_{q-} = x_\sigma + x_{aq-}$；负序磁场与直轴重合时为直轴负序电抗 $x_{d-} = x_\sigma + x_{ad-}$，因而负序电抗是变化的，一般取它们的平均值作为负序电抗值，即

$$x_- = \frac{x_{d-} + x_{q-}}{2}$$ (10.3)

（2）零序电抗 x_0

零序电流流过定子绕组时遇到的电抗即为零序电抗。由于零序电流大小相等、相位相同，流过三相绕组时产生的各相磁动势在空间上互差 120°电角度，故三相合成磁动势基波为零，不形成旋转磁场。所以，零序电流只产生定子漏磁通。又因为合成磁动势中只有 k 次谐波，谐波漏磁通减少，定子绕组短路时槽漏磁通也减少，故 $x_0 \leqslant x_\sigma$。

同步发电机负序和零序电抗的标幺值如表 10.1 所示。

表 10.1 同步发电机的负序和零序电抗标幺值的范围

电机形式	x_-^*	x_0^*
二极汽轮发电机	0.134 ~ 0.18	0.015 ~ 0.08
有阻尼绕组的水轮发电机	0.13 ~ 0.35	0.02 ~ 0.20
无阻尼绕组的水轮发电机	0.30 ~ 0.70	0.04 ~ 0.25

10.2.2 变压器的序电抗

当将负序电压加于三相变压器的绕组时，将在三相磁路中产生负序磁通，但这种相序的改变对于变压器的磁路及各绕组之间的互感作用并无任何影响，因此各绕组之间的电磁关系也无任何变化。换言之，变压器的负序电抗与其正序电抗完全一样。这一结论也同样适用于输电线路、电抗器等其他静止的元件。

对于零序电抗，情形就要复杂得多。由于零序分量是大小相等而相位相同，三相间彼此不能互为回路，因此首先碰到的问题是变压器三相绕组的接线方式是否有零序电流通路的问题。其次，变压器的零序电抗还与其磁路系统的结构和变压器的形式等都有关系，下面具体分析之。

（1）连接组别对零序电抗的影响

变压器绕组的连接组别的不同决定了零序电流有无通路。在 Y 连接的三相绕组中，方向相同的三相零序电流是没有回路的，因而其零序电抗体现为无限大，在等值电路中相当于开路。在 YN 连接的绕组中零序电流就可以流通；在△连接的绕组中，零序电流可以在三相绕组内流通，但流不到线路上去，在用等效电路表示时，△绕组对零序电流是短路的，变压器以外的线路对零序电流则是开路的。

1）双绕组变压器

表 10.2 中汇总了常用的双绕组变压器绕组的接线方式。由此表可看出，变压器三相绕组的接线方式有两种基本情况，即至少具有一个△接法的绕组或全由 Y 连接的绕组组成。若不考虑变压器的磁路对变压器零序电抗的影响，则各绕组本身的零序漏抗与正序漏抗完全一样。当绕组是△连接法时。这一零序漏抗与零序励磁电抗并联后接地，对于外电路则是断开的（零序电流流不出△连接的绕组）。在近似计算中，由于绕组的零序电抗比零序励磁电抗小得

多,故亦可将零序励磁支路视为开路。

对于全为 Y 连接绕组构成的变压器,绕组中的零序漏抗与外电路的连接方式视绕组中性点的接地方式而定。当是 YN 接法时,绕组的零序漏抗是与外电路接通的,否则是断开的。

2)三绕组变压器

表 10.2　双绕组变压器的零序电抗

序号	接线图	等值电路		
		等值网络	三个单相或壳式	三相三柱式
1			$X_0 = \infty$	$X_0 = \infty$
2			$X_0 = x_{\text{I}} + \cdots$	$X_0 = x_{\text{I}} + \cdots$
3			$X_0 = \infty$	$X_0 = x_{\text{I}} + x_{m0}$
4			$X_0 = x_{\text{I}}$	$X_0 = x_{\text{I}} + \dfrac{x_{\text{II}} \, x_{m0}}{x_{\text{II}} + x_{m0}}$
5			$X_0 = x_{\text{I}} + 3Z$	$X_0 = x_{\text{I}} + \dfrac{(x_{\text{II}} + 3Z) x_{m0}}{x_{\text{II}} + 3Z + x_{m0}}$
6			$X_0 = x_{\text{I}} + 3Z$	$X_0 = x_{\text{I}} + \dfrac{(x_{\text{II}} + 3Z + \cdots) x_{m0}}{x_{\text{II}} + 3Z + x_{m0} + \cdots}$

注:1. x_{m0} 为变压器的零序励磁电抗。三相三柱式 $x_{m0} = 0.3 \sim 1.0$,通常在 0.5 左右(以额定容量为基准值);三个单项或壳式变压器 $x_{m0} = \infty$。

2. x_{I}, x_{II} 为变压器的各线圈的正序电抗,二者大致相等,约为正序电抗 x_{I} 的一半。

对于三绕组变压器,表 10.3 中的等效电路中各臂的电抗是其等值漏抗,而不是各绕组单独存在时的漏抗,这点与三绕组变压器的正序漏抗的情形一样。变压器的零序励磁电抗和绕组漏抗也可通过试验得到。

(2)磁路系统对零序电抗的影响

由于零序分量的特点,变压器磁路系统的结构方式对零序电抗的影响很大。零序磁通在磁路系统中的特点与变压器 3 次谐波磁通的通路是一样的。因此,零序磁通所遇到的磁导及与此相对应的零序励磁电流与磁路系统的结构方式关系密切。不同的磁路系统有不同的零序励磁电抗,这一零序励磁电抗可能与正序励磁电抗差别很大,因而将影响到变压器的零序等值电抗值。

表 10.3　三绕组变压器的零序电抗

序　号	接线图	等值网络	等值电抗
1			$X_0 = x_{\mathrm{I}} + x_{\mathrm{III}}$
2			$X_0 = x_{\mathrm{I}} + \dfrac{x_{\mathrm{III}}(x_{\mathrm{II}} + \cdots)}{x_{\mathrm{III}} + x_{\mathrm{II}} + \cdots}$
3			$X_0 = x_{\mathrm{I}} + \dfrac{x_{\mathrm{III}}(x_{\mathrm{II}} + 3Z + \cdots)}{x_{\mathrm{III}} + x_{\mathrm{II}} + 3Z + \cdots}$
4			$X_0 = x_{\mathrm{I}} + \dfrac{x_{\mathrm{II}} x_{\mathrm{III}}}{x_{\mathrm{II}} + x_{\mathrm{III}}}$

注:1. x_{I}、x_{II}、x_{III} 为三相变压器等值星形电路中各支路的零序电抗。

2. 直接接地 YN、YN、yn 和 YN、YN、d 接线的自耦变压器与 YN、YN、d 接线的三绕组变压器的等值回路是一样的。

3. 当自耦变压器无第三绕组时,其等值回路与三个单相或三相四柱式 YN、yn 接线的双绕组变压器是一样的。

4. 当自耦变压器的第三绕组为 Y 接线,且中性点不接地时(即 YN、YN、y 接线的全星形变压器),等值网络中的 x_{II} 不接地,等值电抗 $x_{\mathrm{III}} = \infty$。

相对于由三个单相变压器组成的三相变压器组,三相五芯柱式变压器的情形就大不一样了。由于三芯柱中的零序磁通在各柱之间不能像正序一样互为回路,因此零序磁通与 3 次谐波磁通一样,只能经过气隙(油)到达外壳(铁磁材料),再经过气隙而形成闭合回路,如图 10.1 所示。因为零序

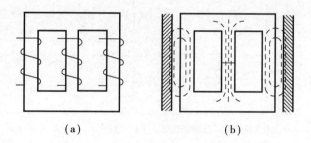

图 10.1　三相芯式变压器中零序磁通的通路

磁回路中有一部分是由非铁磁材料组成的,因而其总磁导要小得多,从而使零序励磁电抗 $x_{\mathrm{m}0}$ 比正序励磁电抗 x_{m} 小得多。$x_{\mathrm{m}0}$ 受磁饱和的影响也很小。

同时,由于由铁磁材料构成的变压器的箱壳也是零序磁路的组成部分,当零序磁通穿过时,便要在箱壳中产生涡流。根据楞次定律,箱壳涡流产生的磁通与零序磁通是反向的。这种作用在效果上相当于随着零序在箱壳中的流通而在箱壳中上出现一个等效的△接法的绕组,因此将它称为箱壳"△"效应,箱壳的△效应可进一步使零序励磁电抗减少,就像同步电机中的阻尼绕组使次暂态电抗减少一样。这样一来,在这类变压器中,其零序等效电路中就应计及

零序励磁电抗,而不能将其视为开路。

对于一般的三相三柱式变压器,绕组漏抗的标幺值(即 u_{k*})为 $0.05 \sim 0.15$,正序励磁电抗值(即空载电流标幺值的倒数)在 20 以上,而其零序励磁电抗的标幺值约为 0.6。对于三相三芯柱式的高压大容量自耦变压器,x_{m0} 的值约为 $1.5 \sim 2.5$。

对于应用广泛的 YN、d 接法的三相三芯柱变压器,从 Y 接绕组的端口看进去,其零序电抗值为(见表 10.2 中第 4 栏):

$$X_0 = x_{\mathrm{I}} + \frac{x_{\mathrm{II}} x_{\mathrm{m0}}}{x_{\mathrm{II}} + x_{\mathrm{m0}}} \tag{10.4}$$

由于上述理由,X_0 比其等值正序电抗要小 20% 左右,因此,一般可取 $X_0 = 0.8 X_+$。以往在继电保护的整定计算中取 $X_0 = X_+$,使得算出的零序电流值偏低,因而可能使零序保护误动作。这是应该引起注意的。

(3)中性点接地电抗对零序电抗值的影响

在某些情况下,变压器 YN 侧的中性点是经过一阻抗接地的。该接地电抗对变压器的正、负序电抗并无任何影响,因为正负序电流是以三相互为回路的,并不流经这一接地电抗。但零序电流则要流经这一电抗。由于有 3 倍于零序相电流的电流流过,因此其压降亦为单相零序电流的 3 倍。在绘制单相零序等效网络时,应将这一接地电抗值加大两倍,以正确反映零序电压的平衡关系。表 10.2 中第 5 栏画出了 YN、d 接线的变压器当 YN 侧中性点经接地阻抗 Z 接地时的单相零序等效网络图。对于中性点经电抗接地的其他类型变压器(见表 10.2 中第 6 栏),在作零序等效网络时,亦应注意流过接地电抗的实际零序电流值。

就三绕组变压器而言,对于实际系统中广泛采用的 YN、YN、d 接线,中性点经接地阻抗 Z 的零序电流是两 Y 接绕组的电流的相量差,从而其在零序等效网络中对各侧零序漏抗都有影响(见表 10.3 中第 3 栏)。

10.2.3 架空输电线路的零序电抗

电力线路是静止元件,因此它的正、负序电抗是一样的,这点与变压器相类似。但三相导线中流过零序电流时,由于各相导线间的电磁关系与正、负序不同,因此零序电抗与其正、负序电抗有很大的差别。

关于架空输电线路的正序电抗,在前面已讨论过。下面只对输电线路的零序电抗作简单介绍。

在三相架空输电线路中,方向相同的三相零序电流不能像正序时一样彼此互为回路。因此,线路中的零序电流要通过变压器的接地中性点,以架空地线(如果有架空地线的话)和大地作为回路。由零序电流产生的交链相导线的磁链大小就决定了线路零序电抗的大小。由于零序电流至少有一部分经由大地作回路,而大地中零序电流的分布又很难准确计算,因此,架空线路零序电抗的计算比正序电抗的计算复杂得多。为了解决这一复杂问题,许多学者进行了大量的理论分析和实际测定工作,得出了以下结论。

影响输电线路的零序电抗大小的因素有:

①是单回线路还是同塔双回线路;

②是否有架空地线;

③架空地线的导电性能的高低。

在实际计算中,输电线路的各序电抗的平均值可选用表 10.4 中所列数据。

表 10.4　架空电力线路各序电抗的平均值

架空电力线路种类		正、负序电抗/$(\Omega \cdot km^{-1})$	零序电抗/$(\Omega \cdot km^{-1})$	备　注
无避雷线	单回线	$x_+ = x_- = 0.4$	$x_0 = 3.5\ x_+ = 1.4$	
	双回线		$x_0 = 5.5\ x_+ = 2.2$	每回路数值
有钢质避雷线	单回线		$x_0 = 3\ x_+ = 1.2$	
	双回线		$x_0 = 5\ x_+ = 2.0$	每回路数值
有良导体避雷线	单回线		$x_0 = 2\ x_+ = 0.8$	
	双回线		$x_0 = 3\ x_+ = 1.2$	每回路数值

同样电缆线路在实用计算中的各序电抗可以取表 10.5 所列数据。

表 10.5　电缆线路各序电抗的平均值

元件名称	电缆电抗的平均值	
	$x_+ = x_-/(\Omega \cdot km^{-1})$	$x_0/(\Omega \cdot km^{-1})$
1 kV 三芯电缆	0.06	0.7
1 kV 四芯电缆	0.066	0.17
6～10 kV 三芯电缆	0.08	$x_0 = 3.5\ x_+ = 0.28$
35 kV 三芯电缆	0.12	$x_0 = 3.5\ x_+ = 0.42$

10.3　电力系统各序网络图的制订

电力系统各序网络图的制订是按照电力系统接线图、中性点接地情况等原始资料来进行的,在故障点分别施加各序电压源,从故障点开始,逐步查明各序电流流通情况。凡是某一序电流能流通的元件,都必须包括在该序网络之中,并用相应的等值电路和参数表示。

10.3.1　正序网络图

在正序网络中,电源电动势就是正序电动势,流过正序电流的全部元件,其阻抗均用正序阻抗表示,短路点的电压为该点的正序电压。

10.3.2　负序网络图

在负序网络中,没有电源电动势,流过负序电流的全部元件其阻抗均用负序阻抗表示,短路点的电压为该点的负序电压。

10.3.3　零序网络图

在零序网络中,也没有电源电动势,仅有零序电流能够流通的那些元件的零序阻抗,短路点的电压为该点的零序电压。

正序网与负序网的形式基本相同,仅差发电机电动势。而零序网与正、负序网有很大差异。由于零序电流的流通路径与正、负序截然不同,零序电流三相相位相同,它必须通过大地和架空地线、电缆的保护包皮等才能形成回路,因此某个元件有无零序阻抗,要看零序电流是否流过它。

【例 10.1】　电力系统接线如图 10.2 所示,各元件归算到统一基值下的电抗标幺值已标于图中,如果在 f 点发生接地故障,作正序、负序、零序网络图,并加以简化,作出各序等值序网络图。

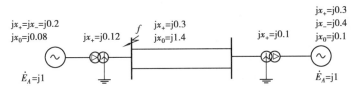

图 10.2　例 10.1 图

解　分别作出正序、负序及零序网络图如图 10.3 所示,并在忽略负荷的情况下。求得它们的等值参数。

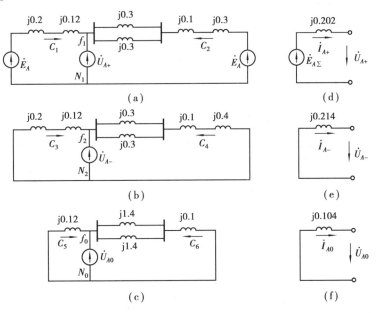

图 10.3　例 10.1 序网络图

正序网络图(a),从 f_1 和 N_1 两端看进去,是一个有源二端网络,有左右两个并联支路,其等值电动势和等值电抗标幺值为

$$\dot{E}_{A\Sigma} = j1$$

$$X_{+\Sigma} = \frac{(0.2+0.12)\times(0.3+0.1+\dfrac{0.3}{2})}{(0.2+0.12)+(0.3+0.1+\dfrac{0.3}{2})} = 0.202$$

经过简化的正序网络图如图(d)所示。

负序网络图(b),从 f_2 和 N_2 两端看进去,是一个无源二端网络,有左右两个并联支路,其等值电抗标幺值为

$$X_{-\Sigma} = \frac{(0.2+0.12) \times (0.4+0.1+\frac{0.3}{2})}{(0.2+0.12)+(0.4+0.1+\frac{0.3}{2})} = 0.214$$

经过简化的负序网络图如图(e)所示。

零序网络图(c),从 f_0 和 N_0 两端看进去,也是一个无源二端网络,有左、右两个并联支路,其等值电抗标幺值为

$$X_{0\Sigma} = \frac{0.12 \times (0.1+\frac{1.4}{2})}{0.12+(0.1+\frac{1.4}{2})} = 0.104$$

经过简化的零序网络图如图(f)所示。

10.4　电力系统简单不对称故障分析

制订出正、负、零序网络图并简化后,便可根据各种短路类型的边界条件进行求解。

10.4.1　单相接地故障

设在中性点接地系统中发生 a 相接地短路,从图 10.4 中可以看出短路点 f 的边界条件为:正常相短路电流为零,故障相电压为零,即

$$\left.\begin{aligned} \dot{I}_{fb} &= \dot{I}_{fc} = 0 \\ \dot{U}_{fa} &= 0 \end{aligned}\right\} \tag{10.5}$$

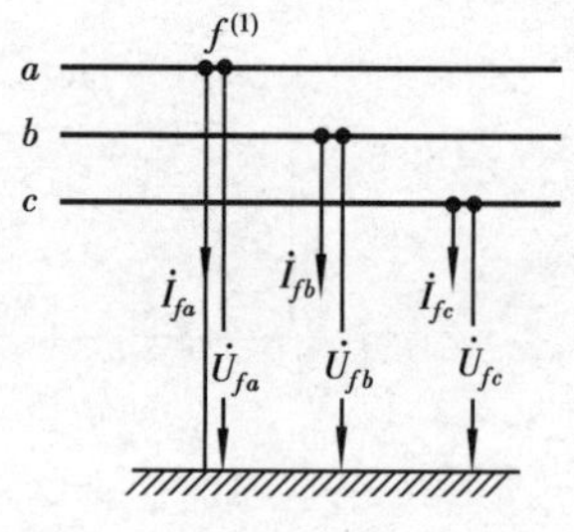

图 10.4　单相接地故障示意图

将边界条件代入式(10.1),转换为正、负、零序分量表示,得

$$\left.\begin{aligned} \dot{I}_{fa+} &= \dot{I}_{fa-} = I_{fa0} = \frac{1}{3}\dot{I}_{fa} \\ \dot{U}_{fa+} &+ \dot{U}_{fa-} + \dot{U}_{fa0} = 0 \end{aligned}\right\} \tag{10.6}$$

由式(10.6),可将 3 个序网首尾相接,如图 10.5 所示,求出短路点电流和电压的各序分量。这种由 3 个序网按不同边界条件组合而成的网络称为复合序网。在复合序网中,同时满足了序网方程和边界条件,因此复合序网中的电流和电压各序分量就是要求解的未知数。

从复合序网中可直接得

$$\dot{I}_{fa+} = \dot{I}_{fa-} = \dot{I}_{fa0} = \frac{\dot{U}_{fa[0]}}{\mathrm{j}(X_{+\Sigma}+X_{-\Sigma}+X_{0\Sigma})} \tag{10.7}$$

故障点的故障相电流为

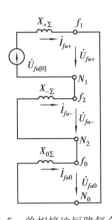

$$\dot{I}_{fa} = \dot{I}_{fa+} + \dot{I}_{fa-} + \dot{I}_{fa0} = 3 \times \frac{\dot{U}_{fa[0]}}{\mathrm{j}(X_{+\Sigma} + X_{-\Sigma} + X_{0\Sigma})} \qquad (10.8)$$

再从序网方程式

$$\left.\begin{aligned} \dot{U}_{fa+} &= \dot{U}_{fa[0]} - \mathrm{j}I_{fa+}X_{+\Sigma} \\ \dot{U}_{fa-} &= -\mathrm{j}I_{fa-}X_{-\Sigma} \\ \dot{U}_{fa0} &= -\mathrm{j}I_{fa0}X_{0\Sigma} \end{aligned}\right\} \qquad (10.9)$$

图 10.5　单相接地短路复合序网

求出短路点电压的各序分量 $\dot{U}_{fa+}$、$\dot{U}_{fa-}$、$\dot{U}_{fa0}$，然后利用式（10.2）即可求出短路点各相电压。

10.4.2　各种简单接地故障汇总

上节分析了单相接地短路故障的分析过程,现将各种故障特点总结于表 10.6 中,以便参阅。

表 10.6　各种短路故障特点总结

短路类型	边界条件	复合序网	正序电流	故障相电流
$f^{(1)}$	$\dot{I}_{fb} = \dot{I}_{fc} = 0$ $\dot{U}_{fa} = 0$		$\dot{I}_{fa+} = \dfrac{U_{fa[0]}}{\mathrm{j}(x_{+\Sigma} + x_{-\Sigma} + x_{0\Sigma})}$	$I_{fa} = 3\dot{I}_{fa+}$
$f^{(2)}$	$\dot{I}_{fa} = 0$ $\dot{I}_{fb} = -\dot{I}_{fc}$ $\dot{U}_{fb} = \dot{U}_{fc}$		$\dot{I}_{fa+} = \dfrac{\dot{U}_{fa[0]}}{\mathrm{j}(x_{+\Sigma} + x_{-\Sigma})}$	$I_{fb} = I_{fc} = \sqrt{3}\,I_{fa+}$
$f^{(1.1)}$	$\dot{I}_{fa} = 0$ $\dot{U}_{fb} = \dot{U}_{fc} = 0$		$\dot{I}_{fa+} = \dfrac{\dot{U}_{fa[0]}}{\mathrm{j}\left(x_{+\Sigma} + \dfrac{x_{-\Sigma} \cdot x_{0\Sigma}}{x_{-\Sigma} + x_{0\Sigma}}\right)}$	$I_{fb} = I_{fc}$ $= \sqrt{3} \times \sqrt{1 - \dfrac{x_{-\Sigma} \cdot x_{0\Sigma}}{(x_{-\Sigma} + x_{0\Sigma})^2}} \cdot I_{fa+}$
$f^{(3)}$			$\dot{I}_{fa+} = \dfrac{\dot{U}_{fa[0]}}{\mathrm{j}x_{+\Sigma}}$	$I_{fa} = I_{fb} = I_{fc} = I_{fa+}$
一般式 $f^{(n)}$			$\dot{I}_{fa+} = \dfrac{\dot{U}_{fa[0]}}{\mathrm{j}(x_{+\Sigma} + x_{\Delta}^{(n)})}$	$I_f = m^{(n)} I_{fa+}$

在表 10.6 中，$x_\Delta^{(n)}$ 称为不对称短路的附加电抗；$m^{(n)}$ 为故障相电流对正序分量的倍数。它们在不同短路故障中的取值见表 10.7。

表 10.7　各种短路故障类型的 $x_\Delta^{(n)}$ 和 $m^{(n)}$

短路类型	$x_\Delta^{(n)}$	$m^{(n)}$
$f^{(1)}$	$x_{0\Sigma} + x_{-\Sigma}$	3
$f^{(2)}$	$x_{-\Sigma}$	$\sqrt{3}$
$f^{(1,1)}$	$\dfrac{x_{-\Sigma} \cdot x_{0\Sigma}}{x_{-\Sigma} + x_{0\Sigma}}$	$\sqrt{3} \times \sqrt{1 - \dfrac{x_{-\Sigma} \cdot x_{0\Sigma}}{(x_{-\Sigma} + x_{0\Sigma})^2}}$
$f^{(3)}$	0	1

【例 10.2】　例 10.1 图中 f 点发生两相短路 $f^{(2)}$ 故障，试计算短路电流。

解　例 10.1 已解得各序阻抗分别为：

$$X_{+\Sigma} = 0.202, \quad X_{-\Sigma} = 0.214, \quad X_{0\Sigma} = 0.104$$

根据表 10.6 可知，发生两相短路 ($f^{(2)}$) 故障时，

$$\dot{I}_{fa+} = \frac{\dot{U}_{fa[0]}}{\mathrm{j}(X_{+\Sigma} + X_{-\Sigma})} = \frac{1}{\mathrm{j}(0.202 + 0.214)} = -\mathrm{j}2.404$$

结论：

$$\begin{cases} I_{fa} = 0 \\ I_{fb} = I_{fc} = \sqrt{3} I_{fa+} = \sqrt{3} \times 2.404 = 4.164 \end{cases}$$

由本题可知，对于不对称故障，最关键的是先将各序网络阻抗求出，再按表 10.6 计算即可。

习　题

1. 填空题

(1) 不对称短路故障种类有＿＿＿＿＿＿＿＿、＿＿＿＿＿＿＿＿、＿＿＿＿＿＿＿＿＿＿。

(2) 对称分量法是将＿＿＿＿＿＿＿＿＿＿分解成＿＿＿＿＿＿＿＿＿＿。

(3) 同步发电机的负序电抗一般取＿＿＿＿＿＿＿＿＿，零序电抗一般取＿＿＿＿＿＿＿。

(4) 变压器的负序电抗与＿＿＿＿＿＿＿相等，其零序电抗与＿＿＿＿＿＿＿＿＿＿＿＿＿和＿＿＿＿＿＿＿＿＿＿＿有关。

2. 问答题

(1) 影响输电线路的零序电抗大小的因素有哪些？

(2) 写出 a、c 两相发生 f^2 和 $f^{(1,1)}$ 的边界条件。

3. 计算题

(1) 试将 $\dot{I}_a = 1, \dot{I}_b = 0, \dot{I}_c = 0$ 的电流系统分解为对称分量。

(2) 已知 a 相电流的各序分量为 $\dot{I}_{a+} = 5, \dot{I}_{a-} = -\mathrm{j}5, \dot{I}_{a0} = -1$，试求 a、b、c 三相电流。

（3）简单电力系统接线如图 10.6 所示，各元件参数均标于图中，当在 f 点发生接地故障时，作正序、负序、零序网络图，并加以简化，作出各序等值序网图。

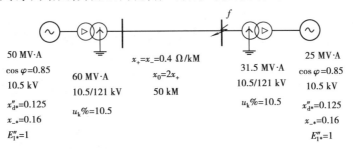

$$50\ MV\cdot A$$
$$\cos\varphi=0.85$$
$$10.5\ kV$$
$$x''_{d*}=0.125$$
$$x_{-*}=0.16$$
$$E''_{1*}=1$$

$$60\ MV\cdot A$$
$$10.5/121\ kV$$
$$u_k\%=10.5$$

$$x_+=x_-=0.4\ \Omega/kM$$
$$x_0=2x_+$$
$$50\ kM$$

$$31.5\ MV\cdot A$$
$$10.5/121\ kV$$
$$u_k\%=10.5$$

$$25\ MV\cdot A$$
$$\cos\varphi=0.85$$
$$10.5\ kV$$
$$x''_{d*}=0.125$$
$$x_{-*}=0.16$$
$$E''_{1*}=1$$

图 10.6

（4）简单电力系统接线如图 10.7 所示，各元件归算到统一基值下的电抗标幺值已标于图中，如果在 f 点发生接地故障，作正序、负序、零序网络图，并加以简化，作出各序等值序网图。

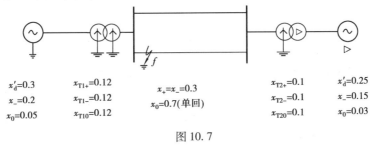

$$x'_d=0.3$$
$$x_-=0.2$$
$$x_0=0.05$$

$$x_{T1+}=0.12$$
$$x_{T1-}=0.12$$
$$x_{T10}=0.12$$

$$x_+=x_-=0.3$$
$$x_0=0.7(单回)$$

$$x_{T2+}=0.1$$
$$x_{T2-}=0.1$$
$$x_{T20}=0.1$$

$$x'_d=0.25$$
$$x_-=0.15$$
$$x_0=0.03$$

图 10.7

第11章

电力系统的稳定性

☞ **知识能力目标**

　　充分认识电力系统稳定性的重要性;能描述电力系统稳定性的概念(静态、暂态、动态),了解同步发电机的转子运动方程、电磁功率特性;能进行电力系统静态稳定(判据、储备系数)、电力系统暂态稳定性(物理模型、分析过程、稳定判据——面积定则)的定性分析;能例举和分析提高系统静态稳定和暂态稳定的措施。

📢 **重点、难点**

- 静态稳定性;
- 提高静态稳定性措施;
- 暂态稳定性;
- 提高静态暂定性措施。

11.1　稳定性问题的提出及基本概念

　　我国电力建设已取得巨大成就,全国发电装机容量为1995年的2.17亿kW,2011年底达到装机10.56亿kW,而2022年年底国家能源局发布的全国电力工业统计数据,全国累计发电装机容量约25.6亿kW,具体指标见表11.1。

　　2022年特高压工程累计线路长度也增长至44 613 km。

表 11.1　2022 年底全国发电装机容量统计表　　（单位：万 kW）

全国发电装机容量		256 405
其中	水电	41 350
	火电	133 239
	核电	5 553
	风电	36 544
	太阳能发电	39 261

11.1.1　稳定性问题的提出

我们知道,电力系统中的大量同步发电机都是并联运行的,因此,使并联运行的所有发电机保持同步是电力系统维持正常运行的基本条件之一。

从《电机学》的知识可知:同步发电机的转速取决于作用在其轴上的转矩,当转矩变化时转速也将相应地发生变化。正常运行时,原动机的输入功率与发电机的输出功率是平衡的,从而保证了发电机以恒定的转速运行。但是,由于电力系统中负荷的随机性,上述功率平衡又只能是相对的动态平衡。同时,由于可能发生系统故障,这种平衡状态将不断被打破。电力系统中电能的生产正是这种功率（及转矩）的平衡不断遭到破坏,同时又不断恢复的对立统一过程,而功率的不平衡以及与之相应的转矩不平衡将引起发电机组转速的变化。例如,当发电机输出功率暂时减小时,由于惯性将使得原动机的输入功率暂时大于发电机的输出功率,从而使整个发电机组加速,加速过程中剩余功率将转化为动能并储存于转子中。这样,当系统由于负荷变化、操作或发生故障使平衡状态遭到破坏后,各发电机组将因功率的不平衡而发生转速的变化。在一般情况下,由于各发电机组功率不平衡的程度不同,因此转速变化的规律也不同,从而在各发电机组的转子之间产生相对运动。如果在外干扰之后不产生自发性振荡,而且各发电机组经历一段运动变化过程后能重新恢复到原来的平衡状态,或者在某一新的平衡状态下同步运行,则这样的电力系统是稳定的。相反,如果遭受到外干扰后各发电机组间产生自发性振荡或很剧烈的相对运动以致机组之间失去同步,或者系统的频率、电压变化很大以致不能保证对负荷的正常供电而造成大量用户停电,则这样的系统是不稳定的。

因此,稳定性可以认为是在外界干扰下发电机组间维持同步运行的能力。所以,研究电力系统稳定性问题将归结为研究当系统遭受干扰而破坏平衡状态后的运动规律,从而判断系统是否可能失去稳定以及研究提高稳定性的措施等。

11.1.2　稳定的基本概念

根据电力系统遭受干扰的不同情况,稳定性问题可分为静态稳定性（steady-state stability of electric power system）、暂态稳定性（transient stability of electric power system）和动态稳定性（dynamic stability of electric power system）等几种类型。静态稳定性是指电力系统受到小干扰后,如负荷的随机涨落、汽轮机蒸汽压力的波动、发电机端电压发生小的偏移等,不发生非周期性的失步,自动恢复到起始运行状态的能力。小干扰的特征是系统的状态变量偏离很小,从而允许把描述系统的状态方程线性化。暂态稳定性是指电力系统受到大干扰后,如个别元件突然退出工作、输电线路因发生短路事故被切除等,各同步发电机能保持同步运行,并过渡到新的运行状态或恢复到原来的稳定运行状态的能力。大干扰的特征是系统的状态变量偏离较大,不允许把描述系统状态的非线性方程线性化。动态稳定性是指电力系统遭受干扰后,在自动调节和控制装置的作用下,不发生振幅不断增大的振荡而失步。动态稳定性与静态、暂态稳定性相比较,实质上是同一性质的问题,只是动态稳定性的要求更高,所得的结果也更为准确。

总之,所谓电力系统的稳定性问题,无论是静态稳定、暂态稳定还是动态稳定,都是研究电力系统受到某种干扰后能否重新回到原来的运行状态或安全地过渡到一个新的运行状态的问题,并以系统中任一发电机是否失步为依据。当然,稳定性的类型不同,所用的计算和分析方法也不相同。

11.2　同步发电机的转子运动方程

11.2.1　同步发电机的有功平衡及转矩平衡

同步发电机在运行时,原动机(汽轮机、水轮机等)的机械旋转功率,除了极少部分损耗外,大部分转变为定子输出的电功率。如果原动机输入功率扣除损耗之后,正好等于发电机输出的电功率,发电机组的转速就维持匀速旋转,否则,发电机组的转速就会变化。当输入的机械功率大于输出的电功率时,机组加速;反之,机组减速。因此,同步发电机是否能保持同步运行,就要看机组的功率是否能够保持平衡。

假设原动机输入功率为 P_T,扣除空载损耗 p_0 和励磁损耗 p_L(励磁机与发电机同轴)后,都由发电机转变为电功率 P_E,即

$$P_T - (p_0 + p_L) = P_{em} \tag{11.1}$$

发电机输出电功率时,定子电流在绕组中还要损耗一部分功率,即铜耗 $P_{Cu} = 3I^2R$。因此,发电机实际输出功率是 P_2,即

$$P_2 = p_{em} - p_{Cu} \tag{11.2}$$

式(11.1)、式(11.2)反映了发电机组正常运行时的功率平衡关系。在定性分析中,常忽略各损耗量,从而将式(11.1)、式(11.2)记为

$$P_T = P_{em} \tag{11.3}$$

式中　P_T——原动机提供给发电机的机械功率;

P_{em}——发电机发出的电磁功率。

根据式(11.3),等号两边同除以发电机组转子机械角速度 Ω,可得

$$M_T = M_{em} \tag{11.4}$$

即反映了发电机组正常运行时转矩平衡关系。

11.2.2　发电机组的转子运动方程

从《电机学》的知识可知发电机组的转子运动方程式为

$$\left.\begin{array}{l} \dfrac{\mathrm{d}\delta}{\mathrm{d}t} = \omega - \omega_0 \\[2mm] \dfrac{\mathrm{d}\omega}{\mathrm{d}t} = \dfrac{\omega_0}{T_{\mathrm{J}}}(P_{\mathrm{T}} - P_{\mathrm{em}}) \end{array}\right\} \qquad (11.5)$$

该转子运动方程表明:发电机转子的运行状态取决于发电机转轴上的转矩平衡或功率平衡,而发电机组之间的相对位置关系则取决于各发电机的转速。以单机-无穷大系统为例,如图 11.1(a)所示,单机为研究对象,且为隐极发电机,有:

$$\dot{E}_{\mathrm{q}} = \dot{U} + \mathrm{j}\dot{I}X_{\mathrm{d\Sigma}} \qquad (11.6)$$

其相量图如图 11.1(b)所示。

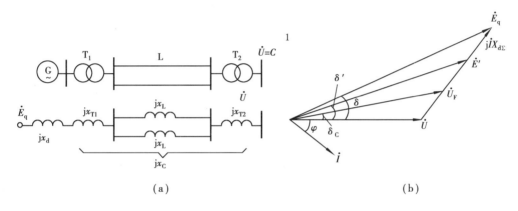

图 11.1　单机-无穷大系统

(a)单机-无穷大系统接线图;(b)相量图

当 $P_{\mathrm{T}} = P_{\mathrm{em}}$ 时,发电机获得的能量等于发电机发出的能量,由能量守恒原理可知发电机保持相对静止,转速 ω 维持不变;当 $P_{\mathrm{T}} > P_{\mathrm{em}}$ 时,发电机获得的能量大于发电机发出的能量,由能量守恒原理可知转速 ω 将增大;当 $P_{\mathrm{T}} < P_{\mathrm{em}}$ 时,发电机获得的能量小于发电机发出的能量,由能量守恒原理可知转速 ω 将减小。当 $\omega = \omega_0$ 时,发电机为同步运行状态,转轴的运动速度等于无穷大电源的转轴的运动速度,其相对功率角 δ 保持不变;当 $\omega > \omega_0$ 时,发电机转轴的运动相对于无穷大电源的转轴的运动快,随着时间的推移,其相对功率角 δ 将增大;当 $\omega < \omega_0$ 时,发电机转轴的运动相对于无穷大电源的转轴的运动慢,随着时间的推移,其相对功率角 δ 将减小。

发电机组转子运动方程是分析和计算电力系统稳定性的最基本方程之一。它可以用于描述电力系统受到扰动后,发电机间或发电机与系统间的相对运动,也可以用它来判断受扰动后的电力系统能否继续保持稳定运行。从式(11.5)可知,发电机的转子的运动状态取决于作用在发电机上的不平衡功率。该不平衡功率取决于由原动机供给的机械功率与发电机输出的电磁功率之间的差值。前者由于惯性的作用,在机电暂态过程中可视为不变;而后者则与发电机的电磁特性、转子运动特性、负荷特性、系统结构等因素有关。因此,它是电力系统稳定分析与计算中最为复杂的部分。可以说,电力系统稳定计算的复杂性和它的工作量大小,取决于发电机电磁功率的描述与计算。因此,电力系统稳定分析的主要任务就变为对发电机输出电磁功率的描述和分析计算。

11.3 同步发电机的电磁功率特性

11.3.1 几点假设

讨论同步发电机的电磁功率可作如下假设：

①略去发电机定子绕组电阻，因为在定子绕组中，其电阻分量远小于其电抗分量；

②近似认为发电机组转速为同步转速，即 $\omega = \omega_0$。在受到扰动后的一个较小时段内，由于发电机转子惯性的作用，转速不会很快有大的变化；

③不计定子绕组中的电磁暂态过程，只考虑正序基波分量；

④近似分析转子绕组中的电磁过程。由不同形式的励磁装置决定采用合适的发电机模型，如 E_q（或 E'，U_F）为常数。

下面以一台发电机直接和无限大系统母线相连的简单系统（简称单机-无穷大系统）为例，分析同步发电机的电磁功率。

11.3.2 隐极同步发电机的功角特性

同步发电机输出的电功率也有其自身的变化规律，它与发电机所连接的系统的参数有关，还与并列运行的发电机间的功角有关。这种关系被称为同步发电机的功角特性。下面讨论隐极同步发电机的功角特性。

图 11.3(a)为一简单电力系统，发电机经过升压变压器 T_1、输电线路及降压变压器 T_2 连接到受端无穷大系统的母线 U 的情况。系统的电阻和导纳忽略不计，只考虑各元件的电抗，发电机是隐极的(汽轮发电机)，代表一个发电厂。受端系统为无限大容量系统，因此其母线电压 $\dot{U}$ 的大小和相位可以认为是恒定不变的(受端系统的电源容量为送端发电机容量的 7 ~ 8 倍以上时，受端系统一般就可认为是无限大系统)。

图 11.1(b)是该系统的相量图。E_q 代表发电机的空载电动势，不计磁路饱和影响时，它与转子电流成正比，因此，对于不调节励磁电流的发电机来说，运行情况作任意缓慢地变化时，它保持恒定不变。

参照图 11.1(b)的相量图，可以写出如下的关系(按标幺值)式：

$$E_q \sin \delta = I X_{d\Sigma} \cos \varphi \tag{11.7}$$

式中　$X_{d\Sigma}$——发电机 E_q 到受端母线 U 之间的系统总电抗，

$$X_{d\Sigma} = X_d + X_{T1} + \frac{X_L}{2} + X_{T2}$$

送端发电机送出电功率为

$$P = IU \cos \varphi \tag{11.8}$$

联立式(11.7)和式(11.8)，可得发电机的功角特性方程为

$$P = \frac{E_q U}{X_{d\Sigma}} \sin \delta \tag{11.9}$$

式(11.9)表明，当发电机端电动势 E_q 和受端母线电压恒定时，发电机向受端系统输出的功率

仅仅是 δ 的函数。称 δ 为功角,它表示发电机电动势与受端系统母线电压之间的相位差,同时代表发电机转子的磁场轴线与受端系统等值发电机转子的磁场轴线之间的空间位移角。由于转子的机械惯性,功角 δ 是不可能突变的。

当运行情况的变化迅速而剧烈时(如系统发生短路故障时),由于发电机的定子电流剧增,使电枢反应加大,加大的电枢反应磁通企图减少转子绕组原有的磁链,而转子绕组是具有高电感、低电阻的回路,根据磁链守恒定律,它的磁链不会立刻变化,于是就产生一个自由电流分量来抵消电枢反应,因此,发电机的空载电动势要相应地发生变化。显然,此时发电机应选用新的模型。

$\dot{E}_q'$ 代表发电机的纵轴暂态电动势,它的大小与转子励磁绕组的合成磁链成正比。因为转子励磁绕组的合成磁链不会突变,所以,在电力系统遭受扰动前后的瞬间,保持不变。在近似计算稳定性问题时,一般假定隐极发电机在纵轴和横轴上的暂态电抗相等,都等于 X_d',与 X_d' 对应的发电机暂态电动势用 $\dot{E}'$ 代表,参看图 11.1(b)。所以,$\dot{E}'$ 与 $\dot{E}_q'$ 是相对应的,即 $\dot{E}_q'$ 是 $\dot{E}'$ 的纵分量。

同理可得,当发电机采用 $\dot{E}'$ 恒定模型时,

$$P = \frac{E'U}{X_{d\Sigma}} \sin \delta' \tag{11.10}$$

当发电机采用 U_F 恒定模型时,

$$P = \frac{U_F U}{X_C} \sin \delta_C \tag{11.11}$$

注意　具体分析时,应合理选择发电机模型,以便分析的准确和方便。

11.4　简单电力系统的静态稳定分析

研究电力系统的静态稳定性的目的,就是掌握电力系统受到小干扰后所发生的暂态过程的特点和性质,并判断系统在某运行状态时是否静态稳定。这样,就可以在设计时,使所设计的电力系统是静态稳定的;在运行中,使运行状态具有静态稳定的能力。

为了简化分析研究,常将静态稳定性分为两个方面:同步发电机并列运行的稳定性和负荷的稳定性。

11.4.1　同步发电机并列运行的稳定性

设有一简单电力系统如图 11.2(a)所示,如果发电机的励磁不可调,即它的空载电动势 E_q 为恒定值,由上节内容可知该系统的功角特性关系为

$$P = \frac{E_q U}{X_{d\Sigma}} \sin \delta$$

由此可知这个系统的功角特性曲线如图 11.2 所示。

在满足机械功率与发电机输出的电磁功率相平衡,即 $P_T = P_E$ 的条件下,在功角特性曲线上将有两个运行点 a 和 b,与其相对应的功角 δ_a 和 δ_b。下面分析电力系统在这两点运行时受

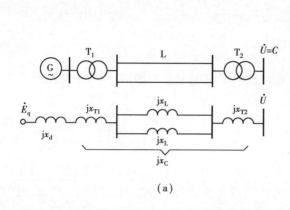
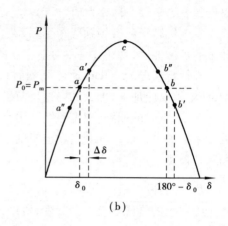

图 11.2 静态稳定分析

(a)系统图;(b)分析图

到微小干扰后的情况,以及静态稳定的实用判据和静态稳定储备系数的概念。

(1)静态稳定性的分析

先分析在 a 点的运行情况。此时,系统运行功角为 δ_0,转速保持为同步转速 ω_0。当系统出现一个瞬时的小干扰而使功角 δ 增加一个微量 $\Delta\delta$ 时,输出的电磁功率将从 a 点相对应的值 P_0 增加到与 a' 点相对应的 P_a'。但因输入的机械功率 P_T 不调节,仍为 P_0,在 a' 点输出的电磁功率将大于输入的机械功率 P_T。因此作用在转子上的过剩功率小于0,根据转子运动方程的基本关系,在此过剩功率的作用下,发电机组将减速,转速将小于同步转速 ω_0,功角 δ 将减小,运行点将渐渐回到 a 点。如图 11.2(a)中实线所示。

当一个小干扰使功角 δ 减小一个微量 $\Delta\delta$ 时,情况相反,输出的电磁功率将减小到与 a'' 对应的值 P_a'',此时作用在转子上的过剩功率大于零。在此过剩功率的作用下,发电机组将加速,转速将大于同步转速 ω_0,使功角 δ 增大,运行点将渐渐地回到 a 点,如图 11.2(a)中虚线所示。

因此,a 点是静态稳定运行点。

据此分析可得,在图 11.2(b)中 c 点以前,即 $0° < \delta < 90°$ 时,皆具备静态稳定性。

(2)静态不稳定分析

再分析在 b 点的运行情况,b 点也是一个功率平衡点($P_T = P_E$)。系统的运行功角为 $180° - \delta_0$,转速保持为同步转速 ω_0,当系统中出现一个瞬时的小干扰而使功角 δ 增加一个微量 $\Delta\delta$ 时,输出的电磁功率将从 b 点对应的 P_0 减少到 b' 点相对应的 P_b',在原动机输出的功率不调节($P_T = P_0$)的假设下,作用在转子上的过剩功率大于零。在过剩功率的作用下发电机转子将加速,转速将大于同步转速 ω_0,功角 δ 将进一步增大。而随着功角的增大,与之对应的电磁功率将进一步减小。这样继续下去,运行点不可能再回到 b 点,如图 11.3(b)中实线所示。功角 δ 不断增大,标志着两个电源之间将失去同步,电力系统将不能并列运行而瓦解。

如果瞬时出现的小干扰使功角减小一个微量 $\Delta\delta$,情况又不同,输出的电磁功率将增加到与 b'' 点相对应的值 P_b'',此时过剩功率小于零。在此过剩功率的作用下,发电机将减速,转速将小于同步转速 ω_0,功角将继续减小,一直减小到稳定点 a 点运行,如图 11.3(b)中虚线所示。

因此,b 点不是静态稳定运行点。同理,在 c 点以后,即 $\delta > 90°$ 时,都不具备静态稳定性。

(3)电力系统静态稳定的实用判据

根据以上分析可见,对上述简单电力系统,当功角 δ 在 $0° \sim 90°$ 范围内时,电力系统可以保

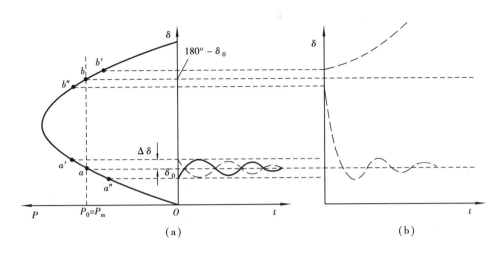

图 11.3　功率角的变化过程

(a)在 a 点运行;(b)在 b 点运行

持静态稳定运行,在此范围内功角特性曲线为增函数,即 $\mathrm{d}P/\mathrm{d}\delta>0$;当 $\delta>90°$时,电力系统不能保持静态稳定运行,在此范围内功角特性曲线为减函数,即 $\mathrm{d}P/\mathrm{d}\delta<0$。显然,$\delta=90°$为静态稳定与不稳定的分界点,称为稳定极限,且稳定极限功率为:

$$P_{\mathrm{wj}}=\frac{E_{\mathrm{q}}U}{X_{\mathrm{d}\Sigma}}\qquad(11.12)$$

因稳定极限点本身不具备抗干扰能力,故不是静态稳定点。

由此,可以得出电力系统静态稳定的实用判据为

$$\frac{\mathrm{d}P}{\mathrm{d}\delta}>0\qquad(11.13)$$

根据此式可判定电力系统中的同步发电机并列运行的静态稳定性。它是历史上第一个,也是最常用的一个静态稳定判据。显然,严格的数学分析表明,仅根据这个判据不足以最后判定电力系统的静态稳定性,因而它只能是一种实用判据。事实上,静态稳定的判据不止一个。

(4)静态稳定储备系数

从电力系统运行可靠性要求出发,一般不允许电力系统运行在稳定的极限附近,否则,运行情况稍有变动或者受到干扰,系统便会失去稳定。为此,要求运行点离稳定极限有一定的距离,即保持一定的稳定储备。电力系统静态稳定储备的大小通常用静态稳定储备系数 K_P 来表示,即

$$K_P(\%)=\frac{P_{\mathrm{wj}}-P_0}{P_0}\times100\%\qquad(11.14)$$

式中　P_{wj}——静态稳定的极限功率(即功角特性曲线的顶点 c);

　　　P_0——正常运行时的输送功率($P_0=P_{\mathrm{T}}$)。

静态稳定储备系数 K_P 的大小表示电力系统由功角特性所确定的静态稳定度。K_P 越大,稳定程度越高,但系统输送功率受到限制。反之,K_P 过小,则稳定程度低,降低了系统运行的可靠性。我国目前规定,在正常运行时,K_P 应为 $15\%\sim20\%$;当系统发生故障后,由于部分设备(包括发电机、变压器、线路等)退出运行,为了尽量不间断地对用户供电,允许 K_P 短时降低,但不应小于 10%,并应尽快采取措施恢复系统的正常运行。

最后还要指出,电力系统在运行中随时都将受到各种原因引起的小干扰,如果电力系统的运行状态不具有静态稳定的能力,则电力系统是不能运行的。

11.4.2　电力系统负荷的稳定性

所谓电力系统负荷的稳定性即电压的稳定性,是指电力系统受到干扰而引起电压变化时,负荷的无功功率与电源的无功功率能否保持平衡或恢复平衡的问题。电压稳定性遭到破坏,将导致系统内电压崩溃(voltage collapse),即系统端电压不断地下降。电压崩溃一般为局部性的,但其影响可能波及全系统。大量的电动机将失速、停转,并列运行的发电机可能失步,导致系统瓦解。因此,电压稳定性与发电机并列运行的功角稳定性同等重要,都是整个电力系统安全运行的重要方面,而且它们之间是相互联系的。对于无功功率严重不足,电压水平较低的系统,很可能出现电压"崩溃"现象;同时,系统运行在较低电压水平时,将威胁发电机并列运行的稳定性。在这里将它们分开来讨论,只是为了分析方便。

在实际系统中,电压崩溃主要发生在系统遭受大扰动、发电机保持了暂态稳定性的故障后运行状态下。1978 年 12 月法国电网和 1987 年 7 月日本东京电网的电压崩溃都是在大扰动后十几分钟才发生的。法国电网的电压失稳发生在冬季早上 8 点多钟,日本东京电网的电压失稳则发生在夏季特别炎热的中午,都处于负荷迅速增长的时段。故障后的系统由于切除了故障线路,网络结构发生了变化,传输能力有所下降,随着故障后稳态的建立,在暂态过程中失去的负荷逐渐恢复,而且还继续大幅度地增长,当负荷功率达到一定限值时,便诱发了电压崩溃的现象。

在电力系统潮流的稳态解中,能够保持电压稳定性的运行状态的集合构成静态电压稳定域。如果系统运行的初始状态是电压稳定的,随着负荷需求的不断增大,运行点将逐渐向稳定域的边界靠近,当达到边界上的运行状态时,负荷再继续增加,就会发生电压失稳,对应的运行状态称为静态电压稳定的临界状态。与功角失稳不同,电压失稳往往是局部的,随着负荷功率的增大,总是某一最薄弱节点的负荷功率首先失去平衡。该节点称为临界节点,其临界状态下的功率和电压分别称为临界功率和临界电压。在电力系统实际运行中,计算临界状态,找出临界节点和临界功率可以帮助运行人员评估系统运行状态的电压稳定程度。目前常把临界节点的临界功率与实际功率之差作为电压稳定的裕度指标,在稳定裕度不够时,及时围绕薄弱节点采取必要的提高稳定性的措施。

设某电力系统的接线如图 11.4 所示,枢纽变电所一次侧的母线是系统的电压中枢点,它从 3 个电源受电,向两个负荷供电。电力系统综合负荷的无功功率电压静态特性如图 11.5 的曲线 $Q_L = F(U)$ 所示,它由 L_1 和 L_2 两个负荷综合而成;发电机的无功电压静态特性如图 11.5 的曲线 $Q_G = F(U)$ 所示,它由 G_1、G_2 和 G_3 三个发电厂等值发电机的无功功率综合而成。这两条曲线有 a,b 两个交点,这两点都是电力系统无功功率的平衡点,但这两个点在系统运行时的抗干扰能力是不一样的。

(1)静态稳定性的分析

先分析 a 点的运行情况。当系统内出现微小的干扰,使电压升高一个微量 ΔU 时,负荷的无功功率增加,电源供应的无功功率小于无功负荷,中枢点处的无功功率出现缺额,迫使各发电厂向中枢点输送更多的无功功率,电网内的电压降因此增大,从而使中枢点的电压下降,恢

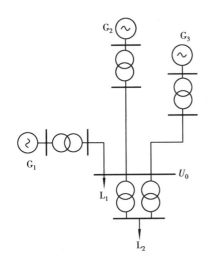

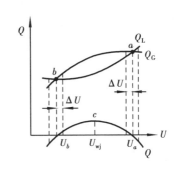

图 11.4　某电力系统的接线图　　　　图 11.5　电力系统无功功率与电压关系曲线

复到原始值。

　　反之,当系统出现微小的干扰,使电压下降一个微量 ΔU 时,负荷的无功功率减小,电源供应的无功功率大于无功负荷,中枢点处的无功功率出现过剩,迫使各发电厂向中枢点输送的无功功率减小,电网内的电压降也随之减小,从而使中枢点的电压回升,恢复到原始值。因此,在 a 点运行时,系统具有一定的抗干扰能力,电压是稳定的。

　　(2)静态不稳定分析

　　再分析 b 点的运行情况。当系统内出现干扰使电压升高一个微量 ΔU 时,负荷的无功功率减小,电源供应的无功功率大于无功负荷,中枢点处的无功功率出现过剩,迫使各发电厂向中枢点输送的无功功率减少,电网上的电压降随之减小,从而使中枢点的电压进一步升高,循环不已,运行点将移到 a 点,达到新的平衡。

　　当干扰使电压下降一个微量 ΔU 时,负荷与电源的无功功率失去平衡,中枢点处出现无功缺额,使中枢点电压进一步下降,进而无功缺额更大,恶性循环下去,将使系统电压“崩溃”。因此在 b 点运行时,系统无抗干扰能力,电压是不稳定的。

　　(3)电力系统静态稳定的实用判据

　　进一步观察 a 和 b 两个运行点的异同,可找出判断系统电压稳定性的判据。图 11.5 中的曲线 Q 代表 Q_G 与 Q_L 的差额,即 $Q = Q_G - Q_L$,称为无功剩余。在 a 点运行时,系统电压处于较高的水平,当电压升高时,无功剩余 Q 向负方向增大;电压降低时,无功剩余 Q 向正方向增大。即电压变量 ΔU 与无功剩余 Q 有相反的符号,亦即 $\mathrm{d}Q/\mathrm{d}U < 0$。在 b 点运行时,系统电压处于较低的水平,这时电压变量 ΔU 与无功剩余 Q 有相同的符号,即 $\mathrm{d}Q/\mathrm{d}U > 0$。因为在 a 点运行时,系统是稳定的;在 b 点运行时,系统是不稳定的。所以可以得出结论:

$$\frac{\mathrm{d}Q}{\mathrm{d}U} < 0 \tag{11.15}$$

是系统电压稳定性的判据。这是第二个静态稳定判据,有时候也称之为负荷稳定性判据。

　　(4)静态稳定储备系数

　　图 11.5 中曲线 $Q = F(U)$ 上的 c 点,$\mathrm{d}Q/\mathrm{d}U = 0$,是电压稳定的临界点,与该点对应的电压

是中枢点处允许的最低运行电压,称为电压稳定极限,用 U_{wj} 表示。因电压稳定极限点本身不具备抗干扰能力,故不是静态稳定点。因此,要求运行点离稳定极限有一定的距离,即保持一定的稳定储备。电力系统电压稳定储备的大小通常用电压稳定储备系数 K_U 的百分数来表示,即

$$K_U(\%) = \frac{U_0 - U_{wj}}{U_0} \times 100\% \tag{11.16}$$

式中 U_0——中枢点母线的运行电压。

$K_U(\%)$ 的数值在正常运行情况下应不小于 $10\% \sim 15\%$,事故后应不小于 8%。

运用判据 $dQ/dU < 0$ 分析系统的电压稳定性时,要选择好电压中枢点,一般以该点电压的变化可以明显地反映整个系统电压水平为条件。通常都以系统内的功率集散点作为中枢点,例如枢纽变电所的高压母线、重要变电站的 $6 \sim 10$ kV 电压母线等。(详见本书第 6 章)

11.5　提高电力系统静态稳定性的措施

电力系统运行的稳定性,是电力系统安全可靠运行的重要因素。随着电力系统的发展和扩大,输电距离和输送容量也不断增加,系统的稳定性问题愈发突出。可以说,在超高压系统中,稳定性问题是限制交流系统输送距离和输送能力的决定性因素。所以,必须采取各种措施来提高电力系统运行的稳定性。

从静态稳定分析及静态稳定的储备系数公式可知,只要电力系统具有较高的功率极限,就具有较高的运行稳定性。

简单电力系统的功率极限已知为

$$P_{wj} = \frac{E_q U}{X_{d\Sigma}} \tag{11.17}$$

因此,要提高功率极限,就应从提高发电机的电动势、提高系统的运行电压和减小系统电抗等方面着手。

11.5.1　采用自动调节励磁装置

对于简单电力系统,如果发电机没有装设自动调节励磁装置,在系统受到小扰动的过程中,发电机的空载电动势 E_q 是恒定的,它的功-角特性为

$$P = \frac{E_q U}{X_{d\Sigma}} \sin \delta \tag{11.18}$$

当发电机装设了自动调节励磁装置,并且该装置能确保发电机的端电压恒定时,这相当于取消了发电机电抗对功-角特性的影响;或者可以等值地认为发电机的电抗等于零,发电机的电动势就等于它的出口端电压,如式(11.11)所示,此时的功-角特性为

$$P = \frac{U_F U}{X_C} \sin \delta_C \tag{11.19}$$

因为 X_d 在 $X_{d\Sigma}$ 中所占的比例很大,可达到 50% 以上,所以发电机端电压恒定时的稳定极

限远大于空载电动势恒定时的稳定极限。例如,额定电压为 220 kV,输电距离为 200 km 的双回线输电系统,其中,发电机的电抗在输电系统的总电抗中约占 2/3。如果发电机配置了维持发电机的端电压恒定的自动调节励磁装置,其结果相当于等值地取消了发电机电抗,从而使电源间的"电气距离"大为缩短,对提高电力系统的静态稳定性有显著效果。此外,发电机的自动调节励磁装置在整个发电机组的总投资中占的比重很小,采用先进的调节励磁装置所增加的投资,远比采用其他措施所增加的投资少。因此,在各种提高静态稳定的措施中,总是首先考虑装设自动调节励磁装置。

11.5.2　提高系统的运行电压

电力系统的运行电压不仅能反映电能质量,而且对系统稳定运行有很大的影响。从简单电力系统的功-角特性可知,功率极限与受端系统电压成正比。另外,对某些无功功率不足的系统,电压过分下降将导致电压崩溃,使系统瓦解而形成严重的事故。

由此可见,电力系统应配备足够的调压手段,使系统电压保持在较高的运行水平是非常重要的。

11.5.3　降低系统电抗

系统电抗主要由发电机、变压器及线路的电抗组成。其中,发电机和变压器的电抗取决于它们的结构,要降低这些设备的电抗,就会增加它们的制造成本。因此,降低输电线路电抗成为关系到提高电力系统输电能力的一个重要因素,特别是在大容量远距离的输电网,这个因素更显突出。下面介绍降低输电线路电抗的几个措施。

（1）采用分裂导线

在远距离输电中,采用分裂导线可以把线路本身的电抗减少 25% ~ 35%,对提高稳定性和增加输电容量,都是很有效的。当然,采用分裂导线的理由,不单是为了提高功率极限,更主要是为了减少或避免由电晕现象所引起的有功功率损耗和对无线通信的干扰等。

（2）采用串联电容补偿线路电抗

采用分裂导线是不可能大幅度地降低线路电抗的。目前能大幅度降低线路电抗的有效办法是将电容器串联在线路中,这样使原有的线路感抗因容抗的抵消作用而降低。一般在较低电压等级的线路上采用串联电容补偿的目的是为了调压;在较高电压等级的输电线路上的串联电容补偿,则主要是用来提高系统的稳定性。对于后者,首先要解决的是补偿度问题。串联电容补偿度的定义是:

$$K_C = \frac{X_C}{X_L} \tag{11.20}$$

式中　X_C——串联电容器的容抗;

　　　X_L——线路本身的感抗。

从表面上看,串联电容补偿度 K_C 似乎愈大愈好,因它可以使总电抗减小,以提高系统的静态稳定性。但 K_C 的值一般不超过 0.5,这是因为下列因素的限制:

①短路电流不能过大。如果补偿度过大,在串联电容器后发生短路时,其短路电流可能大于发电机端短路时的值。

②当补偿度 $K_C > 1$ 时,线路将呈现容性。因此,当短路发生在串联电容器后面时,电压、电流的容性相位关系可能会引起某些保护装置的误动作。

③当补偿度 K_C 过大时,可能会使发电机出现自励磁现象。因过度补偿使发电机对外部电路电抗可能呈现容性,致使同步发电机的电枢反应起到助磁作用,其结果使发电机的电流、电压无法控制,迅速上升直至它的磁路饱和为止。

④补偿度过大,系统中可能出现自发振荡现象。这是因为过度补偿后使系统中电阻与电抗的比值增大,甚至使其比值变号,其结果可能导致发电机的阻尼系数为负值。负的阻尼系数使发电机受到小扰动时,不但不能制止功角的变化,反而使这种变化的幅度越来越大。

(3)提高线路额定电压等级 U_N

提高线路额定电压,可以提高稳定极限。这是因为线路电压越高,流过同样功率的电流越小,线路电压降和角度差也越小。从另一方面来看,提高线路额定电压等级也可以等值地看做是减小线路电抗。

我国许多电力系统都有线路升压改造的经验,有的电力系统将 110 kV 线路升压至 220 kV 运行。通过升压,提高了系统的稳定性并增加了输送功率。

11.5.4　防止电压崩溃

结合第 6 章的知识,防止电压崩溃的措施主要有:

①依照按电压分层平衡与分区就地补偿的原则,安装足够容量的无功补偿设备,这是防止电压崩溃,也是做好电压调整的基础;

②在正常运行中要备有一定的可以瞬时自动调出的无功功率备用容量,特别是在受电地区,此点尤为重要;

③在供电系统采用有载调压变压器时,必须配备足够的无功电源;

④不进行大容量、远距离无功功率的输送,不在系统间联络线输送无功功率,各系统无功功率自行平衡;

⑤高电压输电线路的充电无功功率不宜作为无功功率补偿容量来考虑,以防输送大容量有功功率或线路跳闸时,系统电压异常下降;

⑥高电压、远距离、大容量输电系统,在偏远及短路容量较小的受电端,设置静止补偿器、调相机等作为电压支撑,防止在事故中引起电压崩溃;

⑦在必要的地区安装按电压降低自动减负荷装置,并排好事故拉闸顺序表。

11.6　简单电力系统的暂态稳定性分析

电力系统在某一运行方式下,受到外界大干扰后,经过一个机电暂态过程,能够回复到原始稳态运行方式或达到一个新的稳态运行方式,则认为电力系统在这一运行方式下是暂态稳定的。暂态稳定与大干扰有关,一般有以下 3 种基本形式:

①突然变化电力系统的结构特性,最常见的是短路,包括单相接地、两相接地或三相短路。

一般假设短路发生在输电线路上,但也可能发生在母线或其他电力系统元件上。在发生短路后,由断路器断开故障元件,如果有重合闸装置,可以是重合成功(瞬时性故障),也可以是重合不成功(永久性故障)。无故障断开线路也属于这一类干扰。

②突然增加或减少发电机出力,如切除一台容量较大的发电机。

③突然增加或减少大量负荷。

其中短路故障的扰动最为严重,常以此作为检验系统是否具有暂态稳定的条件。

11.6.1　基本假设

1)忽略发电机定子电流的非周期分量和与它相对应的转子电流的周期分量

采用这个假设之后,发电机定、转子绕组的电流、系统的电压及发电机的电磁功率等,在大扰动的瞬间均可以突变。同时,这一假定也意味着忽略电力网络中各元件的电磁暂态过程。

2)发生不对称故障时,不计零序和负序电流对转子运动的影响

此时,发电机输出的电磁功率,仅由正序分量确定。不对称故障时网络中正序分量的计算,可以应用正序等效定则和复合序网。故障时确定正序分量等值电路与正常运行时的等值电路不同之处,仅在于故障处接入了由故障类型确定的故障附加阻抗 Z_Δ。

3)忽略暂态过程中发电机的附加损耗

这些附加损耗对转子的加速运动有一定的制动作用,但其数值不大。忽略它们使计算结果略偏保守。

4)不考虑频率变化对系统参数的影响

在一般暂态过程中,发电机的转速偏离同步转速不多,可以不考虑频率变化对系统参数的影响,各元件参数值都按额定频率计算。

11.6.2　近似计算中的简化

除了上述基本假设之外。根据所研究问题的性质和对计算精度要求的不同,有时还可作一些简化规定。下面是一般暂态稳定分析中常作的简化。

(1)对发电机采用简化的数学模型

发电机的模型简化为用 E' 和 X'_d 表示。对于简单的电力系统,发电机的电磁功-角特性为

$$P = \frac{E'U}{X'_{d\Sigma}} \sin \delta'。$$

(2)不考虑原动机调速器的作用

由于原动机调速器本身惯性较大,且一般要在发电机转速变化后才能起调节作用,因此,在暂态稳定的一般分析中,常假定原动机输入功率恒定,即 $P_T = C$。

11.6.3　暂态稳定分析的物理模型

现以图 11.6(a)所示的简单系统来说明暂态稳定性。如果在一回输电线路的始端发生短路,等值电路如图 11.6(c)所示,经过某一时间间隔后,由于继电保护动作将线路两侧断开,故障切除,等值电路如图 11.6(d)所示。图 11.6 示出这一故障切除过程中系统等值电路的变化过程。

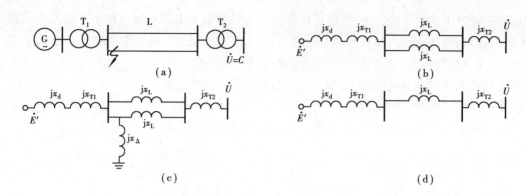

图 11.6　电力系统及其等值电路

（a）系统接线；（b）正常运行时等值电路；（c）短路时等值电路；（d）切除一回线后等值电路

在正常运行时，发电机的功角特性为

$$P_1 = \frac{E'U}{X_1} \sin \delta \qquad (11.21)$$

式中，$X_1 = x_d + x_{T1} + \dfrac{x_L}{2} + x_{T2}$，是系统正常运行时的等值电抗，其等值电路如图 11.6（b）所示。

现假定突然在一回线的首端发生短路，则发电机的功角特性变为

$$P_2 = \frac{E'U}{X_2} \sin \delta \qquad (11.22)$$

式中　X_2——单机与系统的转移电抗，等于 $(x_d + x_{T1}) + \left(\dfrac{x_L}{2} + x_{T2} \right) + \dfrac{\left(x_d + x_{T1} \right) \left(\dfrac{x_L}{2} + x_{T2} \right)}{x_\Delta}$；

　　x_Δ——短路附加电抗，其值与短路类型相关，其等值电路如图 11.6（c）所示。

短路故障发生后，在保护的作用下，将故障线路切除，发电机的功角特性变为

$$P_3 = \frac{E'U}{X_3} \sin \delta \qquad (11.23)$$

式中　X_3——系统故障后的等值电抗，等于 $x_d + x_{T1} + x_L + x_{T2}$，其等值电路如图 11.6（d）所示。

因为 $X_1 < X_3 < X_2$，故 $P_{1m} > P_{3m} > P_{2m}$。由这些功-角特性方程画出功-角特性曲线如图 11.7 所示。

显然，正常运行时，单机与系统联系最紧密，系统可获得的电磁功率最大；故障时，单机与系统的联系最不紧密，系统可获得的电磁功率大幅度降低；故障后，因运行方式的改变，单机与系统的联系有所恢复，但不及正常运行状态，相对较弱，故系统可获得的电磁功率与正常情况相比有所下降。

11.6.4　暂态稳定

以简单的电力系统为例，如图 11.8 所示。在正常运行时，系统运行在功角特性曲线 P_1 上。因功率平衡的要求，运行点位于 $P_m = P_T = P_0$ 的 a 点，功角为 δ_0，其转速为同步转速

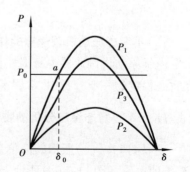

图 11.7　功角特性图

$\omega=\omega_0$。故障瞬时产生,运行点由功-角特性曲线 P_1 转移到曲线 P_2。运行点转移的过程中,由于转子的惯性,功角 δ_0 保持不变,因此发电机的运行点由 P_1 上的 a 点瞬时转移到故障时的曲线 P_2 上的 b 点,如图 11.8(a)所示,这时输出的电磁功率减小,而输入的机械功率还来不及变化,故发电机在过剩转矩作用下开始加速,$\omega>\omega_0$,使功角 δ 相应增大。如果故障永久存在下去,则始终存在过剩转矩,发电机将不断地加速,最终与系统失去同步。

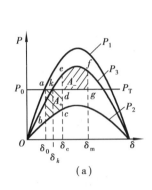
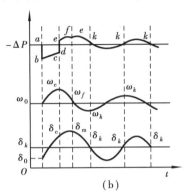

图 11.8　暂态稳定

(a)运行点的变化轨迹;(b)过剩功率、转速、功角随时间的变化

实际上,故障后,继电保护装置将会很快动作,在功角增大到 δ_c 时,故障被切除,运行点将由功角特性曲线 P_2 转移到故障后的曲线 P_3 上。同样,运行点转移的过程中,由于转子的惯性,功角 δ_0 保持不变,因此发电机的运行点由 P_2 的 c 点瞬时转移到故障后曲线 P_3 的 e 点,此时输出的电功率大于机械功率,因此发电机转子受到制动而减速,但由于此时仍然有 $\omega>\omega_0$,故 δ 仍继续增大,直到 f 点,发电机转子回复到同步转速 ω_0 时,δ 达到最大值后不再增大,并在制动作用下开始减小,越过 k 点后转子又开始加速。运行点将沿着曲线 P_3 在 k 点做有阻力的减幅振荡,最终将稳定在静态稳定点 k。其过剩功率、转速、功角随时间的变化如图 11.8(b)所示。

11.6.5　暂态不稳定

如上所述,在正常运行时,系统运行在功角特性曲线 P_1 上,因功率平衡的要求,运行点位于 $P_m=P_T=P_0$ 的 a 点,功角为 δ_0,其转速为同步转速 $\omega=\omega_0$。故障瞬时产生,运行点由功-角特性曲线 P_1 转移到曲线 P_2。运行点转移的过程中,由于转子的惯性,功角 δ_0 保持不变,因此发电机的运行点由 P_1 上的 a 点瞬时转移到故障时的曲线 P_2 上的 b 点,如图 11.9(a)所示,这时输出的电磁功率减小,而输入的机械功率还来不及变化,故发电机在过剩转矩作用下,开始加速,使得 $\omega>\omega_0$,功角 δ 相应增大。在功角增大到 δ_c 时,故障被切除,运行点在保持功角 δ_c 不变的同时,由功-角特性曲线 P_2 上的 c 点转移到故障后曲线 P_3 的 e 点,此时输出的电功率大于机械功率,因此发电机转子受到制动而减速,但由于此时仍然有 $\omega>\omega_0$,故 δ 仍继续增大,直到 h 点,发电机转子尚未减小到同步转速 ω_0,故 δ 继续增大,越过 h 点。越过 h 点后,发电机电磁功率小于机械功率,转速再一次增大,大大超过同步转速 ω_0,使得 δ 进一步增大。由前述静态稳定性的分析可知,发电机已丧失稳定运行的能力,进入异步运行状态。其功率不平衡量、转速、功角随时间的变化如图 11.9(b)所示。

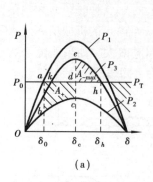 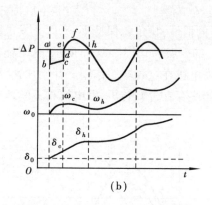

$$(a) \qquad\qquad\qquad (b)$$

图 11.9　暂态稳定的丧失

(a)运行点的变化轨迹;(b)过剩功率、转速、功角随时间的变化

11.6.6　面积定则

当不考虑振荡中的能量损耗时,可以根据面积定则确定最大功角 δ_{m},并判断系统的暂态稳定性。从前述的分析可知,功角由 δ_0 变化到 δ_c 的过程中,机械功率 P_{T} 大于电磁功率(即过剩功率大于零),使转子加速,过剩的能量转变成转子的动能而储存在转子中。但在功角由 δ_c 向 δ_{m} 增大的过程中,发电机的电磁功率大于机械功率 P_{T}(即过剩功率小于零),使转子减速,并释放转子储存的动能。

转子功角由 δ_0 变化到 δ_c 的过程中,过剩转矩所做的功为 A_+,它在数值上等于过剩功率对功角的积分,即图 11.8(a)、图 11.9(a)中由 a—b—c—d 所围成的面积,通常称为"加速面积",即代表转子在加速过程中储存的动能,又等于过剩转矩对转子所做的功,用算式表示为

$$A_+ = \int_{\delta_0}^{\delta_c} (P_0 - P_{2\mathrm{m}} \sin\delta)\,\mathrm{d}\delta \tag{11.24}$$

与"加速面积"相对应,图 11.7(b)中由 d—e—f—g 所围成的面积,通常称为"减速面积",它等于发电机在减速过程中释放的动能,又等于过剩转矩对转子所做的功,用算式表示为

$$A_- = \int_{\delta_c}^{\delta_{\mathrm{m}}} (P_{3\mathrm{m}} \sin\delta - P_0)\,\mathrm{d}\delta \tag{11.25}$$

在减速期间,发电机耗尽了它在加速期间存储的全部动能,则转子回复同步转速 ω_0,电力系统具备了暂态稳定性,如图 11.8(a)所示。而发电机可以减速的最大范围为 d—e—h,如图 11.9(a)所示,通常称这块面积为"最大减速面积",它等于发电机在减速过程中可能释放的最大动能,用算式表示为

$$A_{-\max} = \int_{\delta_c}^{\delta_h} (P_{3\mathrm{m}} \sin\delta - P_0)\,\mathrm{d}\delta \tag{11.26}$$

显然,如果该最大减速面积小于加速面积,系统就要失去稳定。因此,根据最大减速面积必须大于加速面积的原则,可以判断电力系统是否具备暂态稳定性,即为面积定则。

减速面积的大小与故障切除角之间有直接的关系,δ_c 越小,减速面积就越大。当在某个角度 δ_{m} 切除故障时,可使最大可能的减速面积刚好等于加速面积,则 δ_{jc} 称为极限切除角。利用面积定则的原理,很容易求出极限切除角 δ_{jc}。为保证电力系统的稳定性,应在 δ 增大至 δ_{jc} 之前切除故障。

11.7 提高电力系统暂态稳定性的措施

凡是对静态稳定性有利的措施基本上都可以提高系统的暂态稳定性。当系统在急剧扰动下出现暂态稳定问题时,系统内机械功率与电磁功率、负荷与电源的功率或能量差额是突出问题,采取措施以克服这种功率或能量的不平衡,是提高暂态稳定性的首要问题。

由面积定则知:欲提高电力系统的暂态稳定性,就必须减小加速面积,加大最大可能的减速面积。对于某一电力系统,究竟选择哪一种或哪几种措施较好,有时可能是明显的,或者为条件所限,并无选择余地;但一般来讲,应该通过技术经济比较找到合理的措施。

以下介绍提高暂态稳定的几种常用措施。

11.7.1 快速切除短路故障

快速切除短路故障,对提高暂态稳定性起着首要的、决定性的作用。快速切除故障,减小了加速面积、增大了减速面积。如图 11.10(a)所示,切除故障缓慢,系统丧失暂态稳定;快速切除故障,如图 11.10(b)所示,系统暂态稳定。快速切除故障,也能使电动机的端电压迅速回升,从而提高电动机的稳定性,它还减小了短路故障对电气设备造成的危害,例如由短路电流引起的过热或机械损伤。应当指出,减小故障切除时间对提高电力系统的暂态稳定性的效果,与短路故障的类型有很大的关系。短路故障越严重、短路时发电机转子上的不平衡功率越大,快速切除故障所减小的加速面积越大,收到的效果也就越好。

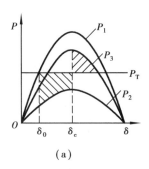
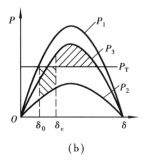

图 11.10 快速切除故障对暂态稳定的影响
(a)不稳定;(b)稳定

11.7.2 采用自动重合闸装置

这一装置是与继电保护装置配合在一起使用的。由于电力系统的故障,特别是超高压输电线路的故障绝大多数是瞬时性的,采用自动重合闸装置,在故障发生后,由继电保护装置启动断路器,将故障线路切除,待故障消失后,又自动将这一线路投入运行,以提高供电的可靠性。自动重合闸的重合成功率很高,可达90%以上。这个措施不但可以大大提高供电的可靠性,还能十分明显地提高电力系统的暂态稳定性。下面以双回线路的三相重合闸和单回线路的单相重合闸为例,说明自动重合闸装置对提高电力系统暂态稳定性的作用。

(1)双回线路的三相重合闸

在简单电力系统中,当一回线路上发生瞬时性短路故障时,在有或没有三相自动重合闸装置的情况下,对系统暂态稳定影响的对比如图 11.11 所示。图 11.11(a)为带有故障的简单电力系统接线图。图 11.11(c)为无重合闸时系统故障后的情况,图中的最大减速面积为 d—e—f,显然小于加速面积,系统会丧失稳定。当装了三相自动重合闸装置后,由图 11.11(b)可知,运行到 k 点时三相自动重合闸成功,运行点从功角特性曲线 P_3 上的 k 点转移到正常运行时功-角特性曲线 P_1 上的 g 点,增大了减速面积(k—g—h—f),系统就能够保持暂态稳定性。如果此时总的减速面积大于加速面积,则系统的暂态稳定性得到了保证。

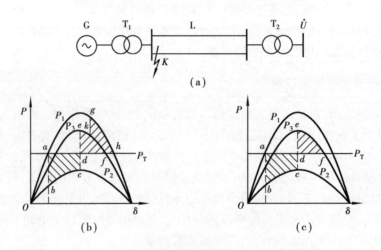

图 11.11　三相重合闸提高暂态稳定性的对比图
(a)接线图;(b)有三相重合闸;(c)无重合闸

从图 11.11 还可以看到,重合闸的时间(相当于 ek 线段)越短,则所增加的减速面积越大。但重合闸的时间不能太短,它取决于故障点的去游离情况。如果故障点的气体处在游离状态时进行重合,将会引起再度燃弧,使重合失败,甚至还会扩大故障。这个去游离时间主要取决于线路的电压等级和故障电流的大小。电压越高,故障电流越大,则去游离所需的时间也就越长。一般对于三相重合闸,从故障切除到重合之间的时间间隙不小于 0.3 s。

(2)单回线路的单相重合闸

为了进一步提高电力系统的暂态稳定性,制成了按相自动重合闸装置。这种装置能够自动选出故障相,并使之重新合闸。由于切除的只是线路的故障相,而不是三相,在切除故障相后到重合闸前的一段时间内,即使是单回线输电系统,其余两相照样可以输送一部分功率,使送端发电厂与受端系统没有完全失去联系,这与三相自动重合闸相比可以明显地减少加速面积,从而大大提高系统的暂态稳定性,如图 11.12 所示。

采用单相重合闸时,由于故障切除后,带电的两相仍将通过导线之间的耦合电容向故障点继续供给电容电流(该电流也称为潜供电流),维持电弧继续燃烧,因此它的去游离时间要比三相重合闸长得多。也即单相重合闸的重合时间比三相的长。

必须着重指出,如果短路故障不是闪络放电,而是永久性的(线路绝缘被破坏、外物引起短路等),那么采用重合闸时,系统会再次受到短路故障的冲击,这将大大恶化暂态稳定性,甚至破坏系统的稳定性。对此,必须事先制订出现这一情况时的应急措施,以避免系统发生稳定

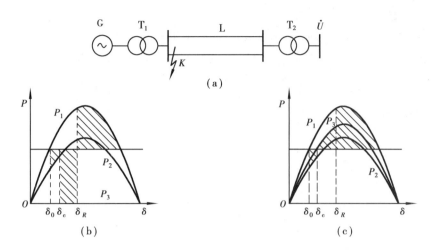

图 11.12　单相重合闸的作用

（a）接线图；（b）三相重合闸；（c）单相重合闸

性破坏的严重事故。

11.7.3　提高发电机输出的电磁功率

从暂态稳定的分析中已知，发电机转子的加速是由于剩余功率的存在所引起的。因此，如果能在短路后提高发电机的电磁功率，必将使剩余功率减小，也即减小了加速面积，有利于暂态稳定。

（1）对发电机进行强行励磁

对发电机进行强行励磁是一种常用的提高暂态稳定性的措施。强行励磁可以减少加速面

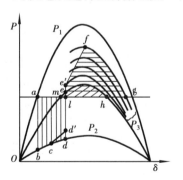

图 11.13　强行励磁对提高
暂态稳定性的作用

积，增加减速面积，使发电厂并列运行的暂态稳定性得到明显提高，如图 11.13 所示。图 11.13 中的点 a 是发电机正常运行的工作点，线路短路使工作点由 P_1 的点 a 突变到 P_2 的点 b，发电机出力下降，过剩功率 ΔP 使转子开始加速，角度增大。同时，由于发电机端电压下降，强行励磁动作，因其本身的延迟（继电器、断路器的动作时间），运行至点 c 励磁电流才开始增大，出力沿曲线 $c—d'$ 变化（参见前述的自动调节励磁装置对功-角特性的影响）。到点 d' 故障切除，运行点本应升高至对应的功-角特性曲线上的点 e，但因励磁电流不断变大，发电机电动势也随之增加，实际上升至点 e'，然后沿曲线 $e'—f—g$ 运动。显然，在强行励磁的作用下，减速面积 $e—e'—f—g—h—l—e$ 大于加速面积 $a—b—c—d'—l—m—a$，所以最后在新工作点保持了暂态稳定。

由图 11.13 可明显地看到，强行励磁动作后，使加速面积减小了 $c—d'—d—c$ 所围的面积，而减速面积增加了 $e—e'—f—g—h—e$ 所围的面积。因此，强行励磁可提高系统的暂态稳定性。

（2）电气制动

电气制动就是当系统中发生故障时,把制动电阻迅速投入,人为地增加发电机的有功负荷,从而减小发电机的过剩功率 ΔP。图 11.14 为制动电阻的两种接入方式。

图 11.14 发电机制动电阻的接入方式

（a）串联接入;（b）并联接入

采用串联接入方式时,旁路断路器 QF 在正常运行情况下是接通的,当线路发生短路故障时,它便自动跳闸将制动电阻串联到发电机回路中去。采用并联接入方式时,其断路器 QF 正常情况下是断开的,发生短路故障时它自动接通,将制动电阻并联在发电机的回路中。

制动电阻的串联接入方式,是靠故障电流在制动电阻中的有功功率损耗造成制动效应的。因此,要求在故障时立即将制动电阻投入,而在故障切除后将它短接。因为这种接入方式的制动功率与短路电流的大小有关,所以它的制动功率随故障种类和地点的不同而变化。故障严重时（即短路电流大）制动功率大,故障轻微时制动功率也小,这恰好是我们所希望得到的结果。但此种接入方式在故障切除时间非常短的情况下,由于串联的制动电阻仅在非常短的时间内起制动作用,故其效果受到一定限制。

采用制动电阻并联接入方式时,制动作用只与电压平方有关,而和故障的切除与否、故障的种类和地点等关系较小,故它的制动功率比较稳定。我国一些电力系统已经成功地采用这种方法,效果比较显著。

电气制动的作用也可用等面积定则来解释。图 11.15（a）和（b）对比了有并联接入制动电阻和没有电气制动的两种情况下对暂态稳定性的影响。图中假设制动电阻的投入与切除是随着线路故障的发生和切除同时进行的。由图 11.15（b）可见,若切除故障角 δ_c 不变。由于采用了电气制动,减少了由 a—b—c—d—a 所围成的加速面积,使原来可能失去暂态稳定的系统得到了稳定保证。

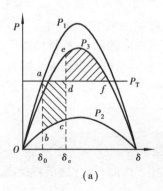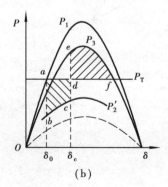

图 11.15 并联制动电阻的作用

（a）无电气制动;（b）有电气制动

采用电气制动提高暂态稳定性时,制动电阻的大小要选择恰当。否则,或者会发生欠制动,即制动电阻消耗的功率过小,不足以限制发电机的加速,发电机仍然会失步;或者会发生过制动,即制动电阻消耗的功率过大,发电机虽然在故障发生的第一个周期内没有失步,但可能在切除故障与制动电阻后的摇摆过程中失去稳定。

(3)变压器中性点经小电阻接地

变压器中性点经小电阻接地,实质上就是接地短路故障时的电气制动。其接线如图11.16所示。发生不对称故障时,短路电流的零序分量将流过变压器的中性点,在小电阻 R_1 上产生有功功率损耗。故障发生在送端时,这一损耗主要由送端发电机供给;故障发生在受电端时,则主要由受端系统供给。所以,当送电端发生接地短路故障时,由于送端电厂要额外地供给这部分有功功率损耗,使发电机受到制动作用而提高了系统的暂态稳定性。

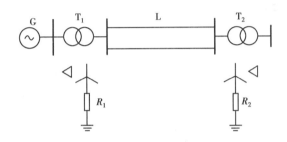

图 11.16 变压器中性点经小电阻接地

如果接地故障发生在靠近容量不够大的受端系统时,使供需不平衡的受端系统再加上小电阻中的有功功率损耗,促使受端发电机加剧减速。因此,这一电阻不仅不能提高系统的暂态稳定性,反而进一步使受端系统的暂态稳定性恶化。据此,受端变压器的中性点一般不接小电阻,而是接小电抗。接小电抗的作用与接小电阻是完全不同的,它只是起到限制接地短路电流的作用。

变压器中性点所接的小电阻或小电抗以变压器的额定参数为基准时,其数值一般为百分之几到百分之十几,因此并不会改变电力系统中性点工作方式的性质。

由于小阻抗结构简单,运行可靠,不需要断路器等附属设备,比较经济,还具有限制零序电流,减轻对通信等弱电线路的干扰等优点,故在我国的某些系统中得到了应用,并取得了满意的效果。

(4)机械制动

电气制动增大发电机的电磁功率,是一种间接实现制动的方法。而机械制动是一种直接在发电机组的转轴上施加机械作用的制动力矩,抵消机组的机械功率,以提高系统的暂态稳定性。由于汽轮发电机的转速很高,而水轮发电机的转速较低,因此机械制动只适用于水轮发电机组。

为了保护水轮发电机组的推力轴承,在发电机转子下面的机架上大都装有制动器,其作用是在发电机组停机过程中。当转速较低时,推力轴承上的压力油膜不能形成,为了避免"干摩擦"而导致轴瓦损坏,需在转速降低到额定转速的 30% ~40% 时用制动器把转子很快制动。利用这种制动器,并对它进行一些改造,就可用来作机械制动,以提高系统的暂态稳定性。

11.7.4 减少原动机输出的机械功率

电力系统故障切除后的减速面积,取决于P_3与P_T所围的面积。因此,在故障切除的同时,减少原动机输出的机械功率,将使减速面积有较显著的增加,从而对系统的暂态稳定性有利。

(1)采用联锁切机

送端发电厂切机是输电线路故障时最常用的防止稳定破坏的措施,它的作用是减少送端的过剩功率,从而使发电机转子的加速得到控制,以利于系统的同步运行。

切机通常用于水电厂,被切除的机组必要时可以在几十秒到一两分钟内重新并网带负荷。我国的一些大型水电厂都有多年使用切机措施的经验,并且多次成功地防止了稳定破坏事故。火电厂也可使用切机,但火电机组切除后再恢复运行所需时间较长,操作也较复杂,因此火电厂切机只在不得已时才采用。

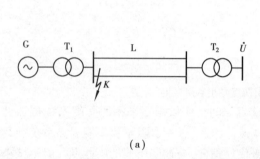
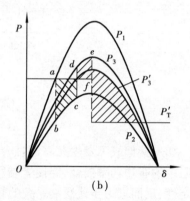

(a)　　　　　　　　　　　　　(b)

图 11.17　联锁切机提高系统的暂态稳定性
(a)接线图;(b)分析图

所谓联锁切机,就是在输电线路发生事故跳闸或重合闸重合不成功时,联锁切除线路送端发电厂的部分发电机组。图 11.17(a)表示简单电力系统的接线图,图 11.17(b)说明线路的送端 K 点发生短路故障后,通过切机使减速面积增大的情况。当 K 点发生短路故障时,运行点由正常运行的 P_1 上的 a 点转移到 P_2 上的 b 点。在 P_2 上运行至 c 点时故障线路被切除,因此运行点又从 P_2 转移到 P_3 上的 d 点。再延迟某一时间段后,联锁切除发电厂内一台机组,此时该发电厂的等效电抗由于切机而有所增大,故切机后的功-角特性曲线由 P_3 下降为 P_3',运行点从 e 点转移到 f 点。但由于切机原动机的输入功率也从 P_T 降到 P_T',结果使减速面积得到了增大,从而提高了系统的暂态稳定性。

联锁切机比较简单,易于实现,所需费用少,原动机的输入功率降低得快,对保持稳定的效果较好。但切机后使系统的电源减少,如果受端系统备用电源不足,会引起系统频率下降,因此使用时应同时再联锁切除受端系统的部分负荷,以维持频率的相对稳定。

(2)汽轮发电机快速控制调速汽门

快速控制调速汽门与切机相类似,也是在输电线路故障时减少送端过剩功率,以提高系统的暂态稳定性。由于快速控制调速汽门可以不断开发电机的断路器,不必采取停机、停炉的措施,如果故障消除,可以很快恢复正常运行,所以火电厂采用快速控制调速汽门是比较适当的。水电厂由于调速机构和导翼开闭速度慢,不能用控制导翼的方式来解决暂态稳定问题。

仍然以简单电力系统为例。正常运行时,发电机的运行点在功-角特性曲线图上的 a 点,见图 11.18。当其中一回线发生短路故障时,运行点从 a 点转移到 P_2 上的 b 点。此时,控制系统作出要快速调节汽门的判断后,立即发出电脉冲,使调速汽门迅速关小。从图 11.18 可以看出,当运行点到达 c 点时切除故障,运行点立即从 P_2 转移到 P_3 上的 d 点。与此同时,由于快速关小了调速汽门,汽机的输入功率也逐渐减小,最后降到 P'_T,使减速面积增大,从而提高了系统的暂态稳定性。

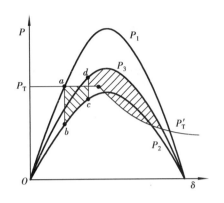

图 11.18　快控调速汽门提高暂态稳定性

快速控制调速汽门要求增加的设备不多,费用也较低,可是通过一些试验研究表明,它可以使输电系统稳定极限提高 10% ~ 30% 。俄罗斯、美国、日本等国家,使用快控汽门已积累了相当的经验。我国也在某些大容量电厂进行了试验研究和试运行,并也取得了一定的成果。

11.7.5　改善远距离输电线路的结构

改善输电线路的特性,主要是减小它的电抗。输电线路的电抗,在系统总电抗中占相当大的比例,特别是远距离输电线路,有时甚至接近占系统总电抗的一半。因此,减小输电线路的电抗,对提高输电系统的功率极限和稳定性有着重要的作用。

(1)在线路中加设开关站

在图 11.19(a)所示的双回路输电系统中,当其中一回线路因故障切除时,系统的暂态稳定性往往得不到保证。对于全线沿途没有变电所而其长度超过 500 km 的输电线路,可以在线路中间设置开关站,将线路分成两段,如图 11.19(b)所示。这样,当线路发生短路故障时,只需切除一段线路而不是全线路,使线路的总阻抗增大为故障前的 1.5 倍。在同样故障情况下,不设开关站时,线路总阻抗增大为故障前的 2 倍。因此,图 11.19 所示输电线路中间设置开关站不仅能提高系统运行的稳定性,而且还能改善故障后的电压质量。但是,开关站的设置却增加了系统的投资和运行费用,因此开关站的设置要从技术和经济两方面综合考虑。至于开关站的地点,应尽可能设置在远景规划中拟建立中间变电所的地方;开关站的接线、布置,应兼顾到以后便于扩建为变电所的可能性。

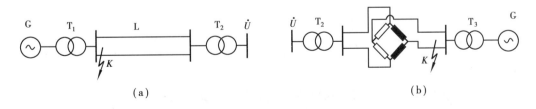

图 11.19　输电线路中间设置开关站
(a)不设置开关站;(b)设置开关站

（2）采用强行串联电容补偿

长距离输电线路上装设串联补偿装置是提高系统稳定性的重要措施,这是因为串联电容的容抗补偿了线路的感抗,使输电系统的总电抗降低,从而提高了系统的稳定性。

所谓强行串联电容补偿,是指在系统故障时,切除故障线路的同时切除部分补偿电容器,如图 11.20 所示。部分补偿电容器切除后,增大了补偿电容的容抗,部分地甚至全部地补偿了由于切除故障线路而增加的线路感抗。

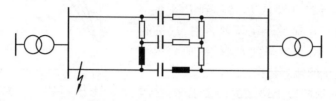

图 11.20　强行串联电容补偿

切除部分电容器后,全部输送功率将通过保留运行的电容器,从而可能使保留运行的电容器过负荷。为了降低投资,通常不是过分加大电容,而是只允许在短时内进行强行补偿,经几分之一秒或几秒后将被切除的电容器重新投入,以防止因过负荷而导致对电容器的损坏。

11.7.6　正确制订电力系统运行参数的数值

对运行中的电力系统,在制订运行方式和调度管理时,应正确规定系统的运行参数的数值,以保证和提高电力系统的稳定性。主要有下面几点:

（1）正确地规定输电线路的输送功率值

确定输电线路的输送功率值时,应在保证一定的稳定储备下尽可能多送功率,以发挥输电线路的作用。当运行接线改变,特别是环网要开环时,应率先加以验算,避免因输电线路负荷过重而导致系统稳定的破坏。必要时,还要验算接线方式改变的操作过程的暂态稳定性。

（2）提高电力系统运行电压水平

电力系统运行电压水平的提高,不但能提高运行的稳定性,而且可以减少系统的功率和能量的损失。要提高系统的运行电压水平,从根本上说,应该使系统拥有充足的无功电源。但是,在运行中合理地调整无功电源和管理好变压器分接头等,也可以充分发挥已有的无功电源的作用。

（3）尽可能使远方发电厂多发无功功率

如果系统中有远方发电厂(如水电厂或坑口电站)向中心电力系统输送功率,则应尽可能地让这些电厂多发无功功率。这样,可以提高发电机的电动势,从而提高功率极限,减小运行角度,提高运行的稳定度。当然,远方电厂多发无功功率,还应全面地考虑输电线路的功率、能量和电压的损耗等技术经济问题。

11.7.7　利用调度自动化系统提供的信息及时调整运行方式

目前电力系统运行调度,大部分都使用了计算机调度自动化系统,很多都配备有安全分析的高级应用软件。在运行中,应根据此软件提供的安全分析信息,随时调整系统的运行方式,以保证系统的稳定性。

11.8　电力系统振荡

电力系统运行中,尽管已采取了一系列提高稳定性的措施,但是系统还是不可避免地会在运行中遇到没有估计到的严重事故,致使系统失去稳定。因此,了解系统失去稳定后的现象及应采取的措施是非常必要的。

11.8.1　电力系统振荡的概念

电力系统振荡(electric power system oscillation)是电力系统中的电磁参量(电流、电压、功率、磁链等)的振幅和机械参量(功角 δ、转速等)的大小随时间发生等幅、衰减或发散的周期性波动现象。

同步振荡(swing, synchronous oscillation)亦称同步摇摆。当电力系统受到干扰(但未使电力系统失步)时,系统中并列运行的各发电机因机械输入功率和电磁输出功率间不同程度的不平衡,会产生发电机转子间的相对运动。这时,系统发电机间的相对作用发生摇摆,使系统中各节点的电压和通过各支路的电流的幅值,以及有功、无功功率的大小都发生与系统自然振荡频率相应的周期性脉动。脉动的振幅则与干扰的大小有关。在一般情况下,干扰去除后,系统凭借本身具有的正阻尼力矩,可以使这种摇摆逐渐平息,恢复到稳态的同步运行。同步振荡也是电力系统由失步运行状态恢复为同步运行状态的一个中间过程。

非同步振荡是指电力系统在遭受大的干扰(如短路、断线、大容量机组切除等)或由于负阻尼而失去稳定后,一台或多台发电机将失去同步的运行状态,若不将失步的发电机从系统中切除,则发电机将转入非同步运行。因为这时发电机间的频率不同,发电机的相对功率均将在 $0° \sim 360°$ 范围内变化,这将引起电力系统中各种电磁参量(如通过联络线的电流,各节点的电压等)大幅度振荡,直至故障消除或发电机重新恢复同步以后,系统振荡才会逐渐衰减,最后达到正常运行。

电力系统在非同步运行时,系统的正常供电遭到破坏,联络线路上位于振荡中心附近的负荷将因供电电压的大幅度波动而断开;某些发电机可能不恰当地手动或自动断开,使事故进一步扩大;另外,处于联络线上的线路继电保护(主要是距离保护)在振荡过程中将因符合其动作条件而动作,无计划地将线路断开。如果在线路断开后两侧系统的电力供需不平衡过大,有可能引起长期的大面积停电。

11.8.2　电力系统振荡的过程

简单电力系统因失去稳定而产生系统振荡的过程如图 11.21 所示。

当简单电力系统的双回输电线路中,有一回线路在送端发生瞬时性接地短路故障时,假设断路器正确跳开并重合成功,但因重合后的减速面积 $c'—d—e—f—g—c'$ 小于加速面积 $a—b—c—d—a$,运行点将越过 g 点,所以,该系统仍将失去暂态稳定。对于运行点在 g 点以前的情况,前面已作了详细的分析。由于这时发电机的相对角速度 ω 及功角 δ 变化不太大,因此从故障开始的 a 点到 g 点这一段,称为同步振荡。当运行点越过 g 点后,系统失步,即送端发电机由同步运行状态过渡到异步运行状态。在转入异步运行的过程中,由于发电机的相对角速

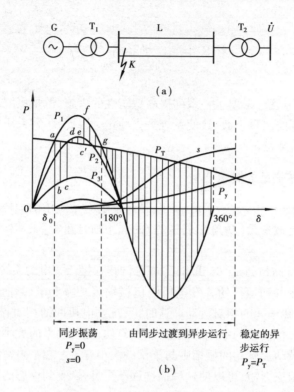

图 11.21　同步发电机的失步运行

(a)系统图;(b)运行分析

度不断增大,则转差率 s 及发电机的异步功率也随之逐渐增大。与此同时,因发电机组转速的升高,原动机的调速系统开始动作,使从原动机输入的机械功率 P_T 逐渐减少。

由上述可知,同步发电机失步后,向系统送出的异步功率 P_y 随转差率的增大而增大,而原动机输入的机械功率 P_T 随转差率的增大而减小。当两者相等时,发电机便进入了稳定异步运行状态,与此对应的转差率为 s_w。因此,P_T 与 P_y 的交点成为异步运行的过渡阶段和稳定阶段的分界点。

发电机进入异步运行时,只要它仍加有励磁,则它的输出除了有异步功率 P_y 外,还有同步功率 P。由于异步运行时存在着相对运动,功角 δ 将不断地变化,所以同步功率 P 也随 δ 作正弦变化,如图 11.22(a)所示。这样,发电机的总输出功率($P_y + P$)由图可见是一脉动功率,因而机组的转速也不会恒定,其转差率 s 将随功角 δ 在 s_{max} 和 s_{min} 之间变化,如图 11.22(b)所示。

11.8.3　电力系统振荡的处理方法

根据大量的试验结果表明,发电机在异步运行时的转差率并不太大,转子中感应电流引起的损耗也不会明显超过同步运行时的额定损耗,这说明转子过热问题并不很严重。因此,大多数汽轮发电机在异步运行状态下,带额定容量的 70% ~80% 连续运行 15 ~30 min 是允许的。这样,当汽轮发电机失去稳定时,就不必将发电机立即解列,而可以由值班人员采取适当措施,使发电机恢复同步运行。

处理系统振荡的方法一般有两种,它们是人工再同步和系统解列。

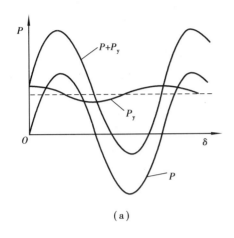
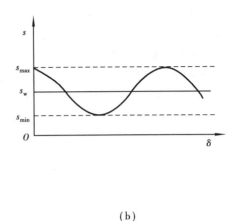

（a）　　　　　　　　　　　　　　　　　（b）

图 11.22　P-δ 曲线及 s-δ 曲线

（a）P-δ 曲线；（b）s-δ 曲线

（1）**再同步**（resynchronization of electric power system）

允许短时间异步运行，采取措施，促使再同步。如果系统稳定破坏不是由于发电机本身的原因引起时，则可以考虑允许因稳定破坏而转入异步运行的发电机继续留在系统中工作，并采取措施，促使它再同步、异步运行，此时，发电机仍能向系统提供有功功率。同时，由于发电机并未停机，这也缩短了系统恢复正常运行所需的时间。

当个别发电机由于励磁系统故障而失磁时，只要故障不危及发电机的继续运行，并且系统无功足够，就可以不必立即切除失磁的发电机，而让它在系统中作异步运行，待励磁系统故障消除后，重新投入励磁，使其牵入同步，恢复正常运行。

电力系统发生振荡时，系统内没有统一的频率，系统原来的送端系统因线路故障而失去负荷，所以它的频率高于额定值；而受端系统因故障失去了部分电源致使频率低于额定值。因此，要使发生振荡的系统尽快恢复同步运行，其必要条件是想尽一切办法让系统的两端频率相同，或设法使转差率 s 过零值。为了使送、受两端的频率相等，对送端系统应尽快减小发电机的出力以降低它的频率，但其值不应低于 $48 \sim 49$ Hz，即应高于系统内低频减负荷装置最高一级的定值。与此同时，应增加受端发电机的出力，以提高它的频率。如果受端系统没有足够的备用容量，可限制部分负荷，使受端系统的频率回升。系统振荡后，除了在发、送两端进行调频操作外，还应尽量增加发电机的励磁电流和提高系统的电压，使发电机功-角特性的幅值增大，与该功率成正比的机组加速转矩和减速转矩的最大值也变大，这促使机组加速度和速度的正负变动范围加大，最后导致转差率瞬时值的振幅增加，也就是转差率瞬时值的最大值增大，最小值减小，如图 11.22（b）所示。当最小值为零时，就有了恢复同步运行的条件。但应指出，增加转差率瞬时值的幅值只有在两端的频率差比较小时才能起作用，若频率差较大，增大转差率瞬时值的幅值即使能瞬间同步，但过后通常又会脱出同步。因此，在处理系统振荡事故时，首先是使两端频率相等，然后再辅以提高发电机励磁和提高系统电压的措施。

实际运行的经验证明，当转差率达到零值时，一般都能再同步成功，不会较长时间停留在异步运行状态。

（2）**系统解列**（electric power system splitting）

系统振荡后，《电力系统安全稳定导则》中规定，在 $3 \sim 4$ min 时间内，经过值班人员的努力

仍不能使之再同步时,则应考虑按事先规定的解列点将系统解列。解列点的选择应考虑以下几点:

①应尽量保持解列后各部分系统的功率平衡,以防止它们的频率、电压大幅度变化。

②应使解列后的各个系统容量足够大,即解列后的系统最多不超过 2 ~ 3 个,因系统容量足够大,抗扰动的能力也较强。

③要考虑恢复同步运行操作的方便性,即解列点应具有同步装置等。

系统解列后,各独立部分相互间不再保持同步运行。这种人为地把系统分解成几个部分的解列方法是不得已的暂时措施,一旦将各部分的运行参数调整好后,就应尽快将各独立部分重新并列运行。

11.8.4　电力系统振荡产生的原因

电力系统振荡是发电机失步后的一种物理现象,因此任何导致系统失步的原因,就是系统振荡的产生原因。导致系统失步的原因可能有如下几个:①电力系统暂态稳定的破坏;②电力系统静态稳定的破坏;③电源间非同步合并后未能拖入同步;④发电机失去励磁等。

习　题

1. 填空题

(1)根据电力系统遭受干扰的不同情况,稳定性问题可分为_____稳定性、_____稳定性和_____稳定性三大类,其中_____稳定性的要求更高。

(2)发电机组的转子运动方程式表明,发电机转子的运行状态取决于转轴上的_____平衡或_____平衡。

(3)简单电力系统的静态稳定性包括_____稳定性和_____稳定性两方面。

(4)简单电力系统静态稳定性中,发电机功角稳定性的实用判据为_____,满足静态稳定的功角范围为_____,其中_____(填"包含"或"不包含")稳定极限点。负荷电压稳定性的实用判据为_____,满足静态稳定性的条件是 $\dfrac{\mathrm{d}Q}{\mathrm{d}U}$ _____(填"大于"或"小于")0。

(5)发电机稳定极限功率的表达式为_____。

(6)某电力系统在某处发生两相短路时的极限切除角 $\delta_{jc} = 80°$,若在 $70°$ 时切除该短路故障,则该系统_____(填"能"或"不能")保持暂态稳定。

(7)某电力系统保持暂态稳定性的极限切除时间是 0.1 s,实际故障的切除时间是 0.06 s,此系统_____(填"能"或"不能")保持暂态稳定性。

(8)为了使电力系统保持暂态稳定性,发生短路故障后,应在功角增大到极限切除角之_____(填"前"或"后")切除故障。

2. 选择题

(1) 判据 $\mathrm{d}p_{em}/\mathrm{d}\delta > 0$ 主要应用于简单系统的(　　)。

A. 暂态稳定　　　　　B. 故障计算　　　　　C. 静态稳定　　　　　D. 调压计算

(2) 下列提高电力系统静态稳定性的思路,正确的是(　　)。

①提高发电机的电动势　　②提高无穷大系统的运行电压

③减小线路电抗　　　　　　④减小功角

A. ①②③　　　　　B. ②③④　　　　　C. ①②④　　　　　D. ①③④

(3) 下列关于单机-无穷大系统发生大干扰后的暂态过程的说法中,不正确的是(　　)。

A. 正常运行时,发电机的电磁功率最大,系统电抗最小,单机与无穷大系统的联系最紧密

B. 发生故障但故障尚未切除时,发电机的电磁功率最小,系统电抗最大,单机与无穷大系统的联系最不紧密

C. 故障切除后,发电机的电磁功率最大,系统电抗最小,单机与无穷大系统的联系最紧密

D. 故障切除后,发电机的电磁功率和系统电抗大小均位于正常运行和发生故障但故障尚未切除两种状态之间

(4) 提高简单电力系统暂态稳定性的思路应是下面的(　　)。

①增大加速面积　　　　　②减小加速面积

③增大最大减速面积　　　④减小最大减速面积

A. ①③　　　　　B. ②③　　　　　C. ①④　　　　　D. ②④

(5) 下列提高电力系统暂态稳定性的措施中,正确的是(　　)。

①调节发电机的励磁电流使机端电压保持恒定

②快速切除短路故障

③快速自动重合闸

④减小发电机输出的电磁功率

⑤增大原动机输出的机械功率

⑥采用分裂导线

A. ②③⑥　　　　　B. ②④⑤　　　　　C. ①③⑤　　　　　D. ①②⑥

3. 简答题

(1) 电力系统静态稳定性、暂态稳定性和动态稳定性的概念分别是什么?

(2) 结合发电机组的转子运动方程式,说明发电机的功率平衡、转速和功角三者之间的关系。

(3) 发电机电磁功率有哪几种模型? 每种模型的适用场合和采用的发电机参数分别是什么?

(4) 单机-无穷大系统的静态稳定性分析模型中,功角 δ 的物理意义有哪两个方面?

(5) 静态稳定储备系数的值是不是越大越好? 为什么?

(6) 提高电力系统静态稳定性的措施有哪些?

(7) 采用串联电容补偿线路电抗以提高电力系统的静态稳定性时,补偿度是不是越大越好? 为什么?

(8) 快速切除短路故障对提高电力系统暂态稳定性有何作用? 请作图并简要分析。

(9) 自动重合闸是不是越快越好? 为什么? 请作图并简要分析。

(10) 提高电力系统暂态稳定性的措施有哪些?

附 录

附录 I 有关的法定计量单位名称与符号

量的名称	量的符号	单位名称	单位符号
长度	$l,(L)$	米	m
		公里	km
质量	m	千克	kg
时间	t	秒	s
		分	min
		时	h
面积	$A,(S)$	平方米	m^2
		平方厘米	cm^2
		平方毫米	mm^2
体积	V	立方米	m^3
角度	$\alpha,\beta,\gamma,\theta,\delta,\varphi$ 等	弧度	rad
		度	(°)
角速度	ω	弧度每秒	rad/s
		度每秒	(°)/s
转速	n	转每分	r/min
频率	$f,(\gamma)$	赫[兹]	Hz
功	$W,(A)$	焦[耳]	J
能[量]	$E,(W)$	瓦[特]时	W·h
		千瓦[特]时	kW·h
		兆瓦[特]时	MW·h
有功功率	P	瓦[特]	W
		千瓦[特]	kW
		兆瓦[特]	MW

续表

量的名称	量的符号	单位名称	单位符号
无功功率	Q	乏	var
		千乏	kvar
		兆乏	Mvar
视在功率	S	伏安	VA
		千伏安	kVA
		兆伏安	MVA
电位,(电动势)	V,φ	伏[特]	V
电压	U	千伏[特]	kV
电动势	E	伏[特]	V
电流	I	安[培]	A
		千安[培]	kA
电流密度	$J,(\sigma)$	安[培]每平方米	A/m^2
		安[培]每平方毫米	A/mm^2
电容	C	法[拉]	F
		微法[拉]	μF(10^{-6} F)
		皮[克]法[拉]	pF(10^{-12} F)
介电常数	ε	法[拉]每米	F/m
磁通[量]密度	B	特[斯拉]	T
磁通[量]	Φ	韦[伯]	Wb
电感	L,M	亨[利]	H
磁场强度	H	安[培]每米	A/m
磁导率	μ	亨[利]每米	H/m
电阻、电抗、阻抗	R,X,Z	欧[姆]	Ω
电阻率	ρ	欧[姆]米	$\Omega \cdot$ m
导线材料电阻率	ρ	欧[姆]平方毫米每公里	$\Omega \cdot$ mm^2/km
电导率	γ	西[门子]每米	S/m
电导、电纳、导纳	G,B,Y	西[门子]	S
摄氏温度	t	摄氏度	℃
角加速度	α	弧度每二次方秒	rad/s^2
		度每二次方秒	(°)/s^2
转动惯量	J	千克平方米	kg $\cdot$ m^2
转矩	M	牛[顿]米	N $\cdot$ m
大气压力	p	帕[斯卡]	Pa

附录Ⅱ 常用电气参数

常用电气参数见表Ⅱ.1至表Ⅱ.24。

表Ⅱ.1 各种常用架空导线的规格

额定截面 /mm²	导线型号									
	TJ 型		LJ,HLJ,HL₂J 型		LGJ,HL₂GJ 型		LGJQ 型		LGJJ 型	
	计算外径/mm	安全电流/A	计算外径/mm	安全电流/A	计算外径/mm	安全电流/A	计算外径/mm	安全电流/A	计算外径/mm	安全电流/A
10	4.00		4.00		4.4					
16	5.04	130	5.1	105	5.4	105				
25	6.33	180	6.4	135	6.6	135				
35	7.47	220	7.5	170	8.4	170				
50	8.91	270	9.0	215	9.6	220				
70	10.7	340	10.7	265	11.4	275				
95	12.45	415	12.4	325	13.7	335				
120	14.00	485	14.0	375	15.2	380			15.5	
150	15.75	570	15.8	440	17.0	445	16.6		17.5	464
185	17.43	645	17.5	500	19.0	515	18.4	510	19.6	543
240	19.88	770	20.0	610	21.6	610	21.6	610	22.4	629
300	22.19	890	22.4	680	24.2	770	23.5	710	25.2	710
400	25.62	1 085	25.8	830	28.0	800	27.2	845	29.0	965
500			29.1	980			30.2	966		
600			32.0	1 100			33.1	1 090		
700							37.1	1 250		

注:1. TJ——铜绞线;

　　LJ——裸铝绞线;

　　HLJ——热处理型铝镁硅合金绞线;

　　HL₂J——非热处理型铝镁硅合金绞线;

　　LGJ——钢芯铝绞线;

　　HL₂GJ——热处理型钢芯铝绞线;

　　LGJQ——轻型钢芯铝绞线;

　　LGJJ——加强型钢芯铝绞线。

2. 对 LGJ、LGJQ 及 LGJJ 型钢芯铝绞线的额定截面积是指导电部分(不包括钢芯截面)。

3. 安全电流是当周围空气温度为 25 ℃时的数值。

表Ⅱ.2 电流修正系数

周围空气温度/℃	-5	0	5	10	15	20	25	30	35	40	45	50
电流修正系数	1.29	1.24	1.20	1.15	1.11	1.05	1.00	0.94	0.88	0.81	0.74	0.67

注:当导线周围气温异于25 ℃时,应将安全电流乘以表Ⅱ.2中的电流修正系数。

表Ⅱ.3 LJ,TJ型架空线路导线的电阻及正序电抗　　　　　　　（Ω/km）

导线型号 LJ型	导线电阻	几何均距/m 0.6	0.8	1.0	1.25	1.5	2.0	2.5	3.0	3.5	4.0	导线电阻 TJ型	导线型号 TJ
LJ-16	1.98	0.358	0.377	0.391	0.405	0.416	0.435	0.499	0.460	—	—	1.20	TJ-16
LJ-25	1.28	0.345	0.363	0.377	0.391	0.402	0.421	0.435	0.446	—	—	0.74	TJ-25
LJ-35	0.92	0.336	0.352	0.366	0.380	0.391	0.410	0.424	0.435	0.445	0.453	0.54	TJ-35
LJ-50	0.64	0.325	0.341	0.355	0.365	0.380	0.398	0.413	0.423	0.433	0.441	0.39	TJ-50
LJ-70	0.46	0.315	0.331	0.345	0.359	0.370	0.388	0.399	0.410	0.420	0.428	0.27	TJ-70
LJ-95	0.34	0.303	0.319	0.334	0.347	0.358	0.377	0.390	0.401	0.411	0.419	0.20	TJ-95
LJ-120	0.27	0.297	0.313	0.327	0.341	0.352	0.368	0.382	0.393	0.403	0.411	0.158	TJ-120
LJ-150	0.21	0.287	0.312	0.319	0.333	0.344	0.363	0.377	0.388	0.398	0.406	0.123	TJ-150

表Ⅱ.4 LGJ型架空线路导线的电阻及正序电抗　　　　　　　（Ω/km）

导线型号	电阻	几何均距/m 1.0	1.5	2.0	2.5	3.0	3.5	4.0	4.5	5.0	5.5	6.0	6.5	7.0	7.5	8.0
LGJ-35	0.85	0.366	0.385	0.403	0.417	0.429	0.438	0.446								
LGJ-50	0.65	0.353	0.374	0.392	0.406	0.418	0.427	0.435								
LGJ-70	0.45	0.343	0.364	0.382	0.396	0.408	0.417	0.425	0.433	0.440	0.466					
LGJ-95	0.33	0.334	0.353	0.371	0.385	0.397	0.406	0.414	0.422	0.429	0.435	0.44	0.445			
LGJ-120	0.27	0.326	0.347	0.365	0.379	0.391	0.400	0.408	0.416	0.423	0.429	0.433	0.438			
LGJ-150	0.21	0.319	0.340	0.358	0.372	0.384	0.398	0.401	0.409	0.416	0.422	0.426	0.432			
LGJ-185	0.17				0.365	0.377	0.386	0.394	0.402	0.409	0.415	0.419	0.425			
LGJ-240	0.132				0.357	0.369	0.378	0.386	0.394	0.401	0.407	0.412	0.416	0.421	0.425	0.429
LGJ-300	0.107										0.399	0.405	0.410	0.414	0.418	0.422
LGJ-400	0.08										0.391	0.397	0.402	0.406	0.410	0.414

表Ⅱ.5 LGJQ 与 LGJJ 型架空线路导线的电阻及正序电抗　　　　　　　　　（Ω/km）

导线型号	电阻	几何均距/m						
		5.0	5.5	6.0	6.5	7.0	7.5	8.0
LGJQ-300	0.108		0.401	0.406	0.411	0.416	0.420	0.424
LGJQ-400	0.08		0.391	0.397	0.402	0.406	0.410	0.414
LGJQ-500	0.065		0.384	0.390	0.395	0.400	0.404	0.408
LGJJ-185	0.170	0.406	0.412	0.417	0.422	0.428	0.433	0.437
LGJJ-240	0.131	0.397	0.403	0.409	0.414	0.419	0.424	0.428
LGKK-300	0.106	0.390	0.396	0.402	0.407	0.411	0.417	0.421
LGJJ-400	0.079	0.381	0.387	0.393	0.398	0.402	0.408	0.412

表Ⅱ.6 LGJ、LGJJ 及 LGJQ 型架空线路导线的电纳　　　　　　　　　（$\times 10^{-6}$ S/km）

导线型号	截面/mm²	几何均距/m														
		1.5	2.0	2.5	3.0	3.5	4.0	4.5	5.0	5.5	6.0	6.5	7.0	7.5	8.0	8.5
LGJ	35	2.97	2.83	2.73	2.65	2.59	2.54	—	—	—	—	—	—	—	—	—
	50	3.05	2.91	2.81	2.72	2.66	2.61	—	—	—	—	—	—	—	—	—
	70	3.15	2.99	2.88	2.79	2.73	2.68	2.62	2.58	2.54	—	—	—	—	—	—
	95	3.25	3.08	2.96	2.87	2.81	2.75	2.69	2.65	2.61	—	—	—	—	—	—
	120	3.31	3.13	3.02	2.92	2.85	2.79	2.74	2.69	2.65	—	—	—	—	—	—
	150	3.38	3.20	3.07	2.97	2.90	2.85	2.79	2.74	2.71	—	—	—	—	—	—
	185	—	—	3.13	3.03	2.96	2.90	2.84	2.79	2.74	—	—	—	—	—	—
	240	—	—	3.21	3.10	3.02	2.96	2.89	2.85	2.80	2.76	—	—	—	—	—
	300	—	—	—	—	—	—	—	2.86	2.81	2.78	2.75	2.72	—	—	—
	400	—	—	—	—	—	—	—	2.92	2.88	2.83	2.81	2.78	—	—	—

续表

导线型号	截面/mm²	几何均距/m														
		1.5	2.0	2.5	3.0	3.5	4.0	4.5	5.0	5.5	6.0	6.5	7.0	7.5	8.0	8.5
LGJJ	120	—	—	—	—	—	2.8	2.75	2.70	2.66	2.63	2.60	2.57	2.54	2.51	2.49
	150	—	—	—	—	—	2.85	2.81	2.76	2.72	2.68	2.65	2.62	2.59	2.57	2.54
	185	—	—	—	—	—	2.91	2.86	2.80	2.76	2.73	2.70	2.66	2.63	2.60	2.58
	240	—	—	—	—	—	2.98	2.92	2.87	2.82	2.79	2.75	2.72	2.68	2.66	2.64
	300	—	—	—	—	—	3.04	2.97	2.91	2.87	2.84	2.80	2.76	2.73	2.70	2.68
LGJQ	400	—	—	—	—	—	3.11	3.05	3.00	2.95	2.91	2.87	2.83	2.80	2.77	2.75
	500	—	—	—	—	—	3.14	3.08	3.10	2.96	2.92	2.88	2.84	3.81	2.79	2.76
	600	—	—	—	—	—	3.16	3.11	3.04	3.02	2.96	2.91	2.88	2.85	2.82	2.79

表Ⅱ.7　220~750 kV 架空线路导线的电阻及正序电抗　　　　　　（Ω/km）

导线型号	220 kV				330 kV（双分裂）		500 kV（三分裂）		750 kV（四分裂）	
	单导线		双分裂							
	电阻	电抗	电阻	电抗	电阻	电抗	电阻	电抗	电阻	电抗
LGJ-185	0.17	0.44	0.085	0.313						
LGJ-240	0.132	0.432	0.066	0.310						
LGJQ-300	0.107	0.427	0.054	0.308	0.054	0.321	0.036	0.302		
LGJQ-400	0.08	0.417	0.04	0.303	0.04	0.316	0.026 6	0.299	0.02	0.289
LGJQ-500	0.065	0.411	0.032 5	0.300	0.032 5	0.313	0.021 6	0.297	0.016 3	0.287
LGJQ-600	0.055	0.405	0.027 5	0.297	0.027 5	0.310	0.018 3	0.295	0.013 8	0.286
LGJQ-700	0.044	0.398	0.022	0.294	0.022	0.307	0.014 6	0.292	0.011	0.284

注:计算条件如下:

电压/kV	110	220	330	500	750
线间距离/m	4	6.5	8	11	14
线分裂距离/cm		40	40	40	40
导线排列方式		水平二分裂	水平二分裂	正三角三分裂	正四角四分裂

表Ⅱ.8 110～750 kV 架空线路导线的电容(μF/100 km)及充电功率（MV·A/100 km）

| 导线型号 | 110 kV | | 220 kV | | | | 330 kV (双分裂) | | 500 kV (三分裂) | | 750 kV (四分裂) | |
| | | | 单导线 | | 双分裂 | | | | | | | |
	电容	功率	电容	功率	电容	功率	电容	功率	电容	功率	电容	功率
LGJ-50	0.808	3.06										
LGJ-70	0.818	3.14										
LGJ-95	0.84	3.18										
LGJ-120	0.854	3.24										
LGJ-150	0.87	3.3										
LGJ-185	0.885	3.35			1.14	17.3						
LGJ-240	0.904	3.43	0.837	12.7	1.15	17.5	1.09	36.9				
LGJQ-300	0.913	3.48	0.848	12.9	1.16	17.7	1.10	37.3	1.18	94.4		
LGJQ-400	0.939	3.54	0.867	13.2	1.18	17.9	1.11	37.5	1.19	95.4	1.22	215
LGJQ-500			0.882	13.4	1.19	18.1	1.13	38.2	1.2	96.2	1.23	217
LGJQ-600			0.895	13.6	1.20	18.2	1.14	38.6	1.205	96.7	1.235	228
LGJQ-700			0.912	14.8	1.22	18.3	1.15	38.8	1.21	97.2	1.24	219

表Ⅱ.9 铜芯三芯电缆的感抗和电纳

| 芯线额定截面/mm² | 感抗/(Ω·km⁻¹) | | | | 电纳/(S·km⁻¹)×10⁻⁶ | | | |
| | 电缆额定电压 /kV | | | | | | | |
	6	10	20	35	6	10	20	35
10	0.100	0.113			60	50		
16	0.094	0.104			69	57		
25	0.085	0.094	0.135		91	72	57	
35	0.079	0.088	0.129		104	82	63	
50	0.076	0.082	0.119		119	94	72	
70	0.072	0.079	0.116	0.132	141	100	82	63
95	0.069	0.076	0.110	0.126	163	119	91	68
120	0.069	0.076	0.107	0.119	179	132	97	72
150	0.066	0.072	0.104	0.116	202	144	107	79
185	0.066	0.069	0.100	0.113	229	163	116	85
240	0.063	0.069						

表Ⅱ.10 钢绞线的电阻及内电抗 （Ω/km）

通过电流/A	钢绞线型号及直径/mm									
	GJ-25, d = 5.6		GJ-35, d = 7.8		GJ-50, d = 9.2		GJ-70, d = 11.5		GJ-95, d = 12.6	
	电阻	电抗	电阻	电抗	电阻	电抗	电阻	电抗	电阻	电抗
1	5.25	0.54	3.66	0.32	2.75	0.23	1.7	0.16	1.55	0.08
2	5.27	0.55	3.66	0.35	2.75	0.24	1.7	0.17	1.55	0.08
3	5.28	0.56	3.67	0.36	2.75	0.25	1.7	0.17	1.55	0.08
4	5.30	0.59	3.69	0.37	2.75	0.25	1.7	0.18	1.55	0.08
5	5.32	0.63	3.70	0.40	2.75	0.26	1.7	0.18	1.55	0.08
6	5.35	0.67	3.71	0.42	2.75	0.27	1.7	0.19	1.55	0.08
7	5.37	0.70	3.73	0.45	2.75	0.27	1.7	0.19	1.55	0.08
8	5.40	0.77	3.75	0.48	2.76	0.28	1.7	0.20	1.55	0.08
9	5.45	0.84	3.77	0.51	2.77	0.29	1.7	0.20	1.55	0.08
10	5.50	0.93	3.80	0.55	2.78	0.30	1.7	0.21	1.55	0.08
15	5.97	1.33	4.02	0.75	2.80	0.35	1.7	0.23	1.55	0.08
20	6.70	1.63	4.4	1.04	2.85	0.42	1.72	0.25	1.55	0.09
25	6.97	1.91	4.89	1.32	2.95	0.49	1.74	0.27	1.55	0.09
30	7.1	2.01	5.21	1.56	3.10	0.59	1.77	0.30	1.56	0.09
35	7.1	2.06	5.36	1.64	3.25	0.69	1.79	0.33	1.56	0.09
40	7.02	2.00	5.35	1.69	3.40	0.80	1.83	0.37	1.57	0.10
45	6.92	2.08	5.30	1.71	3.52	0.91	1.83	0.41	1.57	0.11
50	6.85	2.07	5.25	1.72	3.61	1.00	1.93	0.40	1.58	0.11
60	6.70	2.00	5.13	1.70	3.99	1.10	2.07	0.55	1.58	0.13
70	6.6	1.90	5.0	1.64	3.73	1.14	2.21	0.65	1.61	0.15
80	6.3	1.79	4.89	1.57	3.70	1.15	2.27	0.70	1.63	0.17
90	6.4	1.73	4.78	1.50	3.68	1.14	2.29	0.72	1.67	0.20
100	6.32	1.67	4.71	1.43	3.65	1.13	2.33	0.73	1.71	0.22
125	—	—	4.6	1.29	3.58	1.04	2.33	0.73	1.83	0.31
150	—	—	4.47	1.27	3.50	0.95	2.38	0.73	1.87	0.34
175	—	—	—	—	3.45	0.94	2.23	0.71	1.89	0.35
200	—	—	—	—	—	—	2.19	0.69	1.88	0.35

表Ⅱ.11 35 kV 双绕组无励磁调压配电变压器

额定容量 kV·A	电压组合			结组标号	空载损耗/kW	负载损耗/kW	空载电流/%	阻抗电压/%
	高压/kV	高压分接范围/%	低压/kV					
50					0.265	1.35	2.8	
100					0.37	2.25	2.6	
125					0.42	2.65	2.5	
160					0.47	3.15	2.4	
200					0.55	3.70	2.2	
250					0.64	4.40	2.0	
315	35	±5	0.4	Y, yn0	0.76	5.30	2.0	
400					0.92	6.40	1.9	
500					1.08	7.70	1.9	
630					1.30	9.20	1.8	6.5
800					1.54	11.00	1.5	
1 000					1.80	13.50	1.4	
1 250					2.20	16.30	1.2	
1 600					2.65	19.50	1.1	

注:根据要求变压器的高压分接范围可供 ±2×2.5%。

表Ⅱ.12 35 kV 双绕组无励磁调压电力变压器

额定容量 kV·A	电压组合			结组标号	空载损耗/kW	负载损耗/kW	空载电流/%	阻抗电压/%
	高压/kV	高压分接范围/%	低压/kV					
800					1.54	11.0	1.5	
1 000					1.80	13.5	1.4	
1 250		±5	3.15		2.20	16.3	1.3	6.5
1 600	35		6.3		2.65	19.5	1.2	
2 000			10.5	Y, d11	3.40	19.8	1.1	
2 500					4.00	23.0	1.1	
3 150					4.75	27.0	1.0	7.0
4 000	35		3.15		5.65	32.0	1.0	7.0
5 000	38.5	±5	6.3		6.75	36.7	0.9	7.0
6 300					8.20	41.0	0.9	7.5

					11.5	45	0.8	7.5
8 000			3.15		13.6	53	0.8	7.5
10 000			3.3		16.0	63	0.7	8.0
12 500	35		6.3	YN,d11	19.0	77	0.7	8.0
16 000	38.5	±2×2.5	6.6		22.5	93	0.7	8.0
20 000			10.5		26.6	110	0.6	80
25 000					31.6	132	0.6	8.0
31 500								

注:根据要求变压器的高压分接范围可供±2×2.5%。

表Ⅱ.13 2 000~12 500 kV·A 双绕组有载调压变压器

额定容量 kV·A	电压组合			结组标号	空载损耗/kW	负载损耗/kW	空载电流/%	阻抗电压/%
	高压/kV	高压分接范围/%	低压/kV					
2 000	35	±3×2.5	6.3		3.60	20.80	1.4	6.5
2 500			10.5		4.25	24.15	1.4	
3 150	35	±3×2.5	6.3	Y,d11	5.05	28.90	1.3	7.0
4 000	38.5		10.5		6.05	34.10	1.3	
5 000					7.25	40.00	1.2	
6 300					8.80	43.00	1.2	
8 000	35	±3×2.5	6.3;6.6	YN,d11	12.30	47.50	1.1	7.5
10 000	38.5		10.5		14.50	56.20	1.4	
12 500			11		17.10	66.50	1.0	8.0

表Ⅱ.14 110 kV 三相双绕组无励磁调压电力变压器

型 号	额定容量/(kV·A)	额定电压/kV		连接组标号	损耗/kW		空载电流/%	短路阻抗/%
		高压	低压		空载	负载		
SF11-6300/110	6 300				7.4	34.2	0.77	
SF11-8000/110	8 000				9.6	42.8	0.77	
SF11-10000/110	10 000				10.6	50.4	0.72	
SF11-12500/110	12 500		6.3		12.5	59.9	0.72	
SF11-16000/110	16 000		6.6		15	73.2	0.67	
SF11-20000/110	20 000		10.5		17.6	88.4	0.67	10.5
SF11-25000/110	25 000	110±2×2.5%	11	YN,d11	20.8	104.5	0.62	
SF11-31500/110	31 500				24.6	126.4	0.60	
SF11-40000/110	40 000				29.4	148.2	0.56	
SF11-50000/110	50 000	121±2×2.5%			35.2	184.3	0.52	
SF11-63000/110	63 000				41.6	222.3	0.48	
SF11-75000/110	75 000		13.8		47.2	264.1	0.42	
SF11-90000/110	90 000		15.75		54.4	304	0.38	
SF11-120000/110	120 000		18		67.8	377.2	0.34	12~14
SF11-150000/110	150 000		20		80.2	448.4	0.30	
SF11-180000/110	180 000				90	505.4	0.25	

表Ⅱ.15 110 kV 三相三绕组无励磁调压电力变压器

型号	额定容量/(kV·A)	额定电压/kV			连接组标号	损耗/kW		空载电流/%	短路阻抗/%	
		高压	中压	低压		空载	负载		升压/%	降压/%
SFS11-6300/110	6 300					9	44.7	0.82		
SFS11-8000/110	8 000					10.6	53.2	0.78		
SFS11-10000/110	10 000					12.6	62.7	0.74		
SFS11-12500/110	12 500					14.7	74.1	0.70	高-中 17~18	高-中 10.5
SFS11-16000/110	16 000	110±2×2.5%	35 37 38.5	6.3 6.6 10.5 11	YN, yn0, d11	17.9	90.3	0.66	高-低 10.5	高-低 17~18
SFS11-2000/110	20 000					21.1	106.4	0.65	中-低 6.5	中-低 6.5
SFS11-25000/110	25 000	121±2×2.5%				24.6	126.4	0.60		
SFS11-31500/110	31 500					29.4	149.2	0.60		
SFS11-40000/110	40 000					34.9	179.6	0.55		
SFS11-50000/110	50 000					41.6	213.8	0.55		
SFS11-63000/110	63 000					49.3	256.5	0.50		

表Ⅱ.16 110 kV 三相双绕组有载调压电力变压器

型号	额定容量/(kV·A)	额定电压/kV		连接组标号	损耗/kW		空载电流/%	短路阻抗/%
		高压	低压		空载	负载		
SFZ11-6300/110	6 300				8	34.2	0.80	
SFZ11-8000/110	8 000				9.6	42.8	0.80	
SFZ11-10000/110	10 000				11.4	50.4	0.74	
SFZ11-12500/110	12 500				13.4	59.9	0.74	
SFZ11-16000/110	16 000		6.3 6.6 10.5 11	YN, d11	16.2	73.2	0.69	
SFZ11-20000/110	20 000	110±8×1.25%			19.2	88.4	0.69	10.5
SFZ11-25000/110	25 000				22.7	104.5	0.64	
SFZ11-31500/110	31 500				27	126.4	0.64	
SFZ11-40000/110	40 000				32.3	148.2	0.58	
SFZ11-50000/110	50 000				38.2	184.3	0.58	
SFZ11-63000/110	63 000				45.4	222.3	0.52	

表Ⅱ.17　110 kV 三相三绕组有载调压电力变压器

型号	额定容量/(kV·A)	额定电压/kV			连接组标号	损耗/kW		空载电流/%	短路阻抗/%
		高压	中压	低压		空载	负载		
SFSZ11-6300/110	6 300					9.6	44.7	0.95	
SFSZ11-8000/110	8 000					11.5	53.2	0.95	
SFSZ11-10000/110	10 000					13.7	62.7	0.89	
SFSZ11-12500/110	12 500					16.2	74.1	0.89	高-中 10.5 高-低 17~18 中-低 6.5
SFSZ11-16000/110	16 000	110±8×1.25%	35 37 38.5	6.3 6.6 10.5 11	YN,yn0,d11	19.4	90.3	0.84	
SFSZ11-20000/110	20 000					22.9	106.4	0.84	
SFSZ11-25000/110	25 000					27	126.4	0.78	
SFSZ11-31500/110	31 500					32.2	149.2	0.78	
SFSZ11-40000/110	40 000					38.6	179.6	0.73	
SFSZ11-50000/110	50 000					45.5	213.8	0.73	
SFSZ11-63000/110	63 000					54.2	256.5	0.67	

表Ⅱ.18　220 kV 双绕组无励磁调压变压器

额定容量/(kV·A)	额定电压/kV		连接组标号	空载损耗/kW	负载损耗/kW	空载电流/%	阻抗电压/%
	高压	低压					
31 500				44	150	1.1	
40 000		10.5		52	175	1.1	
50 000		11*		61	210	1.0	
63 000				73	245	1.0	
90 000	220* 242±2×2.5%	10.5 13.8 11*	YN,d11	96	320	0.9	12~14
120 000				118	385	0.9	
150 000		11*		140	450	0.8	
180 000		13.8		160	510	0.8	
240 000		15.75		200	630	0.7	
300 000		15.75		237	750	0.6	
360 000		18		272	860	0.6	

注：①表中的负载损耗其容量分配为100/100/100。升压结构者其容量分配可为100/50/100及降压结构者其容量分配
　　为100/100/50或100/50/100。

　　②根据需要也可提供额定容量小于31 500 kV·A的变压器及其他电压组合的变压器。

　　③表中带"＊"标记的电压作为降压变压器用。

表Ⅱ.19　220 kV 三绕组无励磁调压变压器

额定容量 /(kV·A)	额定电压/kV			连接组标号	空载损耗 /kW	负载耗电 /kW	空载电流 /%	阻抗电压/%	
	高压	中压	低压					升压	降压
31 500			10.5		50	180	1.1		
40 000			11 *		60	210	1.0		
50 000			35 *		70	250	0.9		
63 000			38.5 *		83	290	0.9	高-中 22~24 高-低 12~14 中-低 7~9	高-中 12~14 高-低 22~24 中-低 7~9
90 000 120 000	220 * 242±2×2.5%	121	10.5 11 * 13.8 35 * 38.5 *	YN,yn0,d11	108 133	390 480	0.8 0.8		
150 000 180 000 240 000			11 * 13.8 15.75 35 * 38.5 *		157 178 220	570 650 800	0.7 0.7 0.6		

注:①表中的负载损耗其容量分配为100/100/100。升压结构者其容量分配可为100/50/100及降压结构者其容量分配
　　为100/100/50或100/50/100。

　　②根据需要也可提供额定容量小于31 500 kV·A 的变压器及其他电压组合的变压器。

　　③表中带"＊"标记的电压作为降压变压器用。

表Ⅱ.20　220 kV 无励磁调压自耦变压器

额定容量 /(kV·A)	额定电压/kV			连接组标号	升压组合			降压组合			阻抗电压/%	
	高压	中压	低压		空载损耗 /kW	负载损耗 /kW	空载电流 /%	空载损耗 /kW	负载损耗 /kW	空载电流 /%	升压	降压
31 500			10.5		31	130	0.9	28	110	0.8		
40 000			11 *		37	160	0.9	33	135	0.8		
50 000			13.8		42	189	0.8	38	160	0.7	高-中 12~14 高-低 8~12 中-低 14~18	高-中 8~10 高-低 28~34 中-低 18~24
63 000			35 *		50	224	0.8	45	190	0.7		
90 000			38.5 *		63	307	0.7	57	260	0.6		
120 000 150 000 180 000 240 000	220 * 242±2×2.5%	121	10.5 11 * 13.8 15.75 18 35 * 38.5 *	YN,a0,d11	77 91 105 124	378 450 515 662	0.7 0.6 0.6 0.5	70 82 95 112	320 380 430 560	0.6 0.5 0.5 0.4		

注:①容量分配:升压组合为100/50/100,降压组合为100/100/50。

　　②表中阻抗电压为100%额定容量时的数值。

　　③表中带"＊"标记的电压作为降压变压器用。

表Ⅱ.21　220 kV双绕组有载调压变压器

额定容量 /(kV·A)	额定电压/kV		连接组标号	空载损耗 /kW	负载损耗 /kW	空载电流 /%	阻抗电压 /%
	高压	低压					
31 500		10.5		48	150	1.1	
40 000		11		57	175	1.0	
50 000		35		67	210	0.9	
63 000	220±8×1.25%	38.5	YN,d11	79	245	0.9	12~14
90 000		10.5		101	320	0.8	
120 000		11		124	385	0.8	
150 000		35		146	450	0.7	
180 000		38.5		169	520	0.7	

注:低压也可为63 kV级的产品,其性能数据另定。

表Ⅱ.22　220 kV三绕组有载调压变压器

额定容量 /(kV·A)	额定电压/kV			连接组标号	空载损耗 /kW	负载损耗 /kW	空载电流 /%	容量分配 /%	阻抗电压 /%
	高压	中压	低压						
31 500			10.5		55	180	1.2		
40 000			11		65	210	1.1		高-中 12~14
50 000			35		76	250	1.0	100/100/100	
63 000	220±8×1.25%	121	38.5	YN,yn0,d11	89	290	1.0	100/50/100	高-低 22~24
90 000			10.5		116	390	0.9	100/100/50	
120 000			11		144	480	0.9		中-低 7~9
150 000			35		170	570	0.8		
180 000			38.5		195	700	0.8		

注:①表中所列数据为降压结构产品,也可提供升压结构产品。

②表中的负载损耗其容量分配为100/100/100。

表Ⅱ.23　220 kV三绕组有载调压自耦变压器

额定容量 /(kV·A)	额定电压/kV			连接组标号	空载损耗 /kW	负载损耗 /kW	空载电流 /%	容量分配 /%	阻抗电压 /%
	高压	中压	低压						
31 500					32	121	0.9		
40 000			10.5		38	147	0.9		
50 000			11		45	175	0.8		高-中 8~10
63 000			35		53	210	0.8		
90 000			38.5		64	275	0.7		高-低
	220±8×1.25%	121		YN,a0,d11				100/100/50	28~34
120 000			10.5		80	343	0.7		中-低
150 000			11		95	406	0.6		18~24
180 000			35		107	466	0.6		
240 000			38.5		130	600	0.5		

注:表中所列数据为降压结构产品。

表Ⅱ.24 220 kV 三绕组有载调压自耦变压器

额定容量 /(kV·A)	额定电压/kV			连接组标号	空载损耗 /kW	负载损耗 /kW	空载电流 /%	容量分配 /%	阻抗电压 /%
	高压	中压	低压						
63 000			10.5		54	190	0.9		高-中 8 ~ 10
90 000			11		66	260	0.8		
120 000			35		82	320	0.8		
	220 ± 8 × 1.25%	121	38.5	YN,a0,d11				100/100/50	高-低 28 ~ 34
			10.5						中-低 18 ~ 24
150 000			11		97	380	0.7		
180 000			35		110	435	0.6		
			38.5						

注:表中所列数据为降压结构产品。

附录Ⅲ　短路电流运算曲线

短路电流运算曲线见图Ⅲ.1至图Ⅲ.9。

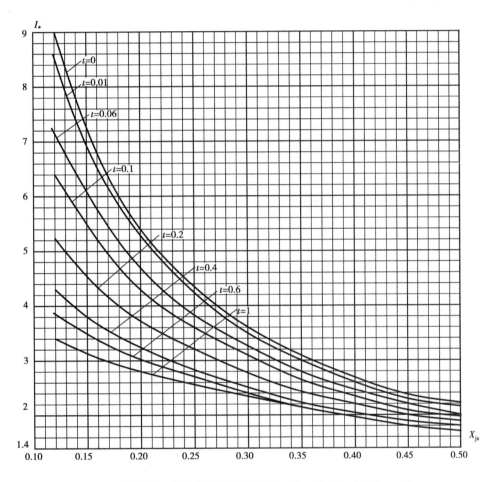

图Ⅲ.1　汽轮发电机运算曲线一($X_{js}=0.12\sim0.50$)

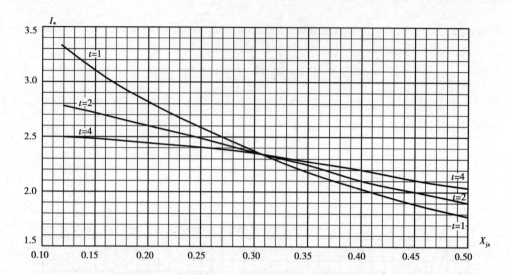

图Ⅲ.2 汽轮发电机运算曲线二($X_{js} = 0.12 \sim 0.50$)

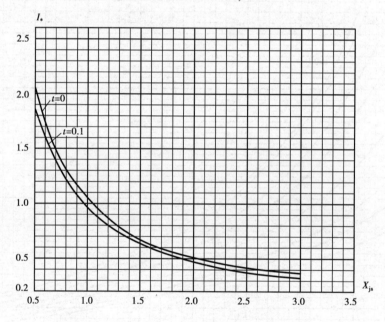

图Ⅲ.3 汽轮发电机运算曲线三($X_{js} = 0.50 \sim 3.45$)

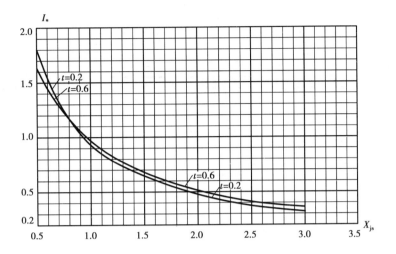

图Ⅲ.4　汽轮发电机运算曲线四（$X_{js}=0.50\sim3.45$）

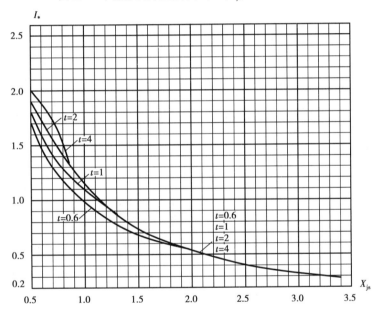

图Ⅲ.5　汽轮发电机运算曲线五（$X_{js}=0.50\sim3.45$）

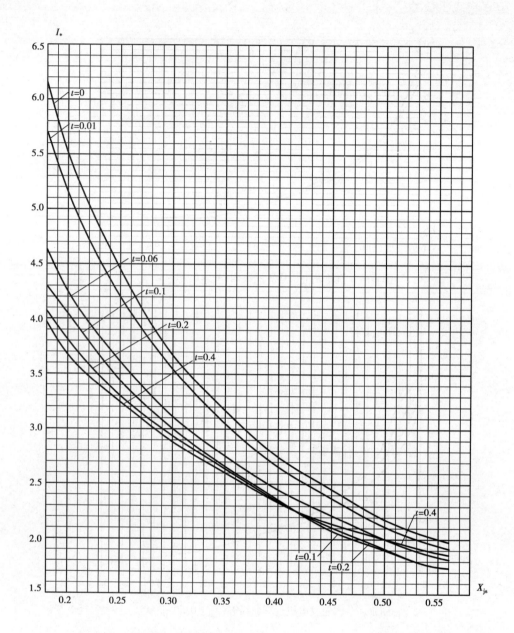

图Ⅲ.6 水轮发电机运算曲线一($X_{js} = 0.18 \sim 0.56$)

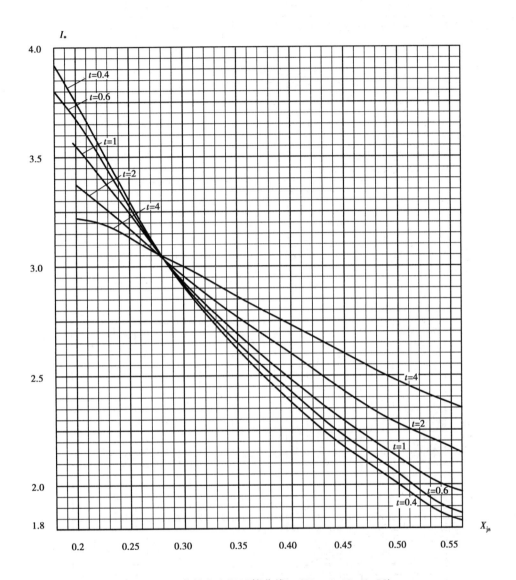

图Ⅲ.7　水轮发电机运算曲线二($X_{js} = 0.18 \sim 0.56$)

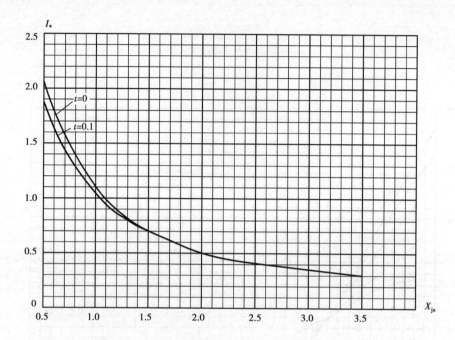

图Ⅲ.8　水轮发电机运算曲线三($X_{js} = 0.50 \sim 3.50$)

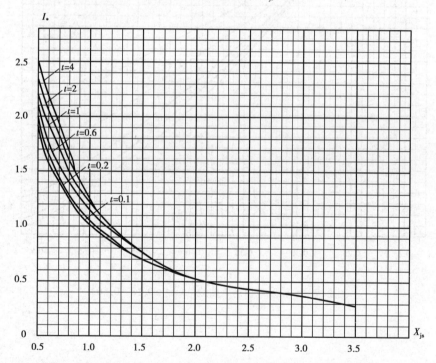

图Ⅲ.9　水轮发电机运算曲线四($X_{js} = 0.50 \sim 3.50$)

附录Ⅳ　电力系统稳定性事故案例

附录Ⅳ.1：美加大停电

事故是从 2003 年 8 月 14 日下午美国东部时间（EDT，下述均为此时间）15 时 06 分开始，美国俄亥俄州的主要电力公司第一能源公司（First Energy Corp.，以下简记为 FE）的控制区内发生了一系列的突发事件。这些事件的累计效应最终导致了大面积停电。其影响范围包括美国的俄亥俄州、密执安州、宾夕法尼亚州、纽约州、佛蒙特州、马萨诸塞州、康涅狄格州、新泽西州和加拿大的安大略省、魁北克省，损失负荷达 61.8 GW，影响了近 5 千万人口的用电。

事故演变过程可分为如下几个阶段：

（1）事故发生前的阶段

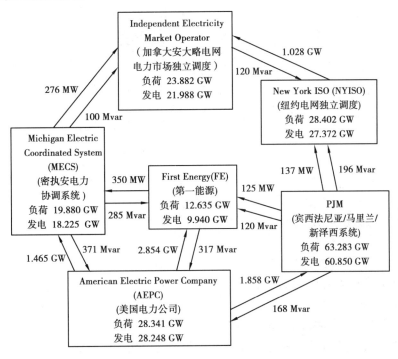

图Ⅳ.1　美加大停电事故前有关电网及联络线负荷情况图

图 Ⅳ.1 中，各系统之间靠 345 kV 和 138 kV 线路构成一个交直流混联的巨大电网，其总体潮流为自南向北传送。属于事故源头的第一能源（FE）系统因负荷高，受入大量有功功率，系统负荷约为 12.635 GW，受电约 2.575 GW（占总负荷的 21%），导致大量无功功率消耗。尽管此时系统仍然处于正常的运行状态，但无功功率不足导致系统电压降低。

其中，FE 管辖的俄亥俄州的克力夫兰-阿克伦（Cleveland-Akron）地区为故障首发地点。在事故前，供给该地区有功功率及无功功率的重要电源戴维斯-贝斯机组（Davis-Besse）和东湖 4 号机（Eastlake4）已经停运。在 13:31，东湖 5 号机（Eastlake5）的停运，进一步耗尽了克力夫兰-阿克伦地区的无功功率,使该系统电压进一步降低。

(2)短路引起的线路开断阶段

15:05,俄亥俄州的一条 345 kV(Chamberlin-Harding)输电线路在触树短路后跳闸(线路开断前潮流仅为正常裕量的 43.5%),致使由南部向克力夫兰-阿克伦地区送电的另外 3 条 345 kV 线路的负荷加重(其中,Hanna-Juniper 线路上增加的负荷最多,同时向该地区送电的 138 kV 线路的潮流也随之增加。

15:32,第二条 345 kV(Hanna-Juniper)线路导线下垂触树短路后跳闸(线路开断前潮流为正常裕量的 87.5%)。该线路开断后,有近 1 200 MV·A 的功率不得不寻找新的路径进入该地区,致使该区南部的另 2 条 345 kV 线路和 138 kV 系统的负荷再次加重,并有一些线路过载。上述两条线路的开断使第 3 条 345 kV 线路(Star-South Canton)负荷越限。15:42,该线路也发生对树放电跳闸(线路开断时潮流为紧急裕量的 93.2%)。

(3)过负荷引起的线路开断阶段(崩溃阶段)

每条 345 kV 线路的开断都使为克力夫兰-阿克伦地区送电的 138 kV 系统的载荷增加,电压下降,并使线路过载。随着更多的 138 kV 线路退出运行,仍然运行的 138 kV 线路和 345 kV 线路上承担了越来越多的载荷。第 3 条 345 kV 线路 Star-South Canton 线路开断后,为克力夫兰-阿克伦地区供电的 138 kV 系统的潮流显著增加,138 kV 系统电压水平进一步下降。15:39 至 16:05 期间,共有多条 138 kV 线路相继过载开断。上述 138 kV 线路开断后,更多的功率转移至仍在运行的 345 kV 线路上此时系统潮流如图Ⅳ.2 所示,使 Sammis-Star 线路载荷达到了额定值的 120%,伴随着电压的下降,线路无功潮流急剧上升,该线路的 III 段阻抗保护动作跳闸,此后克力夫兰-阿克伦系统发生了崩溃。所以 Sammis-Star 线路的开断才是俄亥俄州东北

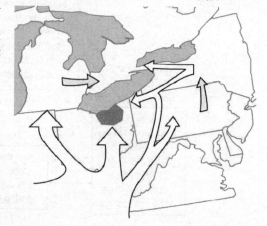

图Ⅳ.2　第 4 条 345 kV 线路跳闸前系统潮流图

部的系统问题引发美加东北部级联大停电这一事件的转折点。此时,后续的大规模级联崩溃已经不可避免。

(4)事故后的级联崩溃(Cascade)阶段

FE 输电系统的崩溃引发了规划中未预计到的潮流浪涌。崩溃前夕,大量潮流从南方跨过 FE 系统流到北方。由于 FE 输电系统的崩溃使得北俄亥俄的输电通道不存在了,潮流只能通过替代的路径到达伊利湖沿岸的负荷中心:潮流一方面从俄亥俄州西部、印第安纳州,另一方面从宾夕法尼亚州穿过纽约州和安大略涌入伊利湖的北侧。可是这些区域的输电线路原已处于正常重载,潮流转移导致一些线路开始跳闸。线路的跳闸向北延伸到密执安州,最终导致美国整个东北部和加拿大的安大略被分成几个小的孤岛。功率不足的电力系统频率急剧下降,甩负荷装置切掉负荷,导致崩溃;功率多余的电力系统频率急剧上升,发电机保护自动切机,也导致系统崩溃。

供电恢复过程:

截止到 8 月 14 日 19:30,共恢复负荷 1 340 MW,其中 PJM 电网 800 MW、魁北克水电局

40 MW、新英格兰 500 MW。

截止到 8 月 14 日 23:00,共恢复负荷 21 300 MW,其中 PJM 电网 1 400 MW、魁北克水电局 100 MW、新英格兰 1 200 MW、纽约 13 600 MW、安大略 5 000 MW。

截止到 8 月 15 日 5:00,共恢复负荷 41 100 MW,其中 PJM 电网 4 000 MW、魁北克水电局 100 MW、新英格兰 2 400 MW、纽约 18 400 MW、安大略 8 500 MW、其他地区 7 700 MW。

截止到 8 月 15 日 11:00,共恢复负荷 48 600 MW。大部分跳闸线路和停运机组都恢复了运行,绝大部分受影响的居民恢复了正常用电。

2003 年 8 月 17 日 17:00,除了密歇根至安大略的线路外,所有在大停电中停运的线路都投入了运行。

需要指出的是:退出运行的核电站需要几天时间才能逐步并网运行,其他一些退出运行的火电机组在几个小时内就可以并网运行。

附录Ⅳ.2:华中电网事故

2006 年 7 月 1 日,华中(河南)电网因继电保护误动作、安全稳定控制装置拒动等原因引发一起重大电网事故,导致华中(河南)电网多条 500 kV 线路和 220 kV 线路跳闸、多台发电机组退出运行,电网损失部分负荷,系统发生较大范围、较大幅度的功率振荡。

河南省电网以 220 kV 电网为主网架,500 kV 电网初具规模。截止到 2005 年底,全口径装机容量为 2 800 万 kW,其中省网统调总装机容量达 2 196 万 kW。省网统调装机容量中,火电 1 963 万 kW,占 89%;水电 233 万 kW,占 11%。

华中电网以 500 kV 电网为骨干网架,覆盖河南、湖北、湖南、江西、四川、重庆六省(市),供电面积 130 万平方千米,供电人口约 3.8 亿。截止到 2005 年底,全口径装机容量 9 934.6 万 kW(含三峡水电机组),其中火电 5 996 万 kW,占 59%;水电 4 038.6 万 kW,占 41%。

7 月 1 日晚,河南省电网一 500 kV 变电站,因与其相连的某双回线之第二回线路运行中发生差动保护装置误动作,而导致两台开关跳闸。随后,此双回线之第一回线路差动保护装置"过负荷保护"动作,又导致该变电站另外两台开关跳闸,而对侧变电站安全稳定装置拒动。

事故发生后,河南省电力调度中心紧急停运部分机组,迅速拉限部分地区负荷,稳定系统电压。

此后不久,河南电网多条 220 kV 线路故障跳闸,1 座 500 kV 变电站及部分 220 kV 变电站出现满载或过负荷,一些发电厂电压迅速下降。河南电网有 2 个区域电网的潮流和电压出现周期性波动,电压急剧下降,系统出现振荡。

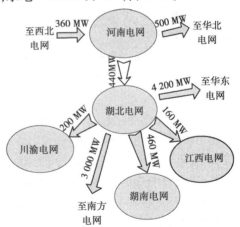

图Ⅳ.3 事故前华中电网省网间功率交换

由于受振荡影响,部分发电机组相继跳闸停运。河南省电力调度中心紧急切除某地区部分负荷,拉停部分 220 kV 变电站主变压器。国家电力调度中心下令华中电网与某相邻电网解列,华中电网外送功率迅速大幅降低。之后,电网功率振荡平息。

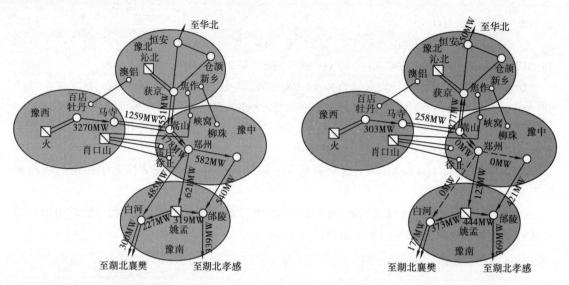

图Ⅳ.4　河南电网内部分区功率交换　　　　图Ⅳ.5　N—4后的电网结构图

在事故发生过程和处置过程中,共有5条500 kV、5条220 kV线路跳闸;共停运发电机组32台,减少发电出力577万kW;河南、湖北、湖南、江西四省电网低频减载装置动作切除负荷160万kW,河南省电网减供负荷276.5万kW(华中电网共损失负荷379.4万kW),河南省电网电损失232万kW·h,湖北省电网电量损失27万kW·h,江西省电网电量损失9.16万kW·h,湖南省电网电量损失12.3万kW·h,电量损失合计280.46万kW·h;系统功率振荡期间频率最低为49.11 Hz,华中东部电网与川渝电网解列,华中电网与西北电网直流闭锁、与华北电网解列。

本次事故没有造成人身伤亡、重大设备损坏以及其他次生事故。党政机关、广播电台、铁路、机场、煤矿、医院等重要用户及道路交通等公共场所基本未受影响。部分工业用户和部分居民住户受到停电影响。

事故发生后,电力调度处理及时、果断,措施有效。紧急停运部分发电机组,拉限负荷,维持电压水平,控制系统潮流,防止了事故进一步扩大,成功地避免了一次电网大面积停电事故发生。

7月1日21时30分,湖北、湖南、江西电网停供负荷全部恢复供电。21时38分,河南省所有受影响的重要负荷恢复供电。22时23分,河南省电网所有220 kV跳闸线路全部送电成功,河南省电网基本恢复正常。23时20分,河南省电网恢复正常稳定运行,损失负荷全部恢复供电。7月2日2时51分,华中电网主网恢复正常运行方式。

调查分析认为:500 kV嵩山至郑州第二回线路保护装置误动作,是本次事故的直接原因;500 kV嵩山至郑州第一回线路应接入"报警"的"过负荷保护"误设置为"跳闸"而动作,是本次事故扩大的原因;500 kV嵩山变电站安全稳定控制装置拒动,是本次事故进一步扩大的原因。

1)本次事故暴露的问题

①继电保护装置存在缺陷,继电保护、安全稳定控制装置等二次设备管理上存在薄弱环节,发电企业涉网设备技术监督有待加强。

②电网发展滞后于电源建设,网架结构薄弱,部分输电断面"卡脖子",电磁环网等安全稳定问题突出。

2）本次事故值得总结的经验

①调度判断准确，处置果断。事故发生后，国家电力调度中心、华中电力调度中心，特别是河南省电力调度中心判断准确，处置果断，指挥有效，迅速平息系统振荡，精心组织电网恢复和供电恢复，成功地避免了一次类似美加大停电的电网瓦解和大面积停电事故发生。

②应急预案发挥了重要作用。河南省电力公司按照《国家处置电网大面积停电事件应急预案》等应急管理的要求，认真组织编制了各级、各类应急预案。特别是针对豫北—豫中、豫西—豫中 500 kV 断面是华中电网薄弱环节的具体情况，对嵩山至郑州第一、二回线路同时跳闸曾专门组织过预案演练，使调度值班员在面对突发事故时能够沉着应对、正确处置，防止了事故的进一步扩大。

③厂网密切配合，为事故处理提供保障、创造条件。各发电厂在事故处理过程中以高度的责任感密切配合电网企业，严格执行调度命令，全力协助事故处理，反应迅速，及时起停机组，调整负荷，为事故处理赢得了时间、创造了条件。

参考文献

[1] 何仰赞,温增银,等.电力系统分析[M].武汉:华中理工大学出版社,1996.

[2] 黄静.电力网及电力系统[M].北京:中国电力出版社,1999.

[3] 毛力夫.发电厂——变电站电气设备[M].北京:中国电力出版社,1999.

[4] 西安交通大学,等.电力系统计算[M].北京:水利电力出版社,1978.

[5] 华智明,张瑞林.电力系统[M].重庆:重庆大学出版社,1997.

[6] 杨淑英.电力系统概论[M].北京:中国电力出版社,2003.

[7] 于永源,杨绮雯.电力系统分析[M].北京:中国电力出版社,2004.

[8] 刘笙.电气工程基础:上、下[M].北京:科学出版社,2003.